将此书献给我们的父母：

——

艾德尔和约瑟夫·纳特森
戴安娜和阿瑟·西尔维斯特

什么是野蛮成长期

生存 > 社交 > 孕育后代 > 谋生

野蛮成长期是一段多物种共有的青少年时期，始于青春期的生理变化发生之时，结束于个体获得 4 种基本的生活技能之时。要成为成功的成年个体，地球上所有的动物都必须学会：保证自身安全，在社会阶层中游走，自如应对与性有关的问题，以及像成熟的个体一样生活。

野蛮成长期什么时候出现

由于寿命长短的巨大差异，不同物种的野蛮成长期的持续时间各不相同，从果蝇的数天到格陵兰鲨鱼的 50 年。格陵兰鲨鱼能活到 400 岁，而且直到 150 岁左右才进入青春期。下面列举了 23 个物种的寿命及其野蛮成长期的长短。这个野蛮成长期的范围是从生命史数据中推测出来的，个别个体的起始和持续时间或与下图描述存在差异。

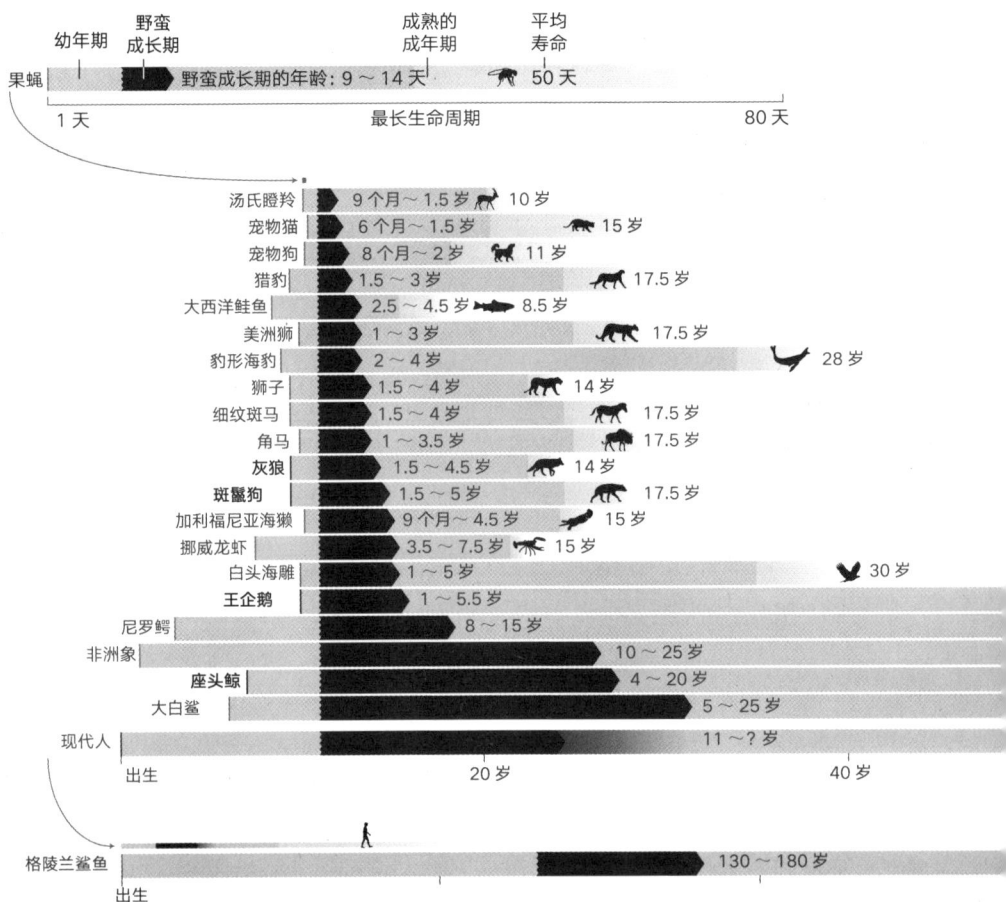

	幼年期	野蛮成长期		成熟的成年期	平均寿命
果蝇		野蛮成长期的年龄：9 ~ 14 天			50 天

1 天 　　　　　　　　　　最长生命周期　　　　　　　　　　80 天

物种	野蛮成长期	平均寿命
汤氏瞪羚	9 个月 ~ 1.5 岁	10 岁
宠物猫	6 个月 ~ 1.5 岁	15 岁
宠物狗	8 个月 ~ 2 岁	11 岁
猎豹	1.5 ~ 3 岁	17.5 岁
大西洋鲑鱼	2.5 ~ 4.5 岁	8.5 岁
美洲狮	1 ~ 3 岁	17.5 岁
豹形海豹	2 ~ 4 岁	28 岁
狮子	1.5 ~ 4 岁	14 岁
细纹斑马	1.5 ~ 4 岁	17.5 岁
角马	1 ~ 3.5 岁	17.5 岁
灰狼	1.5 ~ 4.5 岁	14 岁
斑鬣狗	1.5 ~ 5 岁	17.5 岁
加利福尼亚海狮	9 个月 ~ 4.5 岁	15 岁
挪威龙虾	3.5 ~ 7.5 岁	15 岁
白头海雕	1 ~ 5 岁	30 岁
王企鹅	1 ~ 5.5 岁	
尼罗鳄	8 ~ 15 岁	
非洲象	10 ~ 25 岁	
座头鲸	4 ~ 20 岁	
大白鲨	5 ~ 25 岁	
现代人	11 ~ ? 岁	

出生　　　　　　　　　　20 岁　　　　　　　　　　40 岁

	野蛮成长期
格陵兰鲨鱼	130 ~ 180 岁

出生

注：人和宠物的平均预期寿命取决于家庭生活水平。

涌现 CHEERS

与最聪明的人共同进化

HERE COMES EVERYBODY

比青春期更关键

WILDHOOD

[加] 芭芭拉·纳特森-霍洛维茨（Barbara Natterson-Horowitz）
凯瑟琳·鲍尔斯（Kathryn Bowers）　　　　著

苏彦捷　译

中国纺织出版社有限公司

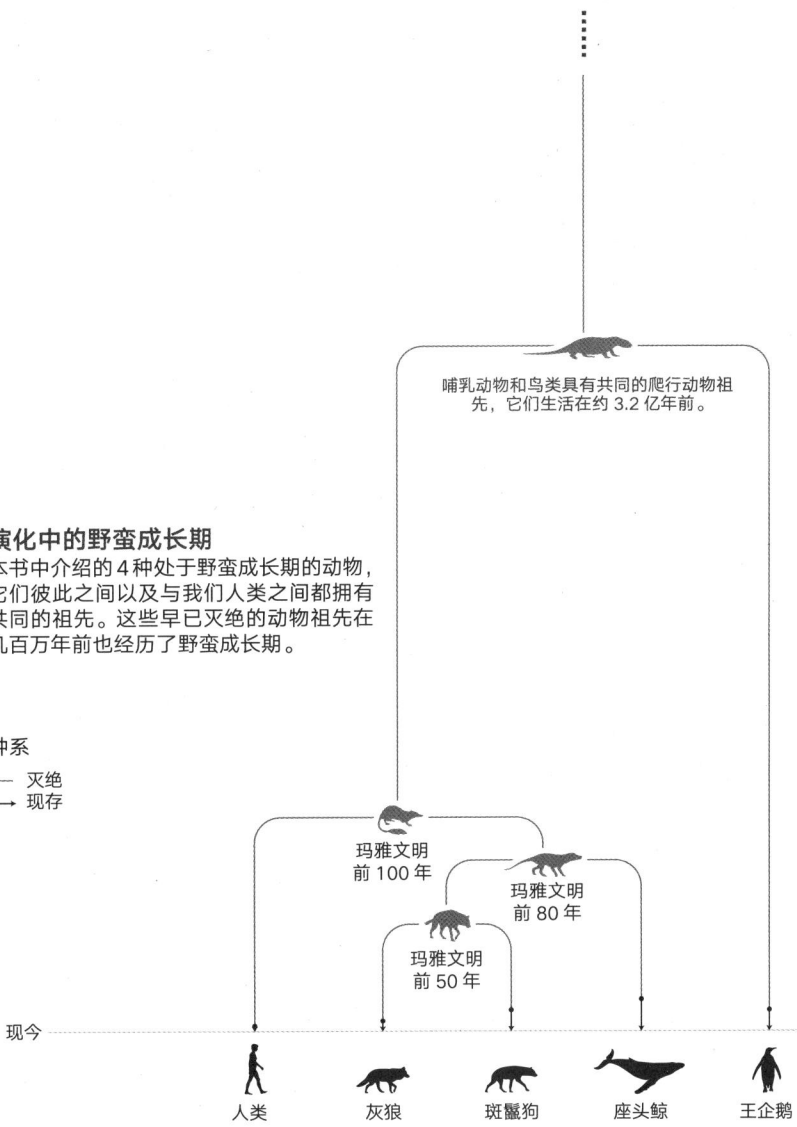

哺乳动物和鸟类具有共同的爬行动物祖先，它们生活在约 3.2 亿年前。

演化中的野蛮成长期

本书中介绍的 4 种处于野蛮成长期的动物，它们彼此之间以及与我们人类之间都拥有共同的祖先。这些早已灭绝的动物祖先在几百万年前也经历了野蛮成长期。

种系

—— 灭绝

⟷ 现存

玛雅文明
前 100 年

玛雅文明
前 80 年

玛雅文明
前 50 年

现今

人类　灰狼　斑鬣狗　座头鲸　王企鹅

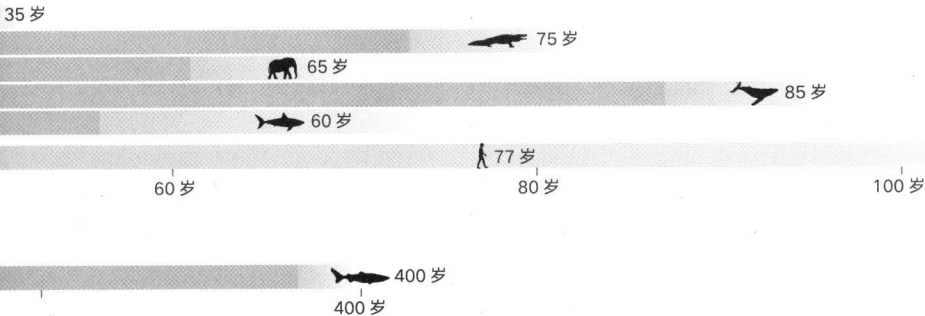

35 岁
75 岁
65 岁
85 岁
60 岁
77 岁

60 岁　80 岁　100 岁

400 岁
400 岁

你了解那些青春期迷惑行为背后的真相吗？

扫码鉴别正版图书，
获取您的专属福利。

- 年轻蝙蝠即使听到同伴的警戒声，仍会朝着捕食者冲去，是因为它们想要吸引捕食者注意，从而保护群体，这是对的吗？
  A. 对
  B. 错

扫码获取全部测试题及答案，
看看你对青春期迷惑行为
有多了解。

- 当年轻的挪威鼠跟同伴在一起时，会选择跟同伴吃同样的食物，即使是有毒的食物，它们的选择也不会变。这是真的吗？
  A. 真
  B. 假

- 当青春期的孩子跟父母央求买一双同学都有的品牌运动鞋或者一支品牌手机时，这个行为很可能出自哪种动机？
  A. 对名牌产品的虚荣心
  B. 想尽量融入群体，避免因为不合群而被欺负
  C. 想要结交更多的朋友
  D. 想要显得自己更成熟稳重

目 录

序　言　什么是野蛮成长期　　　　　　　　　　　　001

第一部分　生存能力

第 1 章　越无知越冒险　　　　　023

第 2 章　恐惧催生警惕　　　　　031

第 3 章　识别危险　　　　　　　040

第 4 章　对抗危险　　　　　　　069

第 5 章　主动出击　　　　　　　080

第二部分　社交能力

第 6 章　接受你的出身　　　　　093

第 7 章　了解群体规则　　　　　105

第 8 章　特权无处不在　　　　　119

第 9 章　被排挤的痛苦　　　　　129

第 10 章　盟友的力量　　　　　　146

第三部分　孕育后代的能力

第 11 章　性很容易，而浪漫不易　　159

第 12 章　为第一次做好准备　　167

第 13 章　最重要的学习：第一次　　182

第 14 章　解读求偶信号　　190

第四部分　谋生能力

第 15 章　练习离家　　205

第 16 章　学会谋生　　223

第 17 章　应对孤独　　238

第 18 章　寻找自我　　249

结语　　252

注释和参考文献　　257

致谢　　259

术语　　263

关于 4 张地图的说明　　271

译后记　　273

什么是野蛮成长期

　　我们对青少年本质的探索始于 2010 年。彼时，我们来到加利福尼亚一个寒冷的海岸，站在一个沙丘上望向广阔的太平洋。这个地方有一个有趣的绰号："死亡三角"。

　　把我们吸引到那里的是一个海洋生物学家讲述的不同寻常的故事。他告诉我们"死亡三角"的名号要归功于一群致命的"居民"——大白鲨。成百上千的这种大型捕食性动物生活在这片区域，它们极度渴求食物，以至于当地的海洋生物都对其"避而远之"。加利福尼亚海岸到处生长着茂密的海藻森林，"死亡三角"却是个例外，不小心闯入这个地方的"小蠢货"或者"倒霉蛋"会无处藏身。这片水域极其危险，即使是在这里工作的科学家也从不敢离开自己的船。

　　但据这位海洋生物学家说，最有趣的是，有一种生物会冒着生命危险定期进入死亡三角，那就是加利福尼亚海獭。然而并不是所有的加利福尼亚海獭都会这样做。成熟的海獭不会冒这样的风险，年幼的小海獭也不会过来。那些游到这片寒冷、贫瘠，充满鲨鱼的死亡三角的"傻瓜"正是青少年时期的海獭。有时它们会葬身于鲨鱼的尖牙之下，留下一团血涡。但更多的时候，这些寻求刺激的青少年海獭会获得来之不易的经验、自信以及在这片海域生存下去的智慧，而这些东西在父母的庇护之下是永远无法得到的。

那个时候，我们正在为我们的第一本书《共病时代》（*Zoobiquity*）开展研究工作。这本书探讨了人类与动物健康之间古老而又重要的关系。我们几个人包括芭芭拉·纳特森-霍洛维茨（Barbara Natterson-Horowitz），她是哈佛大学人类进化生物学系的访问教授，同时也是加州大学洛杉矶分校心脏病学教授，以及科学作家、执业动物行为学家凯瑟琳·鲍尔斯（Kathryn Bowers）。我们一起设计并教授了一门哈佛大学和加州大学洛杉矶分校同时开设的课程。

注视着死亡三角这片海域，我们被这些年轻的海獭震惊了。它们和我们人类青少年非常相像：爱冒险、寻求刺激、做那些在父母看来很危险的事情。看了一会儿，我们沿着沙滩往回走，穿过山丘，爬到一小块陆地上，俯瞰另一片风景。

人们驾着皮划艇缓慢地划过平静的水面——这是一小片隔离起来的海湾，可免受大白鲨攻击。这片海湾被称作莫斯码头（Moss Landing），是观察野生动物（包括海獭）的主要地点。被死亡三角吸引的青少年海獭和海獭的其他家族成员会来这里觅食、放松和社交。

年轻的海獭和年长的海獭一起在水中翻转、游弋，或者仰面躺在水里，露出光滑的肚皮，那幅景象就像人们在公共泳池里享受着悠闲时光的样子。年轻海獭们聚在一起嬉戏，溅出一簇簇水花，年长的海獭会慢悠悠地游走。我们看到有的海獭潜水捞起海胆，学着如何打开它们，有的则成群结队地打闹，还有的在一起互相蹭鼻子——这是求爱时的必备技能。尽管这些行为看起来像是无忧无虑的娱乐活动，但我们后来才明白，这片海湾对于这些年轻个体来说充满了教育意义。

正当我们看得出神时，水里爆发了一阵骚动。一群海獭突然从入口的一端快速游向了另一端，速度非常快，激起了白色的湍流。"发生了什么？"我们向生物学家问道，"是鲨鱼来了吗？"

"不是，"生物学家指着水中的一个方向说，"是皮划艇离得太近了。你们再仔细看，不是所有海獭都受到了惊吓。那边那群就没有受到打扰，依然惬意地漂着。"这群头上长着灰色皮毛的海獭已经成年，经验丰富，富有洞察力。而那些一溜烟儿游得飞快的是青少年海獭，它们甚至还分辨不出大白鲨和海鬼 130（一种船）。

这些没有经验的青少年海獭既大胆又谨慎，它们游到"大白鲨"旁边，又马上离开。但我们也观察到，这些青少年频繁地与同龄个体交往，尝试性行为，摸索着如何觅食。这和我们人类非常相似，甚至比我们的青少年更加出色。

自从我们开始研究动物与人类的共同之处之后，这种想法就经常出现。研究开始之初，我们认为不能把人类的行为投射到其他物种身上，因为这对于科学研究来说是非常危险的。对海獭行为的拟人化解释也许是我们的过度解读。但随着我们更加深入地了解了其他领域（神经生物学、基因组学、分子系统发生学）之后，我们意识到否认人类与其他动物在身体和行为上的联系反而更加危险。我们必须承认真正的威胁不是拟人论（anthropomorphism），而恰恰相反，是灵长动物学家和动物行为学家弗朗斯·德瓦尔（Frans de Waal）提出的人类例外论（anthropodenial）。[1]①

在工作中，我们一遍又一遍地驳斥了人类例外论的主张：野生动物可以并且确实能患上所谓的人类疾病，如心力衰竭、肺癌、饮食失调和成瘾等。

---

① 本书注释及参考文献均通过数字上标方式标注。扫描 257 页二维码即可下载全部内容。——编者注

它们会出现失眠和焦虑的症状。压力过大时，有些动物也会通过暴饮暴食来发泄。它们也并非都是异性恋。有些动物胆子很小，有些则胆子很大。几乎每次我们遇到的人类例外论主张，最后都会被发现是错误的。

在我们面前的这片水域里，还呈现着另一个惊人的相似之处。所有动物都会经历青少年时期，有的是在几天大的时候，有的则发生在几十岁的时候。男孩和女孩不会在一夜之间成为男人和女人。从小马驹到种马，从小袋鼠到成年袋鼠，或者从海獭幼崽到成年海獭，这样的转变跟人类是一样独特、必不可少和非比寻常的。可以说，所有动物成年都需要时间、经验、实践，甚至失败的教训。

那天在死亡三角区，我们打开了动物青少年时期这一领域的大门。自那次之后，我们处处都能发现它的存在。

一种新的视角

发现动物也有青少年时期，这种感觉就像被摘下了眼罩一样。虽然我们的物理视力没有改变，但是我们的感知却发生了变化。一瞬间，一种全新的理解成长的视角显露出来。带着这样的视角再看鸟类、鲸鱼、年轻人、我们自己的孩子，甚至回忆起我们自己的青少年时期和刚成年时的生活，一切都不同了。

在接下来的几年中，我们将研究重点放在了这个特殊的过渡阶段。处在这个阶段的动物，它们其实还是在成长中的少年，身体虽然逐渐强壮，但不具备成熟的经验。

一群牛羚要穿过鳄鱼出没的河流，打头的是一些体格健硕的青少年。它们对危险视若无睹，精力充沛却毫无经验，见到水立刻跳了下去。而那些年长的则有些退缩，当它们发现鳄鱼正忙于追逐那些青少年时，它们才放心地游过去。

在堪萨斯州的曼哈顿市及很多其他地方，我们曾近距离地看到两只年轻的成年鬣狗争斗，其中一只被另一只欺负。尽管它们年龄和身材大小都差不多，但在它们之间显示出了清晰的社会等级。

在北卡罗来纳州的一片森林保护区中，一群大眼睛的狐猴向我们靠近。令我们惊讶的是，其中一只径直走到了我们面前。我们给这只青少年狐猴取名纳乔（Nacho）。虽然纳乔的无畏很是让我们喜爱，但这种"无畏"同样会让它置身危险之中——假如我们不是科学家而是偷猎者的话，它可能已经自身难保了。

我们听过失去父母的野狼怎么学习嚎叫，青少年时期的变声使它们的声音听起来颤抖而刺耳。我们还看过青少年时期的熊猫学习如何剥竹子，这是它们今后独立觅食的基础。在一个不寻常的下午，我们还观察了野马、白犀牛和斑马。我们观察了它们当中的青少年在争夺团体中的位置时是如何摆姿势和互相推挤的。

但有时我们也会无功而返。尽管我们在蚊子肆虐的泥泞湿地中步行了三十几公里，但最后也没有在北极圈附近的阿尔伯特亲王国家公园（Prince Albert National Park）中发现青少年时期的加拿大野牛。我们曾在路上发现一坨"冒着热气的粪便"，但是它的主人，一只年轻的成年熊并没有出现。我们还在洛杉矶追踪过一头青少年时期的美洲狮。当我们停下来休息时，打开追踪摄像机的向导发现，这头狮子几个小时前刚刚经过我们当时休息的地方。

遍布整个地球的群体

生物学家早就意识到，所有动物（包括人类）在婴儿期和成年期之间都会经历身体和行为上的变化。但是冒险、社交和性的试探以及背井离乡去寻找机会实现自我，更不用说波动的思绪、起伏的心境，以及爆发的激素和迅速变化的"青少年"大脑，这些是人类独有的吗？不是，绝对不是。

尽管每个青少年个体的经历在细节上都会有所不同，有些个体比较成功，有些很失败，但大多数介于两者之间。当我们跨越物种对这一阶段进行研究时发现，这种相似性普遍存在。无论哪种动物，无论处在地球上的哪个角落或生活的历史时代如何，它们都面临着相同的核心挑战。我们认为，成功克服这些挑战是成熟的标志。

在走向成熟的路途中，无论是瓶鼻海豚、红尾鹰、小丑鱼还是人类的青少年，它们都有很多相似之处，这种相似程度甚至超过了同类亲缘上的相似度。安德鲁·所罗门（Andrew Solomon）将这种现象称为"水平认同"（horizontal identity）。[2] 在他的著作《背离亲缘》（*Far from the Tree*）中，所罗门将"垂直认同"（vertical identity）和水平认同进行了比较。前者指的是个体和祖辈之间的同一性，后者指的是同辈但没有血缘关系的个体之间的同一性。我们将这一概念拓展到其他物种，我们认为所有青少年个体都拥有同一个水平认同身份，他们都是整个地球上青少年群体中的一员。

本书的主题是探索这一跨越全球范围的成年旅程，以及那些成功抵达终点的青少年个体的表现。它的前提是：人类的青少年时期植根于我们未进化的过去，而充满青少年时期的欢乐、痛苦、激情和动力并非无缘无故，它们具有精妙的进化意义。[3]

在地球上长大成年

基于本书的研究，我们于 2018 年春季在哈佛大学首次开设了面向本科生的一门课程："在地球上长大成年"（Coming of Age on Planet Earth）。在开课的第一天，我们让学生们背起背包，跟着我们去皮博迪考古及民族学博物馆[①]，经过克奇纳神（一种印第安玩偶）和高耸的玛雅石碑来到托泽尔人类学图书馆。在一个长木桌上放着一本装帧精美的图书，

---

① 皮博迪考古及民族学博物馆（Peabody archaeology museum）隶属于哈佛大学，成立于
  1866 年，是世界上最古老的博物馆之一。——编者注

是由玛格丽特·米德（Margaret Mead）所著的《萨摩亚人的成年》（*Coming of Age in Samoa*）的第 1 版。[4] 1925 年，23 岁的米德（按照今天的标准，她自己还是个青少年）来到了南太平洋国家，想要通过研究另一种文化中的青少年来更好地了解现代美国人。米德的比较方法彻底改变了人类学领域，尤其是她对文化而非生物学的关注。她认为文化是人类个体和社会的主要塑造者，虽然后来她的作品被人诟病为更多依赖印象而不是基于数据，但她仍然引领了 20 世纪的人类发展观，尤其是对青少年时期的理解。

在 19 世纪后期，学术界对青少年的研究受到美国心理学家 G. 斯坦利·霍尔（G. Stanley Hall）的很大影响，他借用德国文学术语"**暴风骤雨期**"来描述这一时期。[5] 在整个 20 世纪，包括西格蒙德·弗洛伊德（Sigmund Freud）和安娜·弗洛伊德（Anna Freud）、埃里克·埃里克森（Erik Erikson）和约翰·鲍尔比（John Bowlby）在内的精神分析学家从养育角度进一步阐释了儿童和青少年面对的挑战，而认知心理学家让·皮亚杰（Jean Piaget）则更关注遗传和环境对青少年大脑的塑造作用。[6] 诺贝尔奖获得者尼古拉斯·廷伯根（Nikolaas Tinbergen）是动物行为领域的创始人，也是一位受过训练的鸟类学家，他看到了人类发展中存在的动物渊源。在那个时代，青少年时期通常被认为是一个存在严重问题的时期，对青少年个体的研究认为，似乎是某种疾病导致了青少年们的躁动、叛逆、爱冒险和伤春悲秋。

暴风骤雨期
sturm und drang

源于德文"狂飙期"，G. 斯坦利·霍尔在 1994 年创造了这个词来形容青春期。

从 20 世纪 60 年代开始，神经科学的进步改变了这种结论。玛丽安·戴蒙德（Marian Diamond）在大脑可塑性方面的研究，以及罗伯特·萨波斯基（Robert Sapolsky）在社交和情感性大脑发展的共同进化方面的研究，转变了人们对青少年的认识。[7] 人们不再认为青少年时期是具有固定特征的紧张阶段，而是对人类正常发育至关重要的动态时期。弗朗西斯·E. 詹森（Frances E. Jensen），莎拉-杰尼·布莱克莫尔（Sarah-Jayne

Blakemore），安东尼奥·达马西奥① （Antonio Damasio）等人将冒险、寻求新异和同伴影响等青少年时期突出的问题与遗传学和环境联系起来。[8] 发展心理学家琳达·斯皮尔（Linda Spear）研究了青少年大脑与脾气秉性之间的关系。[9] 进化生物学家朱迪·斯坦普斯（Judy Stamps）探索了自然环境和社会环境是如何塑造青少年的命运的。[10] 心理学家杰弗里·阿尼特（Jeffrey Arnett）普及了"成年初显期"（emerging adult）一词，并揭示了现代文化对塑造青少年成长经历方面的重大作用。[11] 此外，心理学家劳伦斯·斯坦伯格（Laurence Steinberg）对青少年神经生物学的研究，不仅为家长和教育工作者阐明了青少年反复无常的原因，还被用来质疑刑事案件中较年轻的被告是否应该像完全成熟的成年人一样受到严厉的惩罚。[12]

遵循着这些思想家的理念，特别是在米德的启发下，我们在研究、教学和写作这本书中都采用了比较的方法。但是我们超越了人类之间的比较，我们关注的重点也不是有着 20 万年历史的智人。我们挑战的是跨越物种来研究青少年，我们的研究对象是地球上具有 6 亿年历史的动物生命。

侏罗纪青春期

"青少年"（adolescence）和"青春期"（puberty）两个词有时可以互换使用，尽管它们彼此相关，但二者并不是一回事。**青春期**是一个生物过程，由激素引发，促使动物个体繁殖能力的成熟。严格来说，青春期描述的是身体上的发育，如生长突增，卵巢和睾丸被激活开始产生卵子和精子。大白鲨、鳄鱼、熊猫、树懒以及长颈鹿都会经历青春期。昆虫也有青春期（这是蜕变的一部分）。[13] 每个成年

青春期
puberty

导致生殖成熟的生理变化。

---

① 安东尼奥·达马西奥是著名神经科学家、心理学家，他以情绪为出发点，从演化的角度重新阐释了人类意识的产生路径。其经典著作《万物的古怪秩序》《笛卡尔的错误》已由湛庐文化引进，分别由浙江教育出版社和北京联合出版公司出版。——编者注

的尼安德特人①都经历过青春期,在埃塞俄比亚发现的320万年前的著名的阿法南方古猿少女露西也是如此。古生物学家在蒙大拿州发现了一只6700万年前的青少年霸王龙,并给它命名为简(Jane)。简当时正处于青春期,但是它的青春期还没结束,它就死了。

尽管不同物种动物的青春期在细节上各不相同,但青春期的基本生物序列却惊人地相似。在蜂鸟、鸵鸟、巨型食蚁兽和小型马身上,同样的激素会让这些不同的动物处于同一种高速运转状态。[14]在蜗牛、蛞蝓、龙虾、牡蛎、蛤蜊、贻贝和虾中,几乎也由相同的激素引发这种反应。[15]

5.4亿年前的寒武纪大爆发出现的生命群体,无疑是地球上最耀眼的存在。但青春期出现得比这还要早。早在地球上最古老的生命形式——单细胞原生动物的生命周期中就有青春期的存在。[16]原生动物今天仍然存在,恶性疟原虫是其中之一,它可以通过蚊虫叮咬进入人体血液。一旦恶性疟原虫进入血液,这些有机体就会无害地漂浮在四周,直到它度过青春期。成熟后的恶性疟疾原虫会导致疟疾这种大范围致死的疾病。

除了性方面的变化,青春期时激素的影响还会扩展到身体的每一个器官系统。如心脏开始生长,心血管功能极大增强。[17]肺容量扩大,年轻运动员会因此更具耐力,哮喘患者也因此经常发病。一方面骨骼变长,成年前瘦削的身体进一步增长,另一方面这也是这个年龄段骨癌发病率增加的重要原因。儿童大小的头骨扩大到成年人的尺寸,这不仅见于人类儿童,也见于恐龙。颌骨的形状也会改变,包括上面的牙齿。事实上,大白鲨在青春期之前是无法造成致命咬伤的。[18]

因此,青春期是一个古老的生理转变过程。但是年轻个体在走向成熟前还必须经历第二个阶段。这个阶段会经历身体上的和行为上的变化。个体在这一时期学习如何思考、如何行动,甚至学习如何假装自己是群体中

①尼安德特人:简称"尼人",化石智人之一。——编者注

成熟的一员。这个时期也是积累经验的时期，个体从年长者那里获得知识，在同辈、兄弟姐妹和父母面前检验自己。这就是青少年时期，它会一直持续到个体发展成熟。

事实上，一个物种要产生成熟的成年个体（不仅仅是生理上的成熟），青少年时期是至关重要的。通过积累经验发展成熟本质上讲是青少年的普遍目标。

走向成熟的过程可以激发惊人的创新。最近几十年最著名的化石发现之一是由芝加哥大学的古生物学家尼尔·舒宾（Neil Shubin）发现的提塔利克鱼。[19] 这些距今 3.75 亿年前的生物为我们的进化史提供了线索：它们的四肢既是鳍也是脚。这代表着生物从水生进化到了陆生，是地球上最具传奇色彩的生命故事之一。

提塔利克鱼化石的发现还揭示了一些其他东西。这些提塔利克鱼大小不一，有的只有网球拍那么长，有的比冲浪板还长。这意味着一些意义深远而又显而易见的事实：这些古老的鱼有成长的过程。在这个过程中，就像今天的青少年一样，刚过青春期的提塔利克鱼个体还特别脆弱。它们不仅没有足够大的体型，而且缺乏与捕食者、竞争者斗争以及性行为和觅食等方面的经验。脆弱和缺乏经验经常把年幼的动物推向陌生的环境。我们写信给舒宾，问他是否认为是青少年时期的提塔利克鱼引发了这次登陆行动。他认为这是合理的，并写道："成年的提塔利克鱼是巨大的肉食性动物，几乎处在食物链的顶端，幼年阶段的它们则暴露在捕食者的威胁之下。从水中转移到陆地上能够让未成年的提塔利克鱼受益。因为在陆地上小鱼比大鱼的机动性要更好，至少在初期是这样。"

虽然这只是一个假设，但它与我们所知道的青少年跨越时间、地点的冒险和追求新奇的行为是一致的。在需求的驱使下，青少年探索新领域，创造新的生存方式，并以此创造未来。

青少年的大脑

相比于其他器官，大脑在青春期阶段会发生根本性的变化，这种改变是惊人的。青少年时期的大脑与儿童的大脑、成年人的大脑相比都有显著的不同。[20]

每个人的大脑都会产生记忆，青少年的大脑尤其会储存大量的记忆，这些记忆将决定我们是谁，决定我们在今后生活中如何看待这个世界。当人成年很久后，会对这一时期的记忆特别深刻和持久，心理学家把这种现象称为**怀旧性记忆上涨**。[21] 这类记忆通常产生于人类 15 ～ 30 岁时期。

怀旧性记忆上涨
reminiscence bump

对青少年时期和成年早期发生事件的记忆增强。

青少年爱冲动、乐于尝试、追求新异以及不成熟的决策系统与大脑的执行功能中枢有关，尤其是与在大脑发育后期才成熟的前额叶皮层有关。从神经生物学的角度来看，青少年喜欢与同伴在一起，容易与父母发生冲突，这些都与大脑中负责情绪、记忆和奖励的区域有关。青少年的情绪波动非常大，忽晴忽雨，容易出现药物滥用、自残行为和精神疾病等问题，这也与他们未成熟的大脑有关。事实上，直到 30 岁以后，人类大脑的转变才完全完成。

最近几十年里，人类青少年大脑发育的奥秘得到了广泛揭示，这些研究有助于我们理解青少年种种行为出现的原因。然而，这些突破性的科学研究很大程度上忽略了一个更大的真相：在青少年时期，其他动物的大脑和行为也在经历巨大的转变。

青少年时期的鸟类有一个大脑区域，就像人类正在发育的前额叶皮层一样，能够帮助年轻的鸟类个体获得自我控制能力。[22] 青少年虎鲸和海豚的大脑在生理和性成熟后继续发育。[23] 其他灵长动物和小型哺乳动物在青少年时期大脑的变化，会推动个体冒险、社交和尝试新事物。[24] 即使是处于青少年时期的爬行动物也表现出独特的神经学变化，在鱼类身上也是如此。[25]

无论我们的身体是被皮肤、鳞片还是羽毛覆盖，无论我们是通过奔跑、飞行、游泳还是滑行来移动，我们都拥有共同的生物学特征，这些特征构建并塑造了成年后的自我。我们决定将童年到成年间的这段时期称为"野蛮成长期"（wildhood），这本书探讨的就是这段时期的普遍性。纵观数亿年进化史中的动物世界，我们得以分辨出青少年时期的哪些方面是物种内或者人类文化独有的，哪些又是地球上生命中的普遍常态。

四大核心生活技能

在厨房案台上的香蕉里长大的果蝇，在塞伦盖蒂平原咆哮着长大的狮子，它们在野蛮成长期面对的挑战和一个 19 岁的青年在工作、学校、朋友、人际关系和其他责任之间保持平衡时所面对的挑战是一样的。这些挑战分别是：

- 如何安全自保？
- 如何融入等级社会？
- 如何交流性事？
- 如何自力更生？

动物在其一生中都会遇到这 4 个基本挑战，但是青少年时期和成年早期是它们第一次集中面对这些问题的时候，而且通常没有父母的支持和保护。动物们在野蛮成长期的经历中积累了必要的生活技能，并塑造了个体成年后的命运。

避免危险、在群体中寻找位置、学习如何具有吸引力、能够自给自足并且树立目标，这些技能是通用的，因为它们是年轻动物在野外生存的基础，学习它们是成功生活的必修课。

生存、社交、性、自力更生也是人类生活的核心，各种悲剧、喜剧和史诗的创作灵感也来源于此。

青少年时期的动物在走向成年的道路上可能会出现不计其数的差错。但如果旅程顺利结束，就意味着一个成熟的个体诞生了。在野蛮成长期，个体需要面临 4 个挑战，并从中发展自己的能力。经历了野蛮成长期，这些个体不仅是年龄增加了，而是真正意义上的长大。野蛮成长期已经在无数动物当中持续了 6 亿多年。我们相信，这些积累起来的古老经验可以像图集一样展现个体生存并发展到成年的过程。

数字时代的青少年

我们将看到，动物们围绕如何把这 4 种生存技能传递给迈向成年的后起之秀，发展出了一种人类称为"文化"的东西。即使在动物物种内部，文化细节也会因地区和群体的不同而有所不同，就像人类文化有自己的无穷变化一样。

然而，人类确实在一个特定的领域从我们的动物表亲中脱颖而出，那就是现代的青少年必须穿越于两个截然不同的世界才能长大成年，一个是他们生活的真实社区，另一个是互联网。

这 4 种生存技能在互联网上的应用与在现实生活中的应用一样多，但这两种文化可能截然不同，因此大部分现代青少年需要同时经历两段成年之旅。

例如，我们将在本书第二部分中探讨社会性动物（social animal）的概念，无论是在海洋中遨游的鱼还是赶着去上课的高中生，他们都是社会性动物，必须找到自己在同伴中的位置。动物们会通过"高层动物联结"来解决这个问题。个体可以通过与更有权势的人交往来提高自己的地位，这对任何曾经上过学、有过工作经历或有过社交生活的人来说都不陌生。

我们将在动物群体中探索地位是如何发挥神奇且复杂的作用的。此外，网络给现代社会的青少年带来的另一重社会等级也需要我们进行探讨。如果他们沉浸在多人游戏或社交媒体上，他们就会面临或隐性或显性的评估、分类和排名。因为在这些平台上，他们同时在与全世界人竞争。想象一下被体育明星或流行歌星点赞后的地位提升，再想象一下你被崇拜的人击败时的羞耻感。

父母和其他长辈丰富的经验能够指导青少年和年轻人面对现实世界。但是，还没有完整的一代人在数字世界里经历过一生。每个生活在真实世界中的人都与网络有着千丝万缕的关系，因此这 4 项生存技能也可以帮助你理解网络世界这个新领域，比如如何远离网络黑子，如何跨越虚拟世界里的等级结构，如何表达性，如何打造数字世界中的自我并保持初心。

为什么要提出野蛮成长期

我们在讲授"在地球上长大成年"这门课时，做过一个非正式的民意测验：如果你认为自己是一个青少年，请举手；如果你认为自己是成年人，请举手。我们的学生都在 18 ～ 23 岁，但很少有人立即自信地举手回答这两个问题。大部分学生对这两个问题都会举手回答"是"，他们认为自己既是青少年也是成年人。

如果青少年不用"青少年"这个词来形容他们自己，我们应该怎么称呼那些已经接近成熟但还没有完全成熟的个体呢？他们体型已经长大但经验还不足，性功能也已经成熟，但大脑还在发育之中。这些个体我们该如何称呼呢？

"青少年"（adolescentia）一词源自拉丁语"adolescere"，意思是长大，它的出现可追溯至 10 世纪。[26] 在中世纪的文献中，指的是圣徒年轻时期的宗教意识转折点。在北美，17 世纪中期的新英格兰清教徒认为这个年龄为"选择时期"（chusing time）。[27] 在这个过渡时期，个体从幼稚轻浮到成熟稳重，可以就业了。但是这段时期的人们通常被称为"青年"，直到19世纪后期，"青少年"一词才开始普遍使用。

在整个20世纪时期的美国，受特定文化背景的影响，有很多词都用来形容年轻人，如flapper（20世纪20年代不受传统拘束的随意女郎），hipster（赶时髦的人），bobby-soxer（少女），teenybopper（颓废的少年），beatnik（披头族），hippie（嬉皮士），flower child（佩戴鲜花鼓吹"爱情与和平"的嬉皮士），punk（朋克），b-boy（霹雳舞者），valley girl（山谷女孩，指不太聪明又只爱购物消遣的富家女孩），yuppie（雅皮，特指继嬉皮士之后兴起的一类精英人群），Gen Xer（X世代出生的人，X世代中的X是由英文字Excluding的字母X而来，一般写作eXcluding，有被排挤的世代隐喻，主要是指美国和加拿大在1965年1月至1976年12月期间出生的人）。

"teenager"（青少年）一词于1941年首次出现在印刷品上，并很快在词典中占据了主导地位。[28] 即使在80年后的今天，"teenager"仍然是"adolescent"的首选同义词。然而，神经科学研究表明青少年的大脑在13岁之前开始发育并持续到19岁以后，这种同义词的说法在科学上变得不准确。在过去10年左右的时间里，"millennial"（千禧一代）完整地概括了处于这个人生阶段的个体。不过现在，大多数千禧一代已经过了青少年时期。在北美，"kids"（孩子）经常被默认为青少年，而且有些青少年自己也这么称呼自己。但一旦他们进入高中后期，这个词听起来就太幼稚了。

我们想要寻找一个词语来描述这个人类和非人类物种都具有的阶段，一个能够覆盖它古老的共同性的词。有些词汇过于"临床"，如"pre-adults"（成年前期）、"emerging adults"（成年初显期）、"dispersers"（分歧者）。有些令人不快，甚至带有侮辱性，如"sub-adults"（亚成年）、"immatures"（不成熟）。有些又太文学，如"fledglings"（羽翼未丰）、"deltas"（三角洲）和"elvers"（幼鳗，对青少年时期鳗鱼的称呼）。

我们期待寻找到一个术语，能够描述这样一个生命阶段：在这个阶段中，生物和环境共同塑造了所有物种的成熟个体；它必须不受特定年龄、生理特征或文化、社会或法律的限制；它必须捕捉到生命中这一特定阶段脆弱、激情、危险和无限可能的特点。我们在创作第一本书时，曾将希腊语中"animal"的词根和拉丁语中"everywhere"的词根结合在一起，将那本书命名为 Zoobiquity。对于这本书，我们再次创建了我们自己的术语和标题。我们选择"wild"（狂野）来描述这个生命阶段不可预测的本质，并承认共同的动物根源。然后我们加了一个古老的英语后缀"hood"，意思是"存在的状态"和"群体"，以表明他们是全球青少年群体中的成员。我们将童年后、成年前的跨物种和跨进化时间轴的这一生命阶段称为"wildhood"（野蛮成长期）。

跨学科的方法

我们在本书中汇总的科学证据是加州大学洛杉矶分校和哈佛大学 5 年学术研究的产物。由于我们的研究领域属于进化生物学和医学的交叉学科，因此我们分别使用了这两个领域的研究工具，对可做比较的青少年阶段进行了广泛的系统综述[①]，并利用结果来建立系统发育树[②]。我们还开展了野外考察，观察了世界各地在自然环境下和保护区中处于青少年阶段的动物，并采访了人类青少年专家、野生动物生物学家、神经生物学家、行为生态学家和动物福利方面的专家。

我们相信，我们的研究对多个群体都有重要的意义。我们选择用专家和大众都能理解的方式来描述它。这本书能供父母、老师、学生、治疗师、导师、教练或与青少年一起工作的读者使用。最重要的是，这项研究

---

① 系统综述是对全球科学数据库的全面而有针对性的调查，这得益于过去 20 年来搜索技术的进步。

② 系统发育树是不同物种之间进化关系的示意图，可以是简单的家谱或包含数千个数据点的复杂计算机模型。

是面向青少年本身的。

　　本书写作于 21 世纪初的美国，我们并不准备阐释清楚每个人在青少年阶段经历的细节，但我们在写这本书的时候确实存在个人动机。在整个写作过程中，作为父母，我们都在养育自己处于青少年时期的子女。在我们开始写作的时候，凯瑟琳的女儿 13 岁，芭芭拉的女儿和儿子分别 16 岁和 14 岁。这 3 个孩子现在都长大了，但作为青少年孩子的妈妈，我们拥有实实在在的优势——近距离观察野蛮成长期。在每次从北极圈、成都、缅因湾和北卡罗来纳州进行实地考察回到家后，我们就会看到自己的青少年子女。他们是如此精力充沛，时刻提醒着我们这一生命阶段短暂而复杂的奇妙。

共同的追求

　　我们位于哈佛比较动物学博物馆的办公室，也就是我们撰写这本书大部分内容的地方，有一条秘密通道连接着另一个世界。如果你沿着一个特殊的楼梯拾级而上，然后右转，就会进入皮博迪博物馆——一个致力于保护人类文化遗产的机构。有时，沉浸在工作中的我们会从一个世界中走出来，继而迷失在另一个世界中。在比较动物学的世界中充满了诸如恐龙骨骼、分子遗传学的珍贵遗产。这些也证明着几千年来人类的聪明才智、坚持不懈、合作与爱。动物学和人类学，乃至动物和人类，从两方面反映了我们所在的这个星球上生命的多样性。

　　当我们多次跨越这种象征性鸿沟，在野生动物身上不断发现青少年时期的存在后，我们变得特别善于识别皮博迪藏品中人类青少年时期的迹象。我们深深地被那些与成长有关的手工艺品吸引，对它们充满喜爱。无论是来自太平洋中部一个小岛的盔甲，还是一个来自 5 世纪中美洲年轻人的金色吊坠，又或者是拉科塔的求爱毯和因纽特人的雪铲，这些作为人类文明的试金石都进一步将我们与这一独特而又普遍的生命阶段连接起来。

就像你在每个成长故事中读过的那样，年轻人一直在探索。他们被赶出家门，在冲突后逃跑，或者成为孤儿，前往狂野世界。他们没有做好准备，常常陷入危险，可能有惊无险，也可能在劫难逃。在远离家乡的旅途中，他们与掠食者和压迫者作斗争，结识朋友并学习识别敌人，有时也会坠入爱河。他们最终学会了独立生活，寻找自己的食物，建造自己的房屋，然后通常在故事的结尾决定是重新回到他们所出生的群体，还是打造一个属于自己的新生活。

生物学家追踪并记录了 4 种野生动物的真实成长故事，有的追踪了几个月，有的长达几年，这些故事就是本书要讲述的内容。我们的主人公虽不是人类，但都是青少年。厄休拉（Ursula）是一只在南极洲南乔治亚岛（South Georgia Island）上出生和长大的王企鹅，在离开父母的第一天，它几乎肯定会面临可怕的捕食者和死亡的威胁。史林克（Shrink）是坦桑尼亚恩戈罗恩戈罗火山口（Ngorongoro Crater）的斑鬣狗，它与高等级的霸凌者交战，建立起自己的朋友圈，就像鬣狗版本的人类高中里发生的故事。绍特（Salt）是一头出生在多米尼加附近海域的北大西洋座头鲸，每年夏天都会在缅因湾度过。面对性欲，它学会了如何与伴侣沟通它想要什么和不想要什么。欧洲狼斯拉夫（Slavc）在一次令人痛心但又令人振奋的离家之旅中，试图狩猎自己的食物和寻找新的社区，在经历了饥饿、溺水后，最终孤独地死去。

我们选择以叙事的方式讲述它们的故事，我们希望这能捕捉到每个个体从青少年到成年的过程中所经历的戏剧性的真实生活。我们在这些故事中提供的所有细节都基于 GPS、卫星或无线电项圈所采集的数据，同行评议的科学文献，发表的报告，以及对相关调查人员的访谈。

虽然经过了数亿年的进化，但因为共同经历过野蛮成长期以及面对的相同挑战，这 4 种野生动物与人类重新联系在了一起。

无论是在南极洲附近险恶的水域、坦桑尼亚的草原、波光粼粼的加勒比海，还是在死亡三角，野蛮成长期始终贯穿于大自然，并延伸到我们人类的生活，它塑造甚至决定了我们的命运。野蛮成长期是地球上所有生物的共同遗产，也是一项古老并延续至今的馈赠，随时准备被世人发现。

WILDHOOD

第一部分

生存能力

处在野蛮成长期的人类和动物都是经验不足的捕食者，由于缺乏经验，他们成为极易捕获的猎物。但经过捕食者训练，学会识别并威慑有掠食打算的个体后，这些积累的经验能挽救青少年的生命，使他们成为更加自信的成熟个体。

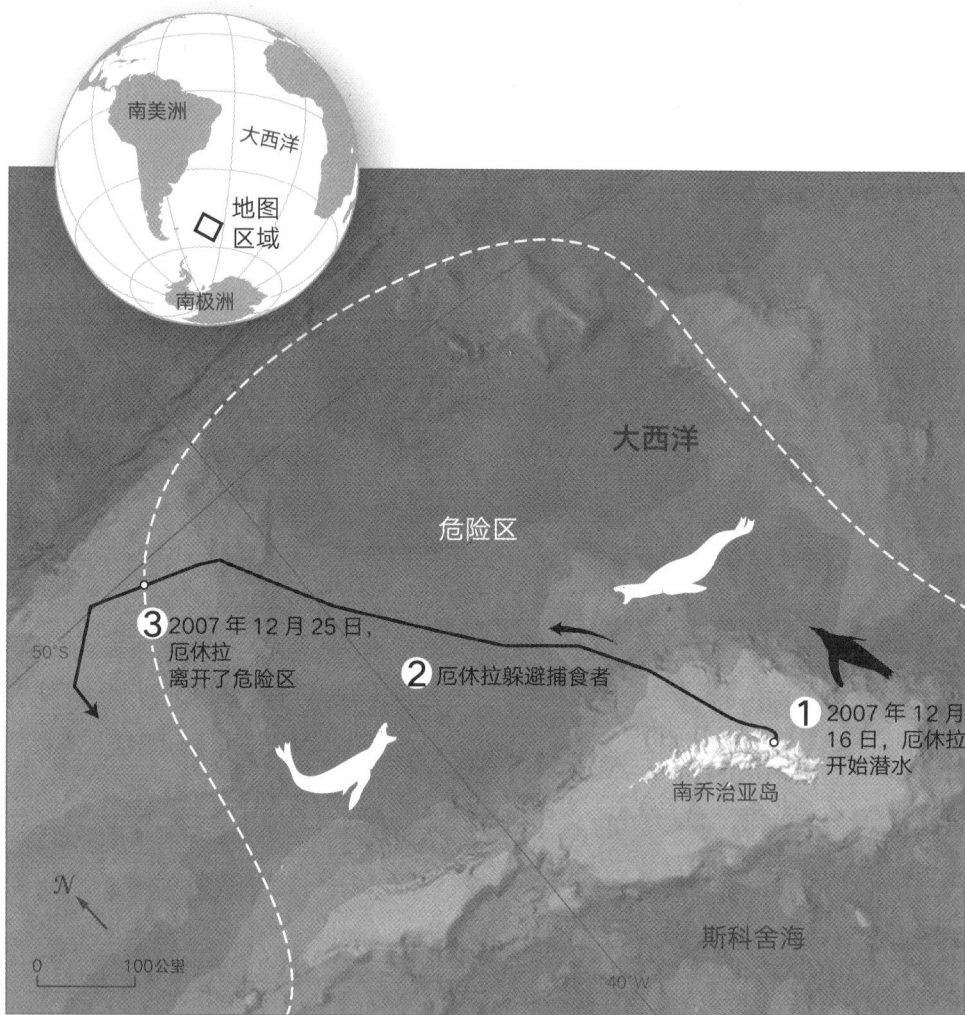

南美洲

大西洋

地图区域

南极洲

大西洋

危险区

③ 2007 年 12 月 25 日，
厄休拉离开了危险区

② 厄休拉躲避捕食者

① 2007 年 12 月 16 日，厄休拉开始潜水

50°S

南乔治亚岛

N

0   100公里

40°W

斯科舍海

厄休拉的探险期[①]

---

① 图片说明：本书正文共 4 张插图，均系原文插附地图。——编者注

第 **1** 章

越无知越冒险

南乔治亚岛坐落在距南极洲约 1600 公里的大西洋中。如果你曾于 2007 年 12 月 16 日拜访过此地，那么你可能见证过一只王企鹅生命中决定性的一刻，这只王企鹅名叫厄休拉。在这个周日，厄休拉离开了它的父母。它与一群嘎嘎尖叫着的和它有着一样外表的同伴，一起摇摇摆摆地走下沙滩，毫无预兆地跳入冰冷的水中，全速游离了它的家，一次也没有回头。

在这一刻之前，厄休拉还从未在距它出生之地 90 米以外的地方冒过险。它从来没有在海浪中嬉戏过，从来没有尝试过在外海中游泳，更是从来没有自己觅过食。直到此刻，它的每一餐都还是由父母准备的（父母部分消化和反刍后再直接喂进厄休拉张开的小嘴里）。

小时候的厄休拉是一只毛茸茸的小雏鸟，在父母的羽翼下获得温暖，能够经受住极寒与烈风的考验。[1] 当可怖的肉食性贼鸥为了喂养自己的后代企图撕碎幼小的企鹅时，厄休拉在爸爸和妈妈的保护下得以存活。像其他的王企鹅一样，渐渐长大的厄休拉拥有了和父母之间的秘密语言，一种仅属于它们三个的独特叫声。对于王企鹅来说，父母会持续养育幼鸟一整年。在此期间，它们的小家庭是紧紧相连的三人组。爸爸和妈妈在照顾者、养家者和守护者的角色间进行平衡，共同照料它们的幼崽。

渐渐地，变化开始了。厄休拉慢慢褪去了雏鸟时期的褐色软毛。在它幼翅粗糙的斑块间，开始陆陆续续地长出了一些光泽饱满的黑白成羽。它起初短促尖利的青涩啾啾声也变成了深而低沉的嗡鸣。这种低沉的嗡鸣让企鹅们的领地听起来就像是庞大却没有指挥者的卡祖笛（一种管乐器）乐团演奏现场一样。

厄休拉的转变不只发生在身体上，它的行为也在骤然间不同以往。它变得极为好动，开始往更加远离父母的地方游走。白日里，它和其他正值青少年时期的企鹅凑成一团聊个没完。它的此般躁动有个特别的学名：迁徙焦虑（德语作 zugunruhe）。[2] 对于即将远离故土的鸟类和哺乳动物，甚至昆虫，都已有关于迁徙焦虑的研究。动物的迁徙焦虑通常伴随失眠，这是由引起唤醒的肾上腺素和诱发睡眠的褪黑素交替所引发的。倘若是一个人类个体，可能会使用"兴奋""忧虑""期待"这样的词语来描述迁徙焦虑的感受。

在 12 月 16 日这个特别的周日之前，厄休拉日益增长的游走冲动还会被每晚回到栖息地，在爸爸妈妈和其他同伴那里寻求安全的驱动力所抑制。但是今天，不再是这样了。厄休拉身着华丽、精美而崭新的"礼服"，在肾上腺素的驱使下兴奋不已，和它的同伴们彼此嗡鸣应和着，朝着海岛的边缘移动。这群正值青少年时期的企鹅们熙熙攘攘，你推我搡地行进，目视海洋，间或回头瞥向故乡。它们不再是雏鸟，也不是成鸟。海洋对它们来说就是一片广袤的未知世界，它们站在这个世界的入口，只短暂地停留了一阵。

就像初出茅庐的人们要在外面的世界立足一样，厄休拉面临着四重艰巨的考验：它要迅速学会自己觅食并找到安全的地方休憩，它要能跟得上所在企鹅群体的阶层变动，它要学会向潜在的配偶示爱并与之交流，它还要摆脱对父母的依赖，在浩瀚的海洋中独当一面。

但若厄休拉没能活下去，作为企鹅所经历的所有里程碑都将不复存在。第一重考验，便是要让自己处于安全的境地。若不能做到这一点，身为一只小动物，它的未来还没开始就要落下帷幕。厄休拉眼前的第一个挑战，便是要直面死亡与生存。

对于每年从南乔治亚岛四散而出的青少年企鹅来说，离家的第一天，毫不夸张地说，不是成功地游走，就是败北的沉没。同全世界其他正值青少年时期的动物一样，成年早期的企鹅既无丰富的经验，又无充分的准备。它们直到为时已晚之前都意识不到天敌的危险。即便它们察觉到了危险，也可能并不知道接下来要如何应对。缺乏求生的技巧，又没有了父母的保护，青少年个体很容易被天敌盯上。它们即所谓的**易捕获的猎物**。

易捕获的猎物
easy prey

猎物被捕食者感知为较为弱小的、更少受到保护的个体，因此不容易逃跑，是更好的攻击目标。

厄休拉在水中最初的经验，也是它同水下世界的初次遭遇，而水下世界是残暴的。在企鹅繁衍之地不远处的水下潜伏着的是它们的天敌豹形海豹，拥有着足以吞下一颗篮球的巨颚。[3] 想象一下那些齿若猛虎的血盆大口，高速冲向企鹅仅有网球般大小的脑袋的情景，连接那些巨颚的是豹形海豹的食道。一餐之中，豹形海豹能吃下至少 10 只企鹅。豹形海豹是地球上最优秀的捕猎者之一，它们的肌肉重达半吨，在水中极具爆发力，非常擅长猎杀企鹅。豹形海豹能够以出色的准度逮住企鹅，在水面上下反复猛撞，从而剥下它们的羽毛，其骇人的剥毛方式可与日本刺身厨师的刀功相提并论。正如它们与猫科动物同样的名字所昭示的，豹形海豹是擅长伏击的猎手，它们隐藏自身，静候猎物上门。它们沿海岸线排布如水雷，藏身于冰岸边缘难被发觉之处。它们经常伪装成海中的漂浮物，随海浪静默地漂移，以便对放松警惕的猎物发动奇袭。离岛的青少年企鹅必须冲破豹形海豹的死亡威胁，游到对岸。如果它们不入海，便永远无法长大。可如果它们没能从豹形海豹和擅长豪夺的虎鲸群的威胁下逃出生天，余生的第一日，也将成为它们的末日。对于企鹅来说，顺利脱险是一项风险极大的考验，一招定输赢。

如果你曾于此地见证过这一关乎生死的瞬间，你就会注意到厄休拉和它的两个同伴都佩带着一件使之有别于其他同伴的小装备。这是用黑色胶布粘在它们背上的微型收发器，可以发送出此前从未收集过的，记录企鹅离家之后的去向以及它们往后几周所在地的信息。这些令人惊异的结果将会彻底重塑生物学家有关企鹅行为的知识体系。这项跨国调查由总部位于苏黎世的南极研究基金会的科学主任克莱门斯·皮茨（Klemens Pütz）主持，来自欧洲、阿根廷和马尔维纳斯群岛（Falkland Islands）多地的研究者参与。还有一部分研究基金来自生态旅游者的捐赠，作为回报，他们可以为接受无线电标记的鸟类进行命名。[4]

正是由此，我们得知厄休拉于 2007 年 12 月 16 日这个周日跃入了南极的海洋之中。厄休拉所携带的跟踪装置准确地追踪到了它摇摇摆摆走向沙滩，纵身入海的时刻。当季，皮茨团队在南乔治亚岛标记了 8 只企鹅，当天离开的是厄休拉与名叫"坦金尼"（Tankini）和"特劳德尔"（Traudel）的另外两只企鹅，它们是与成群的正值青少年时期的同伴们一起离岛的。

就像毕业典礼当晚的中学生一样，作为 2007 年的南乔治亚岛的"王企鹅毕业生"，厄休拉和它的同伴们身体已经发育成熟，做好了离家的准备。但也同那些人类中学生一样，它们还没有现实世界的成年人经历，在行为上仍不成熟。

骤尔，企鹅们潜身入海。弓背，扫蹼，厄休拉径直冲向了那片凶险遍布的空间。而它的父母，还有追踪它的生物学家们，所能做的唯有立于一旁，目送其游向远方。

生性脆弱

每年有数以千计正值青少年时期的王企鹅跃入捕猎者徘徊的水域，但得以生还的却并不多。[5] 王企鹅的存活率在某些年份可以低至 40%。尽管准确数据难以计算，不过其他年头还不至于这么残酷。不管怎么说，对于所有企鹅而言，最初入海的几天、几周，乃至几个月，都是极度危险的。

青少年时期和成年早期的动物在地球上的生活可以说是非常艰辛的，这一事实非常发人深省。相比于同类的成年个体，它们在自然界中更容易因跌落、溺水和饥饿而死亡。[6]由于经验不足，它们会被更加年长和强壮的同伴逼入险境，它们也更容易成为天敌捕猎的目标。

幸运的是，人类青少年在走出家门后没有像企鹅那么高的死亡率。[7]然而相比成年人，青少年也的确更易遭受外伤和死亡。在美国，从儿童期迈入成年期，死亡率上升了大约200%。[8]近乎半数的青少年死亡都是车祸、跌落、中毒和枪击等意外造成的。

青少年的驾驶速度比成年人更快，也更莽撞。[9]同35岁及以上的成年人相比，青少年的犯罪率更高，成为谋杀被害者的概率也在成年人的5倍以上。除了幼儿（可能将手指插入插座而发生危险）和从事电气相关行业的成年人，青少年的电击致死率是最高的。除了婴儿及5岁以下的儿童，15～24岁的青少年和年轻人的溺死率也是最高的。相比于其他人群，青少年更易有自杀倾向或遭受精神疾病和成瘾的痛苦。此外，他们因酗酒导致中毒和死亡的概率也远高于成年人。

虽然生存风险因社会阶层和地理位置差异而有所不同，但放眼全球，青少年个体占据了所有性传播疾病新发病例的一半。他们是最容易遭受性侵犯的群体。全球15～19岁女孩的首要死因一直是与妊娠有关的并发症。

青少年时期让人备受折磨，但构成危险与脆弱的生物基础也同样激发了创造力和激情。正如斯坦福大学的神经科学家和演化生物学家罗伯特·萨波斯基在其《行为》（*Behave*）一书中生动描述的那样：

> 处在青少年和成年早期的个体具有最丰富的可能性，可能杀人，或被人杀害；可能远离故土，或不复归返；可能开创崭新的

艺术形式，或助力推翻孤王之专制；可能高呼种族净化、血洗村落，或予人玫瑰，献身有难之人；可能耽于所瘾，困于所溺，或逸于成俗，通婚异族；可能创见拔群，现物理学之变革，或趣味低下，沉沦风靡；可能折断头颈，只为消遣，或满心虔敬，将生命献予上帝；可能洗劫屏弱老妇，或信仰一切的历史都终汇于此刻，让这一刻成为最重要的时刻，最充满危险和希望的时刻，最需要他们参与进来并有所作为的时刻。[10]

从无知到警觉

当然，厄休拉尚不知晓它所面临的严峻形势。即便它知道，或许年轻人的奇特思维也会令它相信自己会成为活下来的那个。不过事实上，所有的王企鹅在出发的那一刻都是**对捕食者无知**的。我们有意使用"无知"（naive）一词，并没有评判的意味。这是一个野生动物生物学术语，用以描述一种特定的发展状态：首次离家，没有经验，毫无防备。[11]

对捕食者无知
predator-naive

动物由于缺乏对潜在危险的认识和经验而处于高度易受伤害的状态。

对于青少年瞪羚来说，对捕食者无知即意味着不知道猎豹的气味怎样、移动方式如何。对于青少年鲑鱼来说，对捕食者无知意味着它们还不知道鳕鱼在夜里狩猎速度更慢，主要依赖气味和声音寻找猎物，而在白天视力良好，可以迅速猎食。青少年海獭在首次遭遇大白鲨时也是对捕食者无知的；而对于青少年旱獭，即使土狼就在近旁，它们还依然在洞外嬉闹，无所觉察。对于生活在西非的戴安娜长尾猴幼崽来说，对捕食者无知意味着它们还不具备辨别鹰、豹和蛇不同狩猎声响的能力，无法预测攻击将会来自上方、下方，抑或是树枝周围。

对捕食者无知，也是人类青少年进入一个陌生世界时的模样。他们辨识不出什么是危险，即使能够辨识出，也时常不知道接下来该如何应对。这种经验的匮乏对人类青少年和年轻的企鹅是一样致命的。

一个"对于捕食者无知"的青少年去参加一个聚会，或是年轻的成年人去往一个陌生的城市，虽然不会真的有豹形海豹在等着他们，但可能面临的种种危险却同样足以致命：一辆突然转向的皮卡货车、一次酗酒后的霸凌、一段致人抑郁的经历、一个心狠手辣的罪犯，或是一杆子弹上膛的枪支。

有违直觉又极为可悲的是，被抛入最危险境地的恰恰是最脆弱和最不加防备的人。然而对于所有物种的青少年和刚成年的个体来说，还未完全成熟就要面对致命危险，这就是现实生活。对于一只破壳而出后还没见过父母就潜行入海的小海龟来说，对于一只被多代的庞大家族养育了20年的非洲象来说，都是如此。所有动物都终将失去父母的保护，需要凭自己的力量面对危险的世界。如果要生存下去，它们就不可能永远停留于对捕食者无知的状态，而必须变得对捕食者警觉起来。这就产生了一个悖论：要变得老练，就必须具有丰富的经验。换言之，要保证自身安全，就必须经历风险的考验。此外值得一提的是，如果父母离得太近，有些风险便不会出现，就更谈不上由此习得的经验了。

对于人类而言，这一悖论也正是令父母产生某种恐惧的原因。父母无法总是保护孩子免于危险，有时父母甚至不能提醒孩子保持警觉，好像在故意制造恐慌一样，但青少年在他们冒险的过程中似乎总会将不必要的危险加诸自己身上。无论是6年级的孩子和朋友在池塘的薄冰上蹦跳玩耍，还是中学生伪装成22岁的青年进入夜店，青少年经常有意让自己置身险境，令父母焦虑不安或带来骤发的痛苦。他们常常做出一些危险的行为，如莽撞驾驶、滥用药物、无保护性行为，而成年人对此根本无法理解。即使有些看起来没那么危险的行为，比如和朋友在森林里点燃篝火，或是悄悄坐上某人的摩托车，也会令父母困扰，深夜里惴惴不安。孩子察觉不到危险是一回事，明知有危险却视若无睹则是另一回事。有时令人发笑，有时令人愤懑，有时又令人痛苦不堪，青少年不只会偶然犯险，更是会将自己主动置于危险面前。

这种行为似乎难以解释，甚至有悖于生存本能。从演化视角来看，经受可能致死的风险简直毫无道理。可是这种有违常理的行为并不仅限于人类青少年。青少年时期的冒险行为在动物界也随处可见。[12] 在青少年时期，成群的蝙蝠会主动挑衅其天敌猫头鹰，松鼠小队也会无所顾忌地在响尾蛇边上蹦蹦跳跳。尚未成年的狐猴会攀上最纤细的枝丫，青少年时期的野山羊会登上最为高耸的岩脊。远离父母的年轻成年瞪羚会在饥饿的猎豹边上漫步，青少年时期的海獭也会在大白鲨附近游来游去。

怎么理解这种令人困惑的行为？有一种方法是把它放在其他物种中进行对比。考察不同动物的生活史可能会解释这一"不合逻辑"的行为。事实上它帮助动物们活得更久，功能更盛，繁育了更多后代。说到冒险，即意味着首先当问："其他动物也会在青少年时期冒险吗？"而后再问："这一时期的冒险是怎么样对青少年有所助益的？"

演化生物学家将这种比较法视为对尼古拉斯·廷伯根著名"四问"的一种应用。荷兰动物行为学家廷伯根曾于 1973 年荣获诺贝尔生理学或医学奖，他认为完全理解动物的行为不能只依靠解释其具体行为的发生机制和该行为出现的年龄。于他而言，跨物种地搜索该行为，进而判定其对生物体的意义，永远是举足轻重的一件事。对于人类而言，把青少年由于幼稚无知所招致的风险和他们主动寻求的风险区分开来是大有裨益的。如果能从这两种危险中成功存活下来，二者都能为未来提供保护性的助益。在第一部分的末尾，你会再次了解两者的差别。你会理解为何对于所有的物种而言，野蛮成长期都是如此危险。更重要的是，你会理解为何"冒险以获得安全"并非一个悖论。事实上，它正是生活在这颗星球上的一切青少年和年轻动物成年的必备条件。

不过，在我们继续探讨安全自保这一主题之前，我们首先必须深入心灵与身体之间的古老联结之中，从领悟恐惧的本质开始讲起。

第 2 章

恐惧催生警惕

　　有这样一个视频，一只矮胖的熊猫妈妈正坐在那里满足地大口啃着竹子，在它的脚边，依偎着一只又小又可爱的熊猫宝宝，正酣睡着。当这样的画面持续了11秒钟，你以为这是视频的全部内容时，突然一声"啊啾"，熊猫宝宝打了个喷嚏，熊猫妈妈吓了一跳，竹子飞了。熊猫妈妈肚子上的那卷脂肪也跟着抽搐了一下。这是恐怖电影的经典把戏——跳跃惊吓（jump-scare），只不过做成了熊猫的风格。

　　一秒钟后，一切又恢复了正常。熊猫宝宝又睡着了，熊猫妈妈继续咀嚼着竹子。然而，在它那看不见的、被吓了一跳的心脏里，引发电击的神经化学物质正迅速被血液冲走。剧烈的心跳变得平静、规律下来。熊猫妈妈从未处于任何危险当中，但是它的幼崽突然打喷嚏所发出的巨大声音和猛然的身体移动像是触发了她身体里的恐惧机制。全世界有数百万人在YouTube网站上看到这个视频，他们被熊猫的反应逗得哈哈大笑，殊不知它实际上是地球上一种最古老的神经反射。

　　无论是在陆地上、海洋里还是天空中，动物都会因恐惧而畏缩。这种**惊跳反应**不仅存在于人类和其他哺乳动物身上，也存在于生活在亿万年前的我们的共

惊跳反应
startle response

无脊椎动物和脊椎动物在受到惊吓时突然产生的身体运动。

同祖先身上。如在鸟类、爬行动物、鱼类，甚至是软体动物、甲壳动物和昆虫中都存在。在植物当中也存在。这种惊跳反应的广泛存在证明了它具有救命功能：对正处于生命危险之中的动物发出警示。并且这种惊跳反应是有效的，它引发的快速逃跑反应可以让动物的存活率增加两三倍。[1]

苍蝇知道要远离苍蝇拍，蛤蜊啪地合上它们的外壳保护自己，螃蟹为了躲避危险而快速跑掉。聪明的章鱼甚至学会了靠触发猎物身上的惊跳反应来捕食，它们会从一边悄悄靠近一只毫无防备的虾，然后缓慢地伸出自己的一只触角，在另一边轻拍这只虾，使得这只小虾惊吓得直接跳进了章鱼等在一旁的口中。[2]

人类有时也会对假的震惊事件产生惊跳反应。达尔文在《人类和动物的情绪表达》（*The Expression of the Emotions in Man and Animals*）中指出："对可怕事物的想象通常会让人害怕得发抖。"[3]达尔文对不同物种的恐惧反应有何共性十分着迷，他描述了猩猩的畏缩、黑猩猩的惊吓、野绵羊的躲闪和狗的震惊。他故意在自己还处在婴儿期的孩子身上引发惊跳反应。他在孩子的脸附近发出嘎吱嘎吱的声音，并注意到"孩子每次都会使劲眨眼，受到了一点惊吓"。

无论你是一个人、一只熊猫，还是一只逃过豹形海豹追捕的企鹅如厄休拉，当看到的东西、听到的声音、闻到的气味或者记忆发出危险信号时，这种古老的反射就会自动被触发。危险会激活电脉冲，电脉冲通过神经元发射，导致肌肉收缩并产生突然的跳跃、退缩或抽搐。

恐惧在生理学中不仅涉及大脑，还涉及心血管、肌肉骨骼、免疫系统、内分泌系统和生殖系统。当恐惧带来的强烈、遍布全身的不适感与某个事件、地点或个体绑定在一起时，动物就会学会在未来避免这种刺激。这种行为被称为"恐惧条件反射"（fear-conditioning）。[4]它是如此强大，以致动物只要经受一次就能学会，从而令自己获得终生的安全。以厄休拉为例，如果它第一次在海里游泳时就碰到一只豹形海豹，产生了恐惧反应，当它逃过一劫后很有可能将恐惧的不良体验与海豹出现的位置，其长相和气味以及其他方面结合起来。强烈的恐惧是一个可怕的老师，它带来的教训被刻进动物的神经系统，令其终生难忘。

而且，如果厄休拉能在第一次豹形海豹的追捕中活下来，那么它在第二次、第四次以及第四十四次时就更有可能活下来。来自英国南极调查局（British Antarctic Survey）的高级研究员菲尔·特雷森（Phil Trathan）告诉我们："随着年龄的增长，企鹅会变得更有经验，这会让它们更容易存活下来。"[5] 这是一个关键之处。当然，前提是当海豹近乎捉不到企鹅时，企鹅才能提高生存能力。

武装起来

有一天，我们在参观皮博迪博物馆时，被一个气势汹汹的人物展品吸引住了。他挥舞着一把 60 厘米长的剑，剑的锋利程度是我们从未见过的。虽然这把剑不是用金属制成的，但是它撕裂皮肤的威力依然不可小觑。其实这把剑是由一排鲨鱼的牙齿组成的，每颗牙都有大约 5 厘米长。

比鲨鱼牙齿做成的剑更引人注目的是这个人的头盔。头盔由一整条河鲀组成，像气球一样鼓鼓的，还有向各个方向延伸的尖刺，加上椰子纤维制成的浅棕色背心，构成了一套典型的 19 世纪南太平洋吉尔伯特群岛上的基里巴斯人（Kiribati）的盔甲。[6]

这件盔甲是皮博迪博物馆当时举办的一个名为"战争艺术"展览中的一件展品。当我们环顾展馆时，我们还看到了一些令人震惊的服装展品，它们都是世界各地的人们在整个人类历史中为了保护自己不受他人伤害而精心设计的。有 19 世纪生活在北美洲西北海岸的特林吉特人（Tlingit）制作的兽皮，上面绘有红黑色的示廓线。有 18 世纪的菲律宾棉兰老岛的摩洛黄铜头盔和护身铠甲，还有生活在中国四川省的彝族人所穿的漆皮革和木制盔甲。

我们花了一些时间去想象当年这些穿着防御制服的人。无论他们是青少年、年轻的成年人还是年长者，这种盔甲都能保护他们免受其他人类的威胁：一种非常特殊的威胁。

不同的盔甲设计为我们打开了一扇窗，我们得以窥见某一时代的危险。[7] 第一次世界大战就是一次名副其实的杀伤技术的"寒武纪大爆发"，被称为"龙虾铠甲"的防毒面具和钢板防弹衣应运而生，它们被用来对抗化学袭击和爆炸物。美军在 20 世纪 90 年代末至 21 世纪初期间配备的拦截者防弹背心（Interceptor Multi-Threat Body Amor System）可以用来抵御小型武器射击以及简易炸弹碎片。

但是，战场上的武器并非人类面临的唯一潜在危险。将这一概念扩展开来，我们会看到人类创造了许多外部"盔甲"来抵御威胁，如用驱虫剂、蚊帐来降低患上莱姆病和疟疾的风险，用涂防晒霜、系安全带和戴头盔来防止患上皮肤癌和发生车祸。

另外，恐惧从内心起到了一些保护作用。恐惧塑造了动物的行为，由恐惧引发的反应能够救命，这在数亿年的时间里发生过无数次。恐惧是一个古老的、遗传了无数代的保护性机制。然而，恐惧虽然普遍存在，但是对于每一个个体来说，对恐惧的感受却是独一无二的。不管人类还是非人类，没有哪两种动物是以完全相同的方式对同一事物感到同样的恐惧的。我们每一个个体都有一个独特的内部盔甲，由我们自己的特殊经验所定制。而且大部分的盔甲都是在从童年到完全成熟之间即野蛮成长期这一阶段所锻造出来的，因为在这一时期，青少年和年轻的成年人要开始独自面对危险了。

防御机制

军人知道盾牌、头盔和面具可以保护身体免受伤害，士兵穿戴的盔甲保护的只是他们的身体。治疗师知道如何让自己的患者通过心理调节来保护自己免受情绪伤害。这些心理策略就是患者的**防御机制**。

20 世纪初，精神分析学家首次提出了防御机制的概念，他们认为防御机制是无意识的心理反应，它能保护人的心理不受冲突、紧张和焦虑等情绪的影响。[8] 压抑、投射、否认和合理化都是众所周知的防御机制，它们已经成了人们的常用词汇。

防御机制
defense mechanisms

为应对压力而产生的防止个体感受到情绪疼痛的无意识的心理反应。

其他的防御机制则不太为人所知。对你讨厌的人表现出不适宜的友好，或者侮辱你喜欢的人，这些例子都属于一种叫作"反向形成"（reaction formation）的防御机制。还有一种防御机制叫作"升华"（sublimation），是指一个人无意识地将攻击性的冲动注入更能被社会接受的行为中。将敌意和愤怒转化为运动是弗洛伊德的经典升华范例之一。

在 20 世纪 40 年代和 50 年代，安娜·弗洛伊德的研究重点在青少年个体，她定义了在这一阶段出现的三种防御机制，分别是理智化（intellectualization）、压抑（repression）和禁欲主义（asceticism），这些防御机制能够帮助青少年个体控制性冲动的增强。理智化是通过只关注问题的事实性方面来应对情绪上的痛苦。压抑是隐藏那些不被社会接受的冲动或欲望，否认它们的存在。禁欲主义则是将冲动和感受转化为严格的身体训练或者自我否定。

安娜和她的父亲西格蒙德的思想不再是心理学理论或实践的主流。然而，作为他们工作成果的防御机制依然存在于心理学和大众文化当中。

动物行为学家不用心理学术语来描述动物的内在动机。但是他们确实研究了动物为保护自己免受捕食者侵害而采取的那些行动。动物不仅有如保护色、爪子、角和厚皮等生理上的防御，还有行为上的防御。例如，它们可以保持警惕，寻求帮助，并发出警报叫声。综合起来，这些生理和行为上的防御被称为**防卫机制**，我们将在第 3 章对它们进行更多的探讨。弗洛伊德学派的人会说防御机制能保护人类免受痛苦之感，野生动物学家则会说防卫机制能保护动物免受生存威胁。

防卫机制
mechanisms of defense

从行为、身体结构或生理角度保护动物免受捕食的机制（与防御机制相区别）。

无论你把这些防御行为叫作什么，动物们在经历野蛮成长期的过程中所学到的、对生命危险和情感危机产生的反应会一直存在于动物们的余生中。

有一些安全常识是动物天生就具备的。野生鱼类、爬行动物、两栖动物、鸟类和哺乳动物天生就有一些防御能力，专门应对在广阔世界中注定会面临的危险。[9]红眼树蛙的胚胎就掌握了一个救生妙招。它们通常在孵化前的 7 天内慢慢发育。但是如果这些发育中的胚胎感受到周围有黄蜂、蛇的存在，哪怕是洪水要来了，它们都会提前加速孵化，然后游到更安全的地方去。彩虹鱼的胚胎甚至可以在更早的妊娠期就察觉到危险。受精后仅仅 4 天的时间，这些胚胎就能够闻到附近有捕食性金鱼或鲈鱼的气味。它们对威胁的反应是心跳加快，这是脊椎动物对恐惧的常见反应。

这些出生就具备的安全知识毕竟有限，因此动物出生后必须学习新的安全知识。安全教育会贯穿动物的一生，但通常在青少年时期得到加强。但是不到真正直面过危险，青少年个体都会像对捕食者无知的厄休拉一样，只能依靠先天反射如惊跳反应的有限保护，来保证自己的安全。

岛屿驯服

动物有时需要改造自己的外部盔甲来应对环境中不断变化的危险。与其他动物相比，人类在这方面会更轻松一些——你可以直接脱下防弹背心，这可比犰狳卸下它身上的骨质甲容易多了。但是随着时间的推移以及危险的更替，外部盔甲也随之改变，变得必要时会加强，不需要时则会减弱或完全消失。类似地，内部盔甲也就是防御行为也会随着动物周围环境的变化而增强或减弱。

岛屿驯服就是一个有趣的例子。[10] 那些生活在没有捕食者的孤岛上的动物几乎没有天敌，从来没感觉到恐惧，反捕食行为也随之消失。当达尔文探索科隆群岛（Galapagos Islands）时，他发现他能轻易地靠近鬣蜥和雀类，甚至还能骑到巨型乌龟背上，恐惧反应在这些岛屿驯服的动物身上已经休眠。[11]

岛屿驯服
island tameness

由于长期缺少捕食者而丧失进化恐惧反应的能力。

如果它们生活在没有威胁的环境中，那就没事；否则当真的有捕食者出现时，这些岛屿驯服的动物是极其脆弱的。

更宽泛地说，岛屿驯服也出现在那些不一定生活在孤岛上，但捕食者已经灭绝或者被猎杀到灭绝的种群中，黄石麋鹿就是范例之一。[12] 美国黄石国家公园中捕食麋鹿的狼群在 19 世纪至 20 世纪期间被系统化地消灭，这使得麋鹿可以在整个公园里自由地活动，不必担心受到攻击。当狼在 20 世纪 90 年代被重新引入时，麋鹿不得不重新适应捕食者带来的恐惧。它们必须重建防御体系，重新学习如何抵御天敌。这项关于捕食者和被捕食者关系的自然实验表明，恐惧反应在岛屿驯服的种群中是可塑的，即使进入休眠状态，也会在环境发生变化时重新被唤醒。

虽然不是大多数，但有相当数量的现代人也生活在一种岛屿驯服的状态中。现代社会中已经几乎不存在肉食性动物对人类的威胁，人类的恐惧也就随之消失了。世界上的一些地区，有越来越多的父母不给孩子接种疫苗，这可能是人类对岛屿驯服的另一种独特诠释。到了 20 世纪五六十年代，曾经致命的流行病如脊髓灰质炎和风疹就像被遗忘已久的"捕食者"一样，已经不再为人所知，也不再令人恐惧。这令父母对疫苗本身的恐惧超过了对疾病的恐惧。如果不接种疫苗，当孩子暴露在病毒前就得不到应有的保护。不过，万一哪一天这些疾病卷土重来的话，他们对疫苗的看法又可能会在瞬间改变。类似地，由于艾滋病病毒致死风险已经降低，人们对于安全性行为开始变得懈怠，某种程度上这也是一种岛屿驯服。[13]

岛屿驯服甚至有助于解释政府的财政行为以及经济或政治趋势。随着经济灾难逐渐消退、渐渐被人们遗忘，个人和机构投资者就会开始冒更大的风险进行投资。

青少年焦虑比率上升的原因也可以用岛屿驯服来解释。动物和我们的人类祖先是在充满天敌和生存威胁的环境中进化而来的，这个过程造就了他们强大的恐惧神经生物基础。如今这些对生存造成威胁的因素对大部分人类来说已经不复存在，那么，从充满捕食者的危险环境中进化而来的大脑和身体在发现这些危险消失后，会产生什么变化呢？

30 年前，英国流行病学家戴维·斯特拉昌（David Strachan）注意到自身免疫性疾病诸如狼疮（lupus）和克罗恩病（Crohn's）的患病率在增加。由此他提出了一个类似的问题：当人处于一个更加干净的环境中时，从多种病原体环境中进化出的人体免疫系统会发生什么变化？[14] 斯特拉昌提出的**卫生假说**认为，人体免疫系统在过于干净的环境中因为没有外来病原体的侵袭，就会转向内部攻击自己的身体，将正常的组织误认为病原体。那么，是否存在类似的驱动机制导致了现代青少年和成年人罹患焦虑症呢？

卫生假说
hygiene hypothesis

生命早期接触病原体不足会导致以后过敏和自身免疫性疾病的风险上升的理论。

挪威卑尔根大学研究恐惧的哲学家拉斯·斯文森（Lars Svendsen）同意焦虑与自身免疫性疾病的驱动机制是相似的这一观点。[15] 他认为，许多现代人都有一种"意识过剩"（surplus of consciousness），这种过剩直接导致了对风险的过度想象。在现代富足的世界中，环境相对安全，人们不会再遭遇我们祖先所面临的有形危险，我们有更多的大脑空间去思考那些不会到来的风险，我们生活在一种被斯文森称为永久性恐惧的状态中。斯文森认为，永久性恐惧会把个体孤立起来，形成焦虑而孤独的社会，这是因为"生活在恐惧中与生活在快乐中是互不相容的"。

不快乐和焦虑并非过度恐惧的唯一不良后果。自相矛盾的是，恐惧反应本身会带来危险。1933 年，当富兰克林·罗斯福当选美国总统时，他曾告诫当时处于动荡时期的美国人民："我们唯一需要担心的就是恐惧本身。"[16] 这就像给正在学习动物行为的班级讲一堂关于恐惧的讲座。这句名言完美地指出了过度恐惧会导致的危险，也就是"适当的恐惧可以将退缩转化为前进，而那些莫名、毫无道理、不必要的恐惧会使得这样的努力陷入瘫痪"。

有一点很关键，尽管对危险有所反应可以救命，但是它并非总是毫无代价的。就地僵住有时反而可以帮助动物避免被捕食者发现。年幼的动物尤其依赖静止（称为"强直静止"）的方法来避免被天敌察觉。但是，静止也会阻碍逃跑。一个感到害怕、过度警惕、仔细查看周围环境的动物会比一个正常的动物吃得更少，社交活动更少，交配得更少。有时动物表现出恐惧反而会被杀死，比如那只因为惊讶被章鱼吃进嘴里的虾。对恐惧的反应可能是一个具有诱饵性的"选择我"的信号，让捕食者知道你可能难以生存。

企鹅厄休拉作为一个对捕食者无知的青少年个体，它习得的教训将持续影响它成年后的行为。另外，环境会发生变化，新的危险也会出现。假设有一种奇怪的病毒能够消灭所有的豹形海豹，那么像厄休拉这样的王企鹅很有可能在一两个子代内就出现岛屿驯服的现象。如果没有另一种新的捕食者接替海豹的生态位，那么这些王企鹅就会一直在海岸线附近轻松地生活。如果真的出现了新的捕食者，那么它将揭示一个关于危险的重要真理：在动物的一生中，无论处于什么年龄，无论经验多么丰富，面对新的威胁，动物都有可能再次进入对捕食者无知的状态。

第 **3** 章

识别危险

我们最后一次见到厄休拉，是它刚刚离开父母，正潜入水中准备加速前往危险的豹形海豹领地的时候。那时，它对捕食者还处于无知的状态。它还没有经历过真正的危险，尚未对恐惧形成肌肉记忆，更别提拥有求生技能了。对于动物之间捕食与被捕食的关系，厄休拉一无所知，它根本想象不到接下来会发生什么。

但是人类可以。我们把自己当成捕食者，从这个视角来观察外界有助于保护自己的安全。假设你是一只非洲大草原上的猎豹，正当饥肠辘辘的时候，你发现了一群瞪羚。这或许是一顿美餐，但你不可能把它们全部吃掉，你只能选一只。挑哪一只好呢？你来回扫视着它们，想找一只身体受伤的瞪羚或是一只落单的幼羚。可惜运气不佳，你只好把注意力转向三只成年瞪羚。瞪羚 A 看起来不错，但是它健壮活泼，正精力充沛地蹦跳着，对付它需要极快的速度和极强的力量。安静的瞪羚 B 或许是个更好的选择，但它刚刚发现了你，现在正密切关注着你的一举一动，出其不意智取瞪羚 B 的话需要出色的技巧和缜密的计划。

也许还有另一个选择。于是，你看到了瞪羚 C，它看起来对猎豹一无所知，是只青少年或刚刚成年的瞪羚。瞪羚 C 的身体已经完全发育成熟，但明显苗条纤弱。它可能跟着父母学习了一些关于猎豹很危险的知识，但与那些更年长、经验更丰富的瞪羚相比，它对猎豹所知甚少。在猎豹看来，它似乎不太确定自己在群体中的位置，既不和成熟的瞪羚聚集在一起，也不与幼羚们一起依偎在母亲身边。相反，它正在研究一些沙沙作响的植物，似乎根本不知道有只猎豹正在盯着它。

每次准备猎杀时，捕食者都要先进行一番成本效益分析，像是在填写一张野生动物版数据表。[1] 它们必须计算出自己在选择、追赶和猎杀上需要耗费的时间和精力，然后再权衡这餐食物所能提供的营养是否值得这些投入。这就好比节俭的购物者在杂货店里算计如何用最少的钱买到最多的物品，也类似于企业收购专家们评估如何收购最脆弱但最有价值的公司，肉食性的捕食者必须评估获得一顿食物的难易程度。事实证明，无论在地球何处，在野生动物界的"肉类专柜"里，"青少年"永远是物有所值的。

猎捕年轻易捕获的猎物

相比于那些对捕食者十分了解的动物，对捕食者所知甚少的动物往往更容易被其他动物攻击和杀戮，也更易被猎人枪杀，被汽车撞到，或被引诱进陷阱。它们体型庞大但经验贫乏，不熟悉捕食者的气味和声音，很容易被伪装欺骗或是分散注意力，跌跌跄跄地跃进危险的领域。而在它们试图逃跑时，又往往错估自己的战斗力或逃跑能力，以致在择路逃生时坠落或溺亡。更危险的是，捕食者之所以锁定它们，正是因为它们缺乏经验，且通常刚刚离开熟悉的栖息地，尤其是它们没有父母陪伴。

例如，生活在阿拉斯加的科迪亚克海域的逆戟鲸（一般指虎鲸），它们会以一种特别可怕的方式捕杀猎物。[2] 这种虎鲸会咬开猎物的喉咙，撕扯它们的舌头，撕裂它们的嘴唇。还有一种虎鲸叫毕氏虎鲸，是以一位开创性研究虎鲸的科学家的名字命名的，它们专门猎杀座头鲸，但并不是所有的座头鲸都是它们的猎物。这种虎鲸专门追捕那些游荡到危险区域，且身边没有经验丰富的成年鲸保护的青少年座头鲸。遇到少不更事的年轻座头鲸是毕氏虎鲸可以大快朵颐的日子。它们能够几近完美地追踪、攻击、杀死和吃掉这些座头鲸，是青少年座头鲸的头号猎杀者。

在非洲东南部的野生动物保护区，研究猎豹和捻角羚（一种非洲大羚羊）之间捕食关系的科学家们发现，猎豹更喜欢捕食年轻的雄性捻角羚。[3] 从社会性上看，这些青少年捻角羚在其群体中的社会等级还不稳固，这就意味着它们没有来自群体其他成员的强大后援。从体格上看，它们还不是那么强健，没有成熟雄性捻角羚的强壮体格、协调能力和自卫经验，而这些特质正是成熟雄性捻角羚更容易智胜和逃脱的关键。

阿根廷生物学家对捕食者是否更喜欢捕食青少年动物这一问题很感兴趣。他们检查了猫头鹰反刍出来的毛团，发现了残存的南美啮齿动物栉鼠的骨骼遗骸，而且这些遗骸全部是青少年栉鼠的。[4] 他们报告称，猫头鹰会优先猎捕那些游荡在无遮挡区域的青少年栉鼠。这些猫头鹰猎捕青少年栉鼠，与虎鲸猎捕青少年座头鲸、猎豹猎捕青少年羚羊一样，都是成本效益分析的结果。

即使是低等的沙丁鱼，其青少年个体也不能幸免，同样会有专门捕食它们的捕食者。[5] 斑嘴环企鹅，也叫非洲企鹅，就很喜欢青少年沙丁鱼，因为这个阶段的沙丁鱼集群技能不发达，更容易被捕获。值得注意的是，以青少年沙丁鱼为捕食目标的企鹅本身也是青少年，它们不够强壮或者技术不够娴熟，不能与成年企鹅一起捕猎，所以被甩在后面，只能去抓它们所能抓到的猎物。

猎鹿的人都知道青少年鹿特别容易受到攻击。[6] 在陌生的环境中，经验不足的幼鹿通常是第一个进入猎人视野、第一个被射击的。事实上，直到大约 10 年前，整个北美 90% 被猎杀的鹿都是幼鹿和年轻雄鹿。不过在由一位野生生物学家创立的鹿群质量管理协会（Quality Deer Management Association）的敦促下，情况发生了变化。现在，大多数猎鹿人意识到青少年雄鹿需要保护，并会避免射杀它们。给予幼鹿生存空间可以让鹿群在生理上和社会性上更健康。

　　人类可能是世界上最出色的捕食者，许多动物很快就发现人类对它们来说有多致命。进化生物学家理查德·兰哈姆（Richard Wrangham）给我们讲了一个关于乌干达偷猎者的精彩故事。为了抓到黑猩猩好用于丛林肉食交易，偷猎者们会设下陷阱进行诱捕。不够警觉且经验不足的青少年黑猩猩最常被捕获，而经验较丰富的黑猩猩则已经学会了扫视丝网并避开陷阱。黑猩猩幼崽是安全的，因为父母会保护它们。[7]

　　许多物种的父母都会确保自己的幼崽得到保护，无论是座头鲸妈妈保护其幼崽免受虎鲸的伤害，企鹅父亲驱赶掠食性贼鸥，还是鬣狗妈妈围着自己的幼崽防止母狮突袭；而青少年个体经常必须独自应对。

捕食者欺骗

　　野生动物之间，要么欺骗或被欺骗，要么吃或被吃，这是常态。猎物常常利用欺骗来避免被捕获和死亡，而装死是一种有效的防御捕食者的策略。对于体格和心智都足够强大的动物来说，假装受伤则是一种引诱捕食者靠近的策略。伪装翅膀折断是许多鸟类父母用来吸引捕食者远离巢中幼鸟的一种欺骗手段。

捕食者欺骗
predator deception

被捕食者采用的躲避侦察且不被捕食的防御策略，包括隐藏和伪装。

　　但欺骗是可以反转的，捕食者也会用欺骗策略来欺骗猎物。[8] 它们也可能装死，或者隐藏起来不被发现。人类就会借助欺骗的手段捕猎。纵观历史和不同文化，人类猎人会通过伪装外表、以其他味道来掩盖人类的气味以及模仿猎物的声音等手段来隐藏和伪装自己。一些狡猾的猎人会提前数月计划，在他们喜欢的狩猎场附近种植苜蓿、三叶草和玉米等食物。这些食物可以养活可能正挨饿的动物群体，同时也拉近了与动物之间的距离。最饥饿和最无知的往往是青少年和刚成年的个体，那些年长的、经验丰富的同伴轻易就能发现的危险，它们却无法识别。像韩塞尔和葛蕾特①一样，年轻的动物对意想不到的盛宴激动不已。饥饿分散了它们的注意力，不知不觉就摆好了姿势，等待猎人完美的射击。

即使是一位善良的渔夫老爷爷，在他飞绳垂钓时，实际上也是一个技艺娴熟的捕食者，他熟练地操作着"欺骗"这门古老的艺术。通过模仿小鱼或昆虫的形状和运动，他投放到河里的诱饵会极易吸引刚刚成年的鱼类和对捕食者无知的个体。这些鱼往往会上钩，最终成了老爷爷的盘中餐。有证据表明，羞怯有助于年轻鱼类避开诱饵，鱼类天生具有内向心理，即诱饵羞怯，可以保护这个年龄段的鱼类。[9]

最出色的动物捕食者准备猎杀时也很聪明。例如，鲨鱼学会了背光接近猎物，因为背光时它们更难被发现。[10]鳄鱼猎杀时会躲在水坑里，静静地趴着，只露出鼻孔。虎斑乌贼可以改变身体的颜色和动作，看起来像是无害的寄居蟹。[11]因为它们的猎物不怕寄居蟹，这让乌贼可以靠得更近，从而增加杀死猎物的机会。由于缺乏经验，青少年和刚成年的动物更容易上当受骗，造成灾难性的后果。

虽然现代人类通常不用再担心肉食性动物的侵扰了，但令所有父母们恐惧的是，青少年已经成为诱拐者的目标，他们会使用各种手段哄骗孩子，比如暴力或欺骗。

美国国家失踪与受剥削儿童保护中心（National Center for Missing and Exploited Children，NCMEC）发表过一份为期10年的分析报告，该报告研究了2005—2014年美国近万起企图绑架婴幼儿和青少年（18岁及以下）的事件。[12]分析表明，诱拐者通常会锁定那些对"捕食者无知"的孩子，并根据他们的特点来调整拐骗手段。例如，研究发现，对于年龄最小和最大的孩子来说，大多数男性诱拐犯都必须使用包括武器在内的暴力手段来

①《格林童话》中《糖果屋》一篇的主人公。——译者注

实施绑架。这是因为当目标受害者年龄较小时，诱拐犯通常还需要应对保护他们的父母。类似地，当绑架较大的孩子时，这些孩子很容易意识到危险进而奋力反抗，诱拐犯也需要使用暴力来阻止青少年的武力反抗，以及防止他们借助周围环境机智脱逃。对于那些年龄较大的青少年（16～18岁），绑架者会选择在停车场、徒步小道等远离帮助的隐蔽区域锁定他们。就像陌生的环境会增加动物被捕食的风险一样，陌生且偏僻的地方会让人类青少年很难逃跑或求救。

相比之下，针对年龄在8～15岁，对危险毫无警惕心的孩子，诱拐犯往往不会使用太多武力，也不需要去隐蔽的地方潜伏，而是采用截然不同的策略：言语说服。这个年龄段的孩子经验太过匮乏，甚至不需要武力威胁或者把他们带离人群，可能几句花言巧语他们就被轻易引诱了。

这类诱拐案大多发生在青少年步行上下学的途中。诱拐犯会提出送他们一程，或者拿糖果和饮料给他们。他们还会拜托孩子们帮忙寻找宠物或者是人。诱拐犯也经常假装自己的孩子走丢了。20%的诱拐犯仅通过夸奖就能诱骗到受害者，3%的人通过问路搭讪达到诱拐目的。有时，他们还会伪装成医生、护士或警察等权威人士，就像虎斑乌贼通过伪装外表让自己看起来没有什么威胁性。所有这些策略都有助于诱拐犯避免暴露自己，并节省他们的作案时间和精力。

这项研究表明，年龄在8～15岁，对诱拐无知的学生是特别易捕获的猎物。因为他们不太可能大声喊叫。就像猎杀青少年座头鲸的毕氏虎鲸，其标志性的致命撕咬在压制猎物求救声音的同时也发挥了可怕的次要作用。沉默，似乎对不同物种的被攻击的青少年都是致命的。

值得庆幸的是，暴力绑架在美国相当罕见。然而，针对其他犯罪类型的统计数据也显示出，青少年或刚成年的人若对"捕猎者无知"会遭遇巨大危险。例如，性交易者更喜欢那些未谙世事的受害者。一名曾从事过性交易的人在2017年拍摄的纪录片《贩卖女孩》（Selling Girls）中告诉调查记者："我不会浪费时间在自信的女人身上，皮条客找的是那些天真、少不更事的人。"[13] 这些性剥削者不仅使用动物的捕食技巧，而且能辨别谁是最容易对付的受害者。

在野蛮成长期，天真和经验匮乏会危及安全。青少年动物确实学习了一整套应对捕食者的技能，通过反复练习，这些技能可以帮助它们对抗捕食者，我们将在后面的章节中深入探讨这些问题。然而这一时期也有另一个普遍的弱点，虽不那么血腥，但常常致命。无论是人类青少年还是动物青少年，他们要进入的这个世界不仅等着捕食他们，而且也不太喜欢他们。

青少年恐惧

青少年会觉得自己是第一个也是唯一一个经历青春期的人，这是他们那个时期普遍存在的一个奇怪认知。而他们的这种认知以及随之而来的过分行为往往都会让长辈们非常恼火。马克·吐温曾经说过一句名言："当一个孩子满 13 岁时，你应该把他放进桶里，只在盖子上留一个洞以方便喂他吃饭。"那他们 16 岁的时候呢？"把洞堵上！"马克·吐温建议说。虽然这些话几乎可以肯定是杜撰的，但它们的流行显示出青少年时期的孩子是多么容易让长辈恼火。

从音乐到体育，从写作到表演，青春在人类努力创新的许多领域都倍受珍视。然而，仔细审视人人都曾经历过的青少年时期就会发现，人类沉迷青春的同时又对青春充满着矛盾心理。成年人对青少年常常感到无法忍受，会轻视甚至还会厌恶他们。他们用**青少年恐惧**这个专门的词来形容自己对青少年个体的恐惧或厌恶。

青少年恐惧
ephebiphobia

对未成年个体的恐惧、敌意以及轻视。

在比较善意的情况下，青少年恐惧只表现为否定或者蔑视，像是"青春都被年轻人给浪费了"和"现在的孩子……"这样的陈词滥调。这样的口吻就像是亚里士多德经常抱怨年轻人的那句话："只想做高尚的事情，不愿意做有用的事情；他们所犯的错误，就是做事情过度而激烈，做什么都做过头了。他们爱得太多，恨得太多。"[14]

从亚里士多德的话里，我们不难听出一丝喜爱之意，但更多强烈的青少年恐惧者的表现远不止是带着喜爱的责备。英国及其他一些地区针对青少年的生理弱点发明了一种名为"蚊子"的磁声波装置，该装置可以发射一种19～20千赫的超高频冲击波，这种冲击波高音只有青少年可以听到，对更年长的成年人通常没有影响。[15] 人们经常将"蚊子"这种反闲逛装置放置在公园里和商店附近，借助这种毫无人情味的电子信号敦促年轻人离开，就像在对他们说："滚出我的草坪。"

更严重一些的青少年恐惧者甚至会企图伤害青少年。像捕食者一样，他们把青少年当成容易攻击的目标。在世界上的很多国家，这类青少年恐惧行为已经形成一定机制，隐藏在一些社会机构中，实施一些掠夺性做法。从银行、医院、体育俱乐部到军队，都广泛存在。

金融机构通常会利用青少年金钱观念薄弱、冲动消费，抑或仅仅是经验不足等弱点。信用卡公司经常刻意地将营销重点放在像高中生这样的未成年人身上。[16] 在美国，10% 的大学生毕业时信用卡债务超过 1 万美元。游戏和博彩行业也以青少年为主攻目标，青少年病态赌博率是成年人的 6 倍。

青少年普遍身体素质良好，多数还带着些许理想主义，因此他们也是其他竞争激烈的领域重点追逐的目标。美国大学的体育项目通过给予青少年训练机会，从他们身上赚取数十亿美元。[17] 在警察队伍中，新手警察更容易被分配到最危险的巡逻地段。[18]

对青少年的剥削，在强制征募青少年和儿童兵上表现得尤为明显，这种情况遍布全球，从古至今，从未停止。古罗马军团中最年轻、最贫穷的士兵大多是青少年，他们缺乏经验，武器装备落后，却被部署在最危险的战斗位置，伤亡惨重。在 18 世纪，数以千计的青少年男孩，有些只有十一二岁，被招募为英国皇家海军的船舱男孩。[19] 由于没有资源和社会地位，这些青少年除了加入别无选择。在罗伯特·路易斯·史蒂文森（Robert Louis Stevenson）撰写的《金银岛》（*Treasure Island*）中，主人公吉姆·霍金斯（Jim Hawkins）的父亲去世之后，他在 13 岁那年成为一名海军船员，从一个天真的孩子到有为青年，他的成长经历比那些被剥削的青少年的典型结局要美好得多。史蒂文森的另一部经典作品《绑架》（*Kidnapped*）的灵感来自一个名叫彼得·威廉森（Peter Williamson）的 13 岁苏格兰男孩的真实故事。1743 年，威廉森被引诱到一艘船上，与其他 70 个男孩一起被卖到费城，做了 7 年的苦役。[20]

街头帮派中存在对青少年的另一种剥削。一项针对帮派招募的研究显示，13 岁是一个关键年龄。帮派头目会寻找这类年纪较小的青少年，利用他们对被接纳的渴望，承诺他们可以加入某个团体或某项事业，从而达到剥削的目的。毒贩也把他们列为目标，因为毒贩们知道，对于这些青少年顾客，自己的"产品"可以给他们带来虚假的身份或地位的提升。

就像鹿群质量管理协会倡导保护幼鹿（1 岁以下）一样，人类社会也会为青少年提供某些特殊保护。1988 年，雷诺烟草公司（R. J. Reynolds）推出了一项向青少年销售骆驼牌香烟的活动，广告中有一个叫乔·卡姆尔（Joe Camel）的卡通形象就是面向青少年群体设计的。尽管"乔"的气质让人不悦，而且公共卫生部门和家长群体均表示了不满和愤怒，但此款香烟直到销售了近 9 年后才下架。可能是迫于联邦贸易委员会的压力，这项推广活动最终被取消。[21] 2018 年，美国使用电子烟的高中生人数比 2011 年增加了 900%。美国疾控中心报告显示，在高中生中，电子烟的使用人数已从 2011 年的 22 万飙升至 305 万。美国食品药品监督管理局警告零售商，向未成年人出售电子烟设备将受到惩罚，各州和联邦立法机关也相继出台限制向青少年销售调味电子烟的法律条例。[22]

成年中心主义

有时，青少年恐惧与其说是对青少年的恐惧或敌意，不如说是根本不愿意看到他们，或者更糟的是，没有意识到他们近似成年人体格的外表下不可捉摸的内心。**成年中心主义**是指低估或完全忽视生命历程中未成年阶段的一种倾向。意大利生物学家亚历山德罗·米内利（Alessandro Minelli）认为"成年中心主义"阻碍了科学的进步。[23] 他呼吁科学家们"赋予不同生命阶段相应的地位"，这基于一个极其重要的原因，即"对生命中未成年阶段的理解可以重新定义生物学家对进化的理解"。

> **成年中心主义**
> adultocentrism
>
> 高估生命历程中成年阶段而低估未成年阶段（能力）的观点。

成年中心主义悄然影响了科学家和医生的决策过程，而他们却没有意识到这一点，以至于无意中造成了对青少年病患的歧视。作为世界上最脆弱的群体之一，患有癌症的青少年和刚成年个体比许多患有类似癌症的儿童和成年人存活率更低、复发率更高。导致这一结果的原因之一，是他们缺乏进入癌症专科中心治疗的机会。在美国的无医疗保险群体中，青少年和年轻的成年人是人数增长最快的，即使他们被诊断出癌症，也不太可能进入国家级医疗中心接受专家的治疗。

但造成这一群体在癌症存活率上巨大差异的核心因素是：在全世界拯救生命相关的临床试验中，青少年和年轻的成年人的参与水平是最低的。大多数临床试验都排除了 18 岁以下的青少年患者。对于儿童试验来说，他们的年龄太大，而针对成年人的临床试验，他们又太年轻了，这让青少年往往处于癌症研究的无主之地。儿童肿瘤学家乔舒亚·希夫曼（Joshua Schiffman）将其描述为癌症转诊的"荒蛮西部"（the wild west）。[24]

关于将青少年和年轻的成年人排除在临床实验之外的解释有很多种，但其背后的一个简单事实是：青少年不符合成年人或儿童研究中对"典型实验对象"的要求，他们与"典型实验对象"的差异会混淆结果。就在几十年前，这种思维也被施加在另一个"不合格"的群体，即女性身上。据说，女性的生殖周期会导致研究复杂化，因此，20 世纪的医学研究大多只关注男性，并使其从中受益。[25]

人们倾向于认为，青少年体格发育成熟，也就应该具备成年人的责任感，但这是错误的。医学伦理委员会正是明白这一点，才在关于谁将接受宝贵的器官移植上权衡再三，甚至会拒绝青少年的器官移植申请，这往往是因为委员会觉得，青少年不会遵守手术前和手术后的相关规定。[26]

当成年人做了错事

青少年恐惧专指对人类青少年的恐惧，但一些人无意中将这种不宽容延伸到了许多其他物种的年轻个体身上。例如，鸟类的青少年时期在时间上不尽相同，印度环颈鹦鹉的青少年时期一般发生在 4 个月到 1 岁。[27] 这些美丽、色彩鲜艳的宠物鸟，似乎一夜之间就从顺从的雏鸟变成了嘶叫、咬人、挑衅的青少年个体。有些宠物鸟一到青少年时期就开始不停地唱歌或大声说话；还有一些则变得更有领地意识和富有攻击性，或者不再搭理它们的主人。对于喜欢炫耀自己心爱的宠物的主人来说，最讨厌的可能就是鸟类青少年时期的性行为变化，比如拔毛、尖叫以及自慰。

尽管所有这些行为在鸟的发育过程中都是正常的，但一些主人对此并没有做好准备，更无法容忍，于是他们不再搭理自己的宠物，或者干脆把它们送走，这种情况甚至发生在美国最受欢迎的宠物狗身上。如果你见过正处于青少年时期的狗，你就会知道它们有多烦人。它们会乱咬鞋子和家具，疯狂嬉闹，不合时宜地吠叫，在公园里乱跑不愿意回家。就像亚里士多德说的："它们爱得太多，恨得也太多。"

处在青少年时期的宠物狗最后可能被关在后院，被绑在木桩旁单独待几个小时，或者干脆被遗弃在大街上。这个年龄段的宠物狗被遗弃、被送到动物收容所的概率急剧上升。

在美国的动物收容所里，超过半数的狗是 5 个月到 3 岁之间的青少年个体：不再是幼犬，却也尚未成年。[28]绝大多数惨遭遗弃的狗会被实施安乐死，这意味着仅仅因为它们是青少年个体，就有可能被逼上绝路。专家指出，这些狗只是"表现出行为问题的青少年个体，它们的行为问题是有可能被解决的，只是主人没有处理的能力"。此外，96% 的被遗弃的狗没有接受过任何服从性训练，可以说它们的主人从未真正给过它们成功的机会。

然而，尽管有些人类出于无知或冷漠而虐待年幼的动物，但动物的成年同伴却更可能是彻头彻尾的剥削者。芬兰的研究人员发现，生活在北欧和亚洲的野生年长鸣禽，会通过恐吓或武力阻碍比它年轻的鸟类获取食物。[29]欺负相对弱势的青少年鸟对成年鸟来说有双重好处。首先，占支配地位的成年鸟可以获取更好的营养；其次，让青少年鸟挨饿会让成年鸟更加安全。当觅食的鸟发现捕食者时，它们会逃到灌木丛中藏起来。这些鸟不能 100% 确定捕食者何时离开，但它们不能等太久，否则会得不到足够的食物。饥饿的鸟会最先冒险离开安全的藏身之处，吃得更好的鸟则能扛得住饥饿继续等待。年轻鸟不仅可以引开捕食者，还可以填饱捕食者们的肚子，从而进一步保护成年鸟。

这些处于从属地位的青少年鸟不一定天生就是冲动冒险者，它们冒险是因为别无选择。所有年龄段的动物都一样，当个体得不到生存所需的资源时，就会变得更加绝望，让自己成为被剥削利用的对象。正如我们从离家出走和无人照看的儿童的经历中了解到的那样，他们为了生存而不得不冒险的结果很可能十分严重且令人心碎。

幼崽特权

值得注意的是，许多物种的年幼动物都会拥有一段特殊地位时期，群体中的年长者会对它们更加包容。从犬类中观察到这一现象的行为学家称

幼崽特权
puppy license

一段时间内，年长动物对年幼动物不成熟行为的容忍，而成熟个体则并不享有这种容忍。

之为**幼崽特权**[30]，但这其实是大部分物种都具备的一个家庭动态特征，包括灵长动物，它们也有自己的"幼猴特权"。只要冒犯者仍年幼无知，即使有些"以下犯上"的行为，年长动物也会忽略或者温和地纠正。在玩耍时也存在幼崽特权：成年狗似乎很享受小狗的顽皮，它们可能会通过更温柔的摔跤、更轻柔的吼叫以及偶尔故意让小狗获胜来鼓励小狗。

然而，一旦小狗步入青少年时期，其幼崽特权就会被终止。同样的行为就在几天前还被轻松容忍，现在却会遭到成年狗的压制。虽然这只小狗还很年轻，同样还缺乏经验，但其他狗会像对待成年狗那样对待它、挑战它。在人类世界和狗的世界里，随着青少年个体成长到野蛮成长期，以及幼崽特权的终止，原本包容的世界突然变得急躁和苛刻起来。刚刚进入青春期的幼崽发现自己置身于充满厌烦和攻击性的陌生境地，甚至会受到伤害，不再被保护，也不再享有第二次机会，这就叫作成长。

当今社会，一些青少年承担成年人责任的时间确实被推迟了。家人为其提供经济支持，令人难堪的错误会被归结为年轻人的轻率和鲁莽，甚至有些违法行为也不会受到法律制裁。发展心理学家埃里克·埃里克森和人类学家玛格丽特·米德认为，"幼崽特权"对人类极其重要，青少年需要一个"心理社会性的延缓偿付期"（psychosocial moratorium）。[31] 意思是，在青少年时期，年轻人应该拥有更多探索不同角色和行为的空间，无须过早承担成年人生活的后果和义务。

危机四伏的陌生地域

由于哺乳动物和鸟类的社会结构不同，企鹅的幼崽特权可能不同于犬类，王企鹅父母对它们处于青春期的孩子的请求和聒噪是宽容的。然而，一旦这些年轻个体离开家，它们通常都没有父母陪伴。厄休拉之前从来没有去过远洋海域，突然身处陌生地域，无论身后是否有豹形海豹的追捕，它的生存概率都会大幅降低。对于经验不足的青少年和年轻的成年个体来说，闯入陌生地域是有风险的。

试想一下，这是一个清冷的秋季早晨，在宾夕法尼亚州的一片森林里，黑暗而阴冷，一只青少年白尾鹿惊醒了，它头上重重的鹿角仍在生长中，还带着柔软的绒毛。这个清晨对它来说是一个转折性的时刻：第一次独自醒来，没有妈妈陪在身边。在过去的一年半里，这只年轻的雄鹿和妈妈一起穿行于林间，学习该走哪条路，该避开哪条路。当妈妈摆动自己的白色尾巴提示危险时，它会逃跑或停住不动。如果妈妈停下来，转动耳朵仔细分辨声音，它也会跟着做，学习倾听树枝折断的声音。当妈妈通过吸气来确认不祥的气味时，它也在旁边嗅来嗅去。在妈妈的指导下，它学会了如何避开郊狼、汽车和猎人；还学会了辨认哪些植物是健康的，该吃，哪些是危险或低营养的，不该吃。

但这样的日子一去不复返了。就在前一天，一种叫**迁徙兴奋**的本能催生出了远行的欲望，或许还有妈妈的推动，这只年轻的雄鹿独自离巢了，它游荡到了离出生地 8000 多米远的地方。从今天起，它要开始承担成年个体的所有责任，靠着从妈妈那里学来的技能，去试错，独自预测风险、躲避危险，独自觅食和寻找睡觉场所。如果这只年轻的雄鹿识字，它可能会

迁徙兴奋
zugunruhe

源于德文"迁徙的不安"，指的是动物（通常是鸟类）迁徙之前的失眠和过度活跃。

联想到《夏洛的网》（*Charlotte's Web*）中的一个场景：小猪威尔伯即将离开一直生活的农场，这里有他熟悉的热乎泔水和亲切面孔。就在离开之际，威尔伯突然又转身跑回谷仓，躺在他的稻草床上，喃喃自语，"我真的太小了，害怕独自一个人去外面的世界"，然后蜷缩在他熟悉的安全的家里又睡了一夜。

创立了鹿群质量管理协会的野生生物学家乔·汉密尔顿（Joe Hamilton）向我们讲述了为什么小鹿第一次独自外出时需要保护，以及它们面临的挑战。

它们的妈妈把它们踢了出去，这些小鹿就像弹球机里的球一样四处弹跳，试图在不侵犯他人的区域内建立自己的新领地……一般是在离出生领地几公里远的地方……它们被强行推进了陌生的栖息地，对那里的地形一无所知。

这些年轻雄鹿会遇到很多麻烦。它们必须花费相当长的时间四处走动去熟悉新环境，这增加了它们遇到山猫或郊狼等捕食者的概率。

这就好比一个年轻人来到一个陌生的城镇。他们会遇到的麻烦多到超乎想象，直到他们摸清门道并积累了一些经验，比如哪里可以去，哪里不可以去……

如果你在初秋的白天看到活动的鹿，那几乎都是年轻雄鹿。它们只是出于好奇，想要尝试建立自己的领地，这时的它们更容易受到猎人和捕食者的攻击……在这里（南卡罗来纳州），如果它们要蹚过小溪或小河，往往会在惨痛的教训中更加了解短吻鳄。[32]

经历了惨痛教训的学习是有效的，但前提是你还能活着讲述历险记。随着青少年对危险认知的逐渐增强，他们开始掌握一些非常重要的规律：危险的东西并不总是危险的。例如，汽车可能导致人类青少年死亡，但也是日常生活的一部分，而且通常会遵循某些可预测的规律。

当危险看起来不那么危险

在野外，捕食者有时是非常危险的，而在其他时候，则出乎意料地无害。首先，它们并不总是在猎捕，它们不可能也不会全天候地猎捕。它们或许比你想象的更有规划，一些捕食者专门在黎明或黄昏时突袭；一些则只在一年中特定的时间，或者特定的天气，或者特定的光线条件下才猎捕。如果它们刚吃完东西，那么它们真的一点儿也不危险。

比如，一条刚刚尽情享用了一只加州地松鼠的响尾蛇，肚子已经塞不下更多的地松鼠，也就没有了猎捕的动机。经验丰富的地松鼠会发展出分辨餍足的蛇和饥饿的蛇的能力。[33] 它们对正在觅食的蛇更加警觉，当察觉到蛇已吃饱时也会适度放松。

驼鹿能区分饥饿的狼和饱食的狼。[34] 束带蛇能分辨出鹰什么时候是在猎捕，什么时候只是飞过。[35] 如果企鹅厄休拉能成功应对足够多的豹形海豹，它就会了解到它的主要捕食者也会在中午暂停猎捕，休息几个小时。

数亿年来，学会如何与饥饿的邻居共存一直是动物必须面对的生活现实。捕食者和猎物之间演化出一些交战规则，指导着双方的行为。掌握这些规则，对于捕食者来说，是吃饱和挨饿的区别；而对于猎物来说，可能是生和死的差别。

因此，在交战中做到知己知彼对青少年保护自身安全和躲避危险很关键。像厄休拉这样的王企鹅本身也会成为熟练的捕食者，尽管它们会被豹形海豹凶猛猎捕，但它们也可以像定向导弹一样精确地捕食鱼虾。

除了了解豹形海豹的日常猎捕节奏外，厄休拉还将学习捕食者行为中的一个古老的秘密——**捕食顺序**。[36] 捕食顺序是指所有捕食者用来成功猎杀其他动物的一系列可预测的攻击性行动。了解捕食顺序就像得以窥探对方的战术手册一样，将会帮助猎物对捕食者下一步的行动做出预判，从而得以保命。

捕食顺序
predator's sequence

捕食者发现、选择、控制和消耗猎物的 4 个阶段：侦察、评估、攻击和猎杀。

捕食顺序

当豹形海豹追逐企鹅时，就像猎豹扑倒瞪羚、老鹰俯冲扑向田鼠、霸王龙追捕鸭嘴龙一样，它们会做出相同的一系列行动。即使是瓢虫也遵循着同样的步骤捕食蚜虫。人类猎人在猎捕野鸡和鹿作为消遣时，也会遵循同样的捕食顺序。

对捕食者来说，捕食顺序简单明了，包括 4 个步骤：侦察、评估、攻击、猎杀。日复一日，每一次的猎杀，捕食者都必须完美地或近乎完美地严格按顺序执行。

猎杀就像编排古典芭蕾舞，每一步都是精确的，逐步完成。就像芭蕾舞蹈一样，猎杀的每一步都可以被分解和预期。肉食性动物必须像任何雄心勃勃的年轻舞者一样勤加练习，但它们严格的捕食顺序不会改变。

如果说捕食者的角色很简单，那么猎物的任务在这场可怕而又高风险的博弈中就更简单了，可以用一句命令来概括：尽快终止互动。

但是，这个简单的命令在实际情况中很复杂，充满无限变数。捕食者严格遵循捕食顺序：侦察、评估、攻击、猎杀。而猎物则只能即兴发挥：改变节奏、切分、止步，有时这些行动还要同时进行。

猎物可以通过反应迟钝来迷惑捕食者，或者通过反应过度打乱它们的步伐，从而削弱捕食者执行捕食顺序的能力。就像所有卓越的即兴表演者一样，捕食者也需要随机应变，因为猎物可不是照着编好的"剧本"行动的。无论是在大草原上、大海里还是天空中，绝佳的即兴猎杀和应对捕食者的最佳躲避方式，都需要耗费数小时进行技巧练习，在关键时刻集中精神。对捕食动作和顺序排练得越投入，真正上场时的表现就越好。另一个秘诀则是向老手学习。最出色的捕手和最擅于保护自己的猎物会观察他们群体中更年长、更优秀和更有经验的成员，从它们那里学习技能。

如果你仔细审视捕食顺序，就会发现交战的前半场对猎物相对有利，而后半场对捕食者更有利。这意味着如果猎物能够避开捕食者攻击前的侦察和评估，它们就更有可能免受攻击并远离死亡。这似乎显而易见，但对于无知的青少年个体而言，甚至是对于正面对新的恐惧的成年个体而言，都需要极大的智慧。一个好的逃生策略的关键在于避免被侦察和评估。

捕食顺序的后半部分，即攻击和猎杀，对于猎物来说是更可怕的情境。一旦攻击开始，要击退捕食者会更加艰难。事实上，我们最熟悉的反捕食策略是**搏斗**或**逃跑**，它们被研究反捕食的专家称为野生动物的**最后一招**。如果捕食顺序进入下半场，青少年个体由于经验匮乏、速度较慢、体格柔弱、信心不足，或者尚未拥有完整、成熟的防卫系统（长牙、爪子、刺毛）等，会比成年猎物更危险。野生动物在使用最后一招之前，会采取非常多的行动来保护自己。

搏斗，逃跑，昏厥
fight, flight, faint

脊椎动物捕食者自主神经系统激活的三种护幼生理反应。其中，交感神经系统激活搏斗或逃跑反应，副交感神经系统激活昏厥反应。

捕食顺序第一阶段：侦察

防止被攻击或吃掉的第一个诀窍，是从一开始就不被发现，动物们为躲避侦察进化出了惊人的行为和生理特征。因为捕食者会利用一系列巧妙的工具寻找猎物，在猎捕时，它们的眼睛和耳朵可以感知我们无法感知的范围。比如一些捕食者凭借一种叫作"化学感知"的能力闻嗅空气或品尝水的味道，如有异常流动，它们可以凭此追踪到猎物，还可以判断猎物所在的具体位置；还有许多动物拥有我们人类不具备或者无法使用的感觉功能，比如鲨鱼通过一种特殊的皮肤细胞感知电磁流，蝙蝠利用超声波听觉在黑暗中"看"东西。

最后一招
behavior of last resort

在被捕食者发现或抓住时，猎物为求生采取的行为反应，如假死、断尾、断肢、断爪以及排便等。

猎物对于这一系列侦察技术并不是无计可施。蝙蝠是唯一会飞行的哺乳动物，而鬃蝠（也称游离尾蝠）是它们中飞得最快的。事实上，它是地球上飞行速度最快的哺乳动物之一。鬃蝠的机动性虽然很差，但猎捕范围很远。[37] 现在假设你是一只青少年鬃蝠，黄昏时外出觅食。你正稳速飞行，靠听觉捕食飞蛾和甲虫。而就在此时，一只谷仓猫头鹰也在猎捕，你就是它的猎捕对象之一。

你对它一无所觉时，它却已经发现了你。换句话说，你的捕食者已经完成了捕食顺序的第一步，你被侦察到了。

将画面倒带片刻。动物通过预防自己被发现，从而直接阻止了捕食顺序的开始。要做到这一点，最简单的办法就是躲起来。如果你能保持绝对静止，躲藏会更有效。为了避免被能够追踪惊恐的猎物的心跳的捕食者发现，一些动物进化出了使心脏暂时骤停的机能，被称为迷走神经反应。它可以消除声音，抑制身体活动，从而摆脱任何可能正在监听的捕食者。迷走神经反应是我们与其他哺乳动物、鸟类、爬行动物和鱼类共有的一种古老的心脏特技。你已经体验过数百次这种感觉了，就是恐惧时产生的那种恶心的感觉。比如，当你差点被高速行驶的巴士撞到，或者意识到你刚刚发布了一条会让自己声名狼藉的信息时，你的内脏和喉咙中会突然有种隐隐的感觉，这是由于神经系统活动的突然减缓导致的，而这正和动物为了躲避捕食者而放慢心跳的求生能力有关。

除了躲藏，动物还可以通过保持警惕来提高安全性。放松警惕可能意味着生命的终结，但是过度警惕会导致动物无法进食、社交、交配，无法完成其他生存所需的基本活动，处于完全瘫痪状态。因此，走向成熟的动物必须学会如何在过度警惕与放松警惕之间取得平衡。解决办法之一是加入一个群体，与其他动物轮流监视。依靠更多的眼睛一起提防捕食者是群居形成的原因之一。

混淆效应
confusion effect

当外表与行为相似的被捕食者以大规模群体的方式共同行进时，因捕食者难以标定目标个体而猎食成功率降低的现象。

事实上，随着动物群体的不断扩大，个体会变得更加安全。首先，捕食者不可能一次性把它们全部吃掉，因此个体所面对的风险就会因群体中其他成员的存在而减弱。其次，捕食者的成功率也会因为一种被称为**混淆效应**的现象而降低。[38] 对于捕食者来说，在一群外表与行为相似的生物群体中标定单个个体是很难的，极易混淆。

当你观察一群八哥或一群沙丁鱼时，你很难能一直盯住同一只鸟或一条鱼，面对足球场上穿着相同球衣的运动员，舞蹈队里穿着相似 T 恤的舞者，甚至是水果店里一堆成熟的橙子，当你试图选中其中一个的时候，也会引发混淆效应。混淆效应对群体中的个体极具保护作用，特别是对没有经验的年轻动物，它们在试着将自己隐藏于群体中的同时，也在积蓄保卫自己的力量和经验。

混淆效应的对立面是**奇异效应**，它的作用同样强大。要在一群看起来像复制品的动物群体中追踪一个个体是非常困难的，因此任何能让个体脱颖而出的小细节都会引起捕食者的注意：一个畸形的鳍，一个不同颜色的翅膀，不成熟的行为，独特的声音，更大更高或更小更矮的体型，与众不同的气味等。

奇异效应
oddity effect

动物表现出异于其他个体的外表或行为，因此更容易被捕食者当作目标，承受更高被猎食的概率。人们认为鱼类和鸟类就是以相似的外观和行为来划分群体的。

奇异效应意味着捕食者更容易将目标锁定在显眼的群体成员身上。所以动物们，特别是防御技能不成熟的青少年个体，模仿大多数动物的外表和行为会让它们更安全。特立独行会遭受危险，无论是鸟类、鱼类，还是哺乳动物，当然也包括人类，无一例外。

为了研究奇异效应，20 世纪 60 年代坦桑尼亚的一位野生生物学家把一些牛羚的角涂成了白色，然后将它们放入其他未涂色的牛羚群中。[39] 这些显眼的白角牛羚成了鬣狗的攻击目标。这位生物学家控制了其他干扰因素，发现正是显眼和奇异的表现吸引了捕食者。

在另一项研究中，科学家把一些鲦鱼染成蓝色，发现当它们与一群黑鱼游在一起时，蓝色的鲦鱼会最先被捕食者捕获。[40]

类似地，一项关于白化鲶鱼社会排斥的研究发现，白化鲶鱼被捕食的概率更高。[41] 同时科学家还注意到另外一个趋势：白化鲶鱼不仅被吃掉的更多，它们还一直被自己的群体所回避。白化鲶鱼因为长相不同，不仅面临更高的被杀风险，同时还被自己的群体排挤，因而失去了群体安全的优势。

群体回避反映出奇异效应极其有趣的一面。调查人员认为，白化鲶鱼之所以会被同伴"拒绝"，是因为它们增加了整个群体被捕食的危险。没有了白化鲶鱼的存在，这群鱼作为一个整体更有希望令捕食者产生混淆效应。反之，白化鲶鱼的存在会吸引的不只是捕食者对这些个体的注意，还有对整个群体的注意。

奇异效应有助于解释为什么鱼更喜欢与外表相似的鱼成群集聚，也解释了为什么物以类聚，人以群分。以统一的速度、技巧和角度游泳或飞行，可以减少被捕食的风险。

对猎物来说，外表或行为奇异是危险的。躲避危险的方式之一就是不要表现得突出。人类并非群居动物，现代社会人类死于肉食性动物之口的情况已极其罕见。但当我们聚集时，很多反应与那些生活在群体中的动物惊人地相似。人们涌入足球场与牛羚穿过狭窄的河流水道，都遵循着相似的运动模式。人类的群体决策也与鸟群、鱼群、蜂群遵循着共同的模式。[42]

一些人倾向于与他们相似的人组成群体，这可以解释为文化倾向或者天生固有的亲缘倾向。但这也可能是对奇异效应这一古老动物本能的回应，即试图避开想要伤害自己的人的注意。

人类有一种行为叫外表霸凌，其背后的原因也可以用奇异效应解释。外表霸凌指的是群体成员故意回避外表或行为异于常态的同伴，这种现象在青少年时期很常见，特别是在中学早期。[43]虽然一个外表古怪的人不会给群体带来被捕食的危险，但可能会引来外界对群体的注意，或危害群体的地位。青少年动物缺乏经验的表现之一就是看起来不同，因为它们还没有融入群体的意识或能力。正如一位14岁的男孩曾向我们坦露的，成功熬过中学生活的一个秘诀是"不要表现得怪异"。

融入群体、不引人注目、低头垂肩让自己缩得更小，以及避免目光接触（用帽衫或头发遮挡眼睛），这些都是人类，特别是青少年在他们的群体中隐藏自己的方式，是避免可能被选中成为攻击目标的办法。如果父母们了解这一点，他们可能会更理解自己9年级的孩子为什么要购买别人都有的品牌运动鞋、T恤或牛仔裤。

隐藏、警惕、混淆效应，这些行为都有助于动物避免被捕食者发现。还有另一种方式可以避免被发现：一开始就不进入杀戮区。不言自明，避开捕食者经常出没或攻击过的地方是一种简单但有效的安全策略，比如避开河流、公园、俱乐部或校园的某一特定区域。

但想避免所有的风险是不可能的，所以当经验不足的动物被迫（或选择）进入危险地区时，按照加州大学洛杉矶分校进化生物学家和动物恐惧研究领域的专家丹尼尔·布卢姆斯坦（Daniel Blumstein）所说的，它们应该"高估风险，减少暴露，并谨慎行事"。[44] 这就把我们带到了捕食顺序的第二个阶段。

捕食顺序第二阶段：评估

让我们回到蝙蝠和猫头鹰的话题。记住，在这个情境中，你是一只蝙蝠，是世界上飞行速度最快的哺乳动物之一，但很容易被猫头鹰捕食。你们的团队刚刚被一只谷仓猫头鹰发现了，现在捕食顺序进入第二个阶段：评估。

当你向前飞的时候，这只猫头鹰也在评估你和你的同伴。它判断、权衡、计算和估量着你们的身体和行为。你们是一顿自助蝙蝠大餐，但它不可能一次性把你们全部吃掉。如果只选一只，它会怎么选呢？对于那些对捕食者无知的动物来说，这是成长早期至关重要的功课。捕食者选择捕食哪只猎物的过程充满各种可能性和令人心碎的事实。捕食者会寻找易捕获的目标，通常是群体中有缺陷或不愿奋力抗争的个体，比如那些年轻、毫无准备、未察觉危险和没有防御能力的个体。

对青少年和他们的父母来说，这是一份宝贵的知识。正如之前提到的，捕食者在每一次投入攻击之前会计算成本和收益，比如这只谷仓猫头鹰，生物学家会说它正在评估自己的盈利能力。

只要能向你的捕食者传达一个信息：如果它选择攻击你，那么接下来它在捕食顺序的攻击和猎杀这两步上，将损失惨重。这会促使捕食者选择其他个体作为目标。如果可以说服它完全离开你们的区域的话，你甚至能够拯救你们整个群体。

无利可图信号
signal of unprofita-
bility

个体通过防御行为和展示富有力量和耐力的外表，从而避免成为捕食者的潜在目标，例如蜥蜴做俯卧撑、袋鼠大鼠用脚打节拍和云雀在飞行中歌唱。

动物们总是通过做出一系列被称为**无利可图信号**的行为来传达这一点。无利可图信号向潜在的捕食者发出了一个明确的信息：你如果追捕我，将会浪费你的宝贵时间并耗尽你的能量储备。

在捕食顺序中，攻击这一步很大程度上依赖于速度、潜行和突袭。特别是对那些通过隐藏和等待来猎捕的伏击型捕食者来说，出其不意可能是它们最重要的武器。并且，即使是像狼和虎鲸这样通过追赶来猎捕的追击型捕食者，如果能够不被猎物发现，也会极大受益。打破捕食者出其不意的优势是猎物抵御攻击的一种非常有力的方式，这相当于告诉捕食者你知道它的存在，可以有效促使捕食者去其他地方捕猎。

"我已经发现你了，所以你失去了出其不意的优势！"想要发出这样的信号可以很简单。例如，当加州地松鼠侦察到响尾蛇时，它们会用后肢站立。[45] 棕色野兔采用类似的姿势向潜伏的赤狐发出信号，告诉赤狐它们已经被发现了。警觉的姿势足以说服蛇或狐狸走开，去找一个不那么警惕的猎物。

"我知道你在那儿"的信号可以是有声的，也可以是非常复杂的。例如，根据记录，科特迪瓦地区的戴安娜猴可以根据不同的捕食者使用不同的**警报信号**。[46] 如果戴安娜猴发现了豹子或冠鹰雕，它会发出长距离的警报信号，既警告其他猴子，又让那只豹或雕知道它的突袭没戏了。警报信号是习得的发声行为，动物们在野蛮成长期学得最多。

警报信号
alarm calling

附近有捕食者时社会性动物个体对其他个体发出警告的防御行为。

相比简单地让捕食者知道它已经被发现，另一种无利可图信号——**素质宣示**信号则能告诉潜在的捕食者，猎物的身体状况极好，真的很难被追捕并猎杀。换句话说，猎物传达的信息是："跟着我，你会浪费精力，还会空腹而归。你最好还是选择别的猎物吧。"

素质宣示
quality advertisement

被捕食者通过发出代表力量和耐力的信号来阻止潜在捕食者的攻击。

青少年心理学家劳伦斯·斯坦伯格对人类青少年如何应对霸凌者的建议在本质上就是发出"我很强壮，我不害怕"的无利可图信号。虽然被捕食者当成攻击目标与被霸凌者当成攻击目标有很多不同之处，但斯坦伯格在《与青春期和解》（*You and Your Adolescent*）一书中推荐的应对策略并不陌生："如果可能的话，看着霸凌者的眼睛，从他身边走过，但不同他开战。"[47]

素质宣示信号也可以很简单。当袋鼠大鼠发现有蛇时，就会开始用它们的大脚打节拍。[48] 蛇听到这种声音就会放弃追踪。斑臭鼬则是用前脚跺地。袋鼠大鼠和臭鼬都是在青少年时期强化学习如何用脚击打，在学会之前都会处于不利地位。

另一个无利可图信号被称为**警示信号**，它结合了警报（"我看到你了"）和素质宣示（"我很强壮、很健康，我能比你跑得快，或者比你精明"）两种信号。[49] 在汤氏瞪羚身上可以看到典型的警示信号。想象一只黄褐色的长腿瞪羚，两侧腹部各有一条黑白条纹，头顶一对优雅的带有螺纹的角弯曲向上。你有没有见过一只这样的瞪羚四肢直挺挺地弹跳着穿过大草原，仿佛蹬着弹簧高跷？这种奇怪的步态被称为**直腿跳高**。汤氏瞪羚的这种行为除了是一种向猎豹表达它们不值得追捕的绝妙方式之外，似乎并没有其他的用途。但它是精力充沛和朝气蓬勃的展示，对于一个只想简单吃顿午餐的上了年纪的捕食者来说，会非常扫兴。

另一个例子是云雀。云雀在摆脱游隼时会发出响亮而复杂的歌声。它们独特的逃生歌曲时长13秒，而且只有在艰难疾飞上60米高空时才唱，它们从来不会在只是栖息枝头的时候唱这样的歌曲。[50] 为什么云雀会选择在逃脱的时刻、正需要全部的精力和注意力的时候歌唱，并且尽可能唱得大声和完美呢？因为游隼听到这样的歌声后通常会放弃追捕。如果没有听到歌声，或者云雀的歌唱得不好，游隼会更有可能继续追捕。研究这一现象的生物学家说，这是因为"只有非常健壮的云雀才能在被捕食者追赶时歌唱"。青少年云雀在这个方面就处于劣势，因为它们的身体不如完全成熟的成年鸟强壮，而且它们还没有太多时间练习和完善这样的歌唱。如果你是一只云雀，你最好唱得动听些；如果你不会唱歌，则应该蜷缩着躲藏起来，而不是疾飞直上来逃生。

云雀用歌唱发出警示信号，就像尤塞恩·博尔特（Usain Bolt）百米赛跑在70米时的惊艳加速。当博尔特能够轻松完成如此艰难的任务时，哪一个理智的人还会继续追赶他呢？警示信号的另一个例子是非洲一种叫作"clip springer"的羚羊，胡狼是这种羚羊的主要攻击者。就像云雀一样，当 clip springer 羚羊察觉到附近有捕食者时，就会开始唱歌。但它们不是独唱。由于 clip springer 羚羊是一夫一妻制，成对生活，它们向捕食者发出的是双重警报信号。**双重警报信号**让捕食者知道这两只羚羊身体健壮，有氧耐力（aerobic capacity）很强，并且有后援，捕食者应该去其他地方寻找目标。这种行为保护了这两只羚羊，其次也使它们更加牢固地联结在一起。Clip springer 羚羊往往一生与配偶关系紧密，而且在青少年时期就开始学习和练习歌唱。

双重警报信号
alarm duetting

两个个体之间相互的警报信号，通常发生在配偶或同伴之间。

直腿跳高、防御性歌唱、双重警报信号，这些都是野生动物向它们的捕食者传达信息以确保安全的方式。警示信号能帮助青少年动物展现一种它们还不具备的自信，实际上就是假装自己可以做到直到真的成功。

对人类来说，警示信号意味着示意捕食者，你不是一个好的攻击对象，会比他们预期的困难得多。警示信号可以很直白，比如带着一只凶猛的护卫犬散步，张贴房子装有警报装置的告示，或者亮出武器。皮博迪博物馆"战争的艺术"（Art of War）展厅陈列的盾牌和令人生畏的头盔就包含警示信号的元素，表明这些战斗装备并不仅仅用于物理防御。成年人的警示信号也可以是聘请律师或结交有权势的团体。计算机加密是当代特有的一种警示信号，大多数黑客说，当他们遇到强大的加密时，就会去别处攻击。门上的锁、窗户上的栏杆，即使不能保证万无一失，也会向潜在的盗窃者表明这是一个更难对付的盗窃目标。

人类青少年可以利用许多无利可图信号来保证安全，比如尽量收敛青少年式的腼腆或天真，让自己看起来更高大或更老成，甚至掏出可以发出警报信号的手机。表现出沉着镇定和大胆无畏的样子可以抑制惊跳反应，所有这些都可以向潜在的攻击者发出无利可图信号。一群大摇大摆的青少年男孩可能会惹恼或吓唬住一位成年人，但他们可能也正在控制自己的恐惧。无论他们表现得多么笨拙或者夸张，他们的部分行为也许是出于自我保护的本能，这种本能来自动物发出警示信号的冲动。

捕食顺序第三阶段：攻击

现在，作为羹蝠的你被猫头鹰发现后，然后经过评估，非常不幸地被它选中了。作为一只速度极快的羹蝠，你仍然有机会一搏。但你现在处于捕食顺序中更危险的后半部分，捕食者占据着上风。作为猎物，第三阶段的攻击会迫使你开启"最后一招"模式。

想要应对捕食顺序的这一步，双方都要有足够强大的力量、体格和智慧。捕食者体格上要有能力与选中的猎物搏斗或者使它们丧失行动能力。它们需要结合身体技能与精神毅力，才能战胜对方为生存而战的巨大能量。

饥饿的谷仓猫头鹰猛扑过来，但你很可能听不到一丝动静，因为谷仓猫头鹰是地球上最安静的捕食者之一。谷仓猫头鹰的翅膀华丽如天使，而且有着极高的机动性，其特有的超级柔软的羽毛能够削弱声音。你的攻击者在空中流畅平稳地静音飞行，而不会像其他猛禽那样急促而不流畅地拍打羽翼发出很大声响。谷仓猫头鹰扁平的脸还起着卫星接收器的作用。[51]凹形脸盘两侧的耳朵，一只高一只低，利用收集到的声波在脑中创建出你和你所在地理方位的3D图像。一旦猫头鹰的听觉系统锁定了你，你很难能摆脱它。

作为猎物，你的任务是尽快终止互动。但是现在该怎么办呢？觉察到正在逼近的攻击，作为蝙蝠的你会心跳加速，为肌肉提供动力，以做出经典的搏斗或逃跑反应中的一种：要么与猫头鹰展开激烈的斗争，要么快速成功逃脱。但对于被捕食的物种来说，如哺乳动物以及鸟类、爬行动物和鱼类，还有第三种可能的反应：心率骤降，可能昏厥。①这种看似矛盾的心脏反射突然减少了大脑供血，导致你的身体一动不动。对根据猎物的声音和动作来追踪的捕食者来说，完全静止是一种完美的声音伪装。人类保

---

① 恐惧引发的心脏反应是我们的第一本书《共病时代》第二章"心脏的假动作"的主题。

留了这种由恐惧引发的心跳减慢，由此导致的昏厥是青少年和年轻的成年人最常见的昏厥类型。[52]

攻击正在进行中，那只猫头鹰正向你全速逼近。你会心跳加速从而能够同猫头鹰搏斗或者逃跑吗？还是会心跳骤减进而僵住或昏厥？我们马上就会知道你的命运，但大体上你成功的机会很小。谷仓猫头鹰的捕杀率令人惊叹，约为85%，大多数捕食者的捕食成功率则要低得多。老虎每20次攻击中只有一次能猎杀成功。北极熊的表现稍好一些，每10次攻击能成功一次。豹子和狮子成功的概率大一些，但也只是每三四次攻击才能成功一次。[53] 仅这些事实就可以安慰任何发现自己成为捕食者目标的生物。正如尤吉·贝拉（Yogi Berra）喜欢说的那样："当一切尘埃落定才算真正的结束。"

捕食顺序第四阶段：猎杀

要结束捕食顺序，捕食者必须杀死它的猎物。这需要熟练的技术。快速杀死猎物可以最大限度地减少能量浪费，同时降低猎物逃脱或其他动物前来营救的可能性。此外，还可以避免动物反击，保护捕食者自身不受伤害。对于猎物来说，猎杀阶段几乎等于生命的终结，这就是为什么人们很喜欢看年轻动物的逃生视频，因为成功的逃生是非常罕见的。

谷仓猫头鹰用它的爪子紧紧抓着你的蝙蝠身体。通常情况下，它的下一步行动是用利爪要了你的命，然后飞到某个地方用喙将你四分五裂。但这一次，你很走运。你正在加速的心跳可能会突然减速，就像刚才遭受攻击时那样，导致你的大脑失去血液供应，身体变得瘫软。猫头鹰感应到后，随即稍稍放松了一下抓握，就在此刻你的心跳突然重新加速，充分利用时速160公里的飞行能力，你加速逃离到了安全地带。你虽然受了伤，但是获得了至关重要的关于谷仓猫头鹰如何猎捕的知识。

在捕食顺序中，处在野蛮成长期的动物是脆弱的，因为它们总是逃不过成为捕食者目标的命运。但是大自然赋予了年轻动物保持安全的方法。有些是与生俱来的，有些来自加入群体后获得的群体保护，还有一些是可以习得的，比如警示信号和其他无利可图信号，以及素质宣示信号等。

但是这些关于捕食者的行动、能力和弱点的关键经验，只有冒险离开受保护之地的年轻蝙蝠才能学到。蝙蝠或者任何其他动物，不可能通过躲在某个地方来深刻理解和学习危险。因此，当一个年轻的成年人进入一个新鲜刺激的世界时，最激动人心，也是最危险的时刻就是直面恐惧的时刻。

第 4 章

对抗危险

对于以何种方式离家，厄休拉几乎毫无选择。纵观王企鹅历史，年轻的王企鹅都是天真地跳入深水中，靠着不断尝试和犯错来通过豹形海豹这项严酷考验。试错学习是一种强有力的教学手段。相信自己能独自面对威胁是野蛮成长期的关键学习内容，学会在这个世界中安全自保是走向成年的必经之路。如果不去尝试和经历可能的失败，这样的学习就不会发生。

但对个体来说，想从失败中学习，前提是失败不会威胁到生命安全，因为肉体的存活才是至关重要的。在人类世界中，社会危险大多数时候也会带来生命危险，人们可能会因为犯罪、毒品甚至滥用社交媒体而受到严重伤害。身败名裂或违法犯罪会毁了一个人的生活，所以在这些方面盲目地进行试错学习是很危险的。现代人类青少年，就像他们的动物同龄者一样，需要去尝试，有时也需要失败。但在如今的社会中，一些高风险测试（high-stakes-testing）[①]，以及社交媒体可能造成的不可逆的伤害，增加了这种试错学习的风险性。

---

① 高风险测试是指具有重大后果或作为重大决策依据的任何测试，如大学入学考试、专业许可和认证考试等。——编者注

许多动物父母与人类父母一样，不愿意把自己的孩子置于危险之中。羚羊和猴子不会把它们未成年的孩子轻易地暴露在猎豹和蛇面前。在野外，试错学习有时是从父母或其他可信任的成年动物的演示开始的。

就像生物学家小贝内特·G. 加利夫（Bennett G. Galef, Jr）和凯文·N. 莱兰（Kevin N. Laland）所说的那样："当一只天真的幼崽初入一个新群体当中并面临着种种挑战时，利用好与该群体中的成年动物互动的机会会使它们得到良好的指导。"[1]

躲避捕食者的训练

动物从它们的生命初期就开始了解捕食者是它们生活中不可避免的存在。虽然厄休拉的父母无法教它如何去对付豹形海豹，但它们很可能对如何攻击海鸟做出了正确的示范。

家庭内部的训练可能只是父母的以身作则。孩子们观察它们的父母如何应对某种危险并从中汲取经验。例如，环尾狐猴会把它们的幼崽背在背上，再加入气味战中——狐猴通过向敌方释放特殊腺体的气味来与敌对的狐猴群体争夺地盘。[2] 因此这些狐猴从小就能理解这种成年战斗中的气味、声音、景象和动作。诚然，这样的战斗虽不是掠食性的，但却充满火药味。

再比如，当一头野牛妈妈遭到狼的攻击时，它为了保护自己的幼崽而回旋或猛扑，此时的幼崽则在观察捕食者的样子、声音、气味及母亲的反应，前提是它还处于母亲的保护之下。[3] 野牛妈妈也会从逃离捕食者的恐怖经历中，尤其是那些造成了创伤的经历中学习，这会使它们变得更加凶猛。那些幼崽被狼群杀死的野牛妈妈在保护新幼崽的警惕性上要比那些幼崽没有被狼攻击过的妈妈高 5 倍。失去幼崽的不幸经历让它们成为经验丰富、见多识广的母亲，能为孩子提供更好的庇护。

警报呼叫

动物在发现捕食者时会发出一种被称为"警报"的声音。在整个动物界，警报有三重功能：

- 提醒群体内的其他成员保持警惕。
- 呼救。
- 警告捕食者它的行踪已暴露。

当突袭被察觉，捕食者的猎杀计划也就随之搁浅了。

幼崽听到父母发出的警报，就会学着去识别父母所宣告的危险。还未离巢的日本大山雀雏鸟学习听不同的警报声来区分巨嘴鸦和鼠蛇。如果鸟妈妈喊"小心！是巨嘴鸦"，雏鸟就蹲在原地。如果她喊"嘿，是蛇"，雏鸟则飞离鸟巢。[4]

当然，幼崽们也会向年长动物学习如何自己发出警报，以吓跑捕食者并寻求帮助。第 3 章中提到的对儿童和青少年诱拐问题的研究表明，尖叫和大声吵闹能有效预防被拐。研究发现，当青少年喊叫时，附近的成年人更有可能注意到并帮助他们，诱拐犯也因此更有可能被逮捕归案。

然而，由于未成年动物尚在学习如何发出以及何时发出各种复杂的警报叫声，因此它们很可能会发出错误的警报。正因为如此，成年动物往往很少注意甚至忽视未成年和刚成年动物的叫声。例如，成年海獭在未成年海獭发出警报时经常无动于衷，但当另一只成年海獭对正在靠近的大白鲨发出警报时，它们就会做出反应。就像人类父母一样，动物父母必须弄清楚什么时候应该冲过去帮助幼崽，什么时候应该忽略幼崽的叫声，因为有些时候幼崽只是在练习那些有朝一日可能会拯救它们生命的声音。

集群防御

对危险发出警报是一种合理的防御策略。但在野外，有时最好的防御就是强力的进攻。如果你曾经见过一群鸣禽俯冲攻击一只猫，一群乌鸦袭击一只鹰，一群地松鼠盯着一条蛇，甚至是一群狗在门铃响的时候一起狂叫，那你就目睹了一种非常有效的反捕食者策略：**集群防御**。[5] 当一群动物聚在一起，制造出巨大的骚动来恐吓捕食者时，它们就是在集群防御。动物在集群防御时通常整个群落都会参与，声音是非常响亮的。鸟类、灵长类和其他有集群防御行为的哺乳动物会对入侵者尖叫、大吼、抗议和咆哮。它们奔跑、俯冲并攻击捕食者。可以说集群防御不是个体的智取，而是群体的进攻。

集群防御
mobbing

聚集的动物为了恐吓、赶走或者监视捕食者所做出的防御行为。

捕食者有时会因集群防御而受伤或被杀，有时捕食者会反击，还有些时候会选择主动出击，集群防御群体中的成员会因此受伤或死亡。但最常见的结果是捕食者放弃捕猎，逃到其他地方寻找更容易猎杀的猎物。

集群防御还是一种非常有效的侦察信号，因为没有什么能比一群愤怒的成年动物对着捕食者大喊大叫、狂奔而来更能破坏捕食者的突袭的了，这是给捕食者发送的一个无利可图信号。只有最饥饿或最顽强的捕食者才可能会选择在能找到其他无人看管的幼崽时还继续和一群成年动物对抗。

如果你见到动物们正在进行集群防御，就请仔细观察一下当中的各个集群防御者。你很可能会看到未成年和刚成年的动物。集群防御是具有实际危险的实习训练。对于未成年和刚成年的动物来说，能被允许参与集群防御活动可以积累宝贵的实践经验，让它们有机会识别捕食者并采取行动。因此，集群防御不仅是为了恐吓捕食者并保证群体的安全，还起到了教学的作用。一些对鱼、鸟和哺乳动物的研究表明，能够跟父母或其他年长群体成员一起集群防御的刚成年的动物的存活率比没有此类经验的同类高。

集群防御也是年轻人类一个重要的学习手段。当人们聚集在一起抗议权威时，他们就是在进行集群防御。甘地领导的"食盐进军运动"，法国大革命期间的攻占巴士底狱，1965 年的美国塞尔玛—蒙哥马利平权游行，以及 1986—1991 年的爱沙尼亚歌唱革命，都是脆弱的个体团结起来成为一股不可忽视的力量的例子。事实上，集会自由在本质上就是拥有集群防御的权利。无论是一只未成年的猫鼬在集群防御眼镜蛇，还是一个少年在向美国政府游行示威，如果他们正与自己的父母和祖父母一起行动，那就是在学习一件至关重要的事：有力的成年人该如何有效地对抗强大的敌人。

同伴压力和冒险

大西洋鲑鱼两岁左右就会进入青少年时期，这意味着一段痛苦的旅程马上就要开始。[6] 这些初次入海的小鲑鱼们离开它们熟悉的河流和小溪，一路游向几百公里外的海洋。沿途小鲑鱼会遇到一群群贪婪的捕食者，它们要确保自己不会被袭击或吃掉。水下潜伏着鳕鱼和鳗鱼，空中也有猛扑的飞鸟，特别是一种叫作秋沙鸭的鸟类，它的喙像标枪一样尖锐。在河岸上，等待小鲑鱼们的还有熊的爪子。

即使小鲑鱼能在入海之旅中幸存下来，在终点处等待它们的也将会是一批新的捕食者，即那些饥饿地徘徊在海中的大型条纹鲈鱼、鳕鱼、鲨鱼和齿鲸。小鲑鱼们将在海洋中生存 4 年之久，直到它们成熟。这段时间以及它们为了产卵洄游出生地期间，有一类捕食者会专门攻击它们，这种捕食者比其他所有捕食者加起来都更聪明、更致命。如果你喜欢吃烟熏鲑鱼或鲑鱼排，那么你就是那个捕食者。鲑鱼捕捞可是门赚钱的生意。

鲑鱼养殖者为了谋生会帮助鲑鱼避开天然的捕食者，使它们活得足够久，成为人类捕捉、出售和食用的目标。养殖者和研究鲑鱼的科学家在学习如何保护鲑鱼免受自然捕食者侵害时，发现了一些小鲑鱼在野外自卫的趣事。

一种常见的鲑鱼养殖法是从河里捞出刚孵化的野生小鲑鱼，然后把它们放入鱼池里养上几年，等它们长到青少年时期，养殖者会把这些鲑鱼再倒回河里，让它们顺流而下游向大海，并祈祷它们能安全返回。

但这样做有个问题：人工饲养的鱼对捕食者的威胁一无所知。它们从小到大从未见过鳕鱼或鳗鱼，从来没有感受过秋沙鸭在它们头顶上投下的阴影，直到那致命的喙刺穿水面。它们更从未感受过熊爪划破水面的涟漪。

因此，与在野生环境下长大的鲑鱼相比，人工饲养、对捕食者无知的鲑鱼在这趟代代相传的旅行中的死亡率要高得多，这并不奇怪。人工饲养的鱼就是水生世界里的温室花朵，它们极其容易捕捉，很明显不能适应野外的生活，被捕的概率极大，所以捕食性的鳕鱼、鳗鱼、飞鸟和熊等的就是它们每年被放生到水里的时刻。

瑞典和挪威的科学家们做了项实验（后文统称北欧鲑鱼实验），他们想了解通过训练，人工孵化的鲑鱼能否在野外环境中更好地抵御捕食者。于是他们把一群小鲑鱼分成了三组，第一组被放入装有自由游动的捕食性鳕鱼的水箱中，这些小鲑鱼得自谋生路，用科学家们的话说就是"直接体验与捕食者亲密接触"。

第二组也被放置在有鳕鱼的水箱中，但有一个关键的区别：有一张透明的网从水箱中央向下延伸，将鳕鱼隔离在一边。小鲑鱼可以看到它们致命的敌人，也可以闻到和听到敌人的气味和声音。它们的皮肤可以感觉到鳕鱼的游动是如何掀起周围的水波的。它们也有机会了解鳕鱼每日的捕猎节奏。鳕鱼无法透过网来攻击鲑鱼，因此鲑鱼实际上并没有生命危险。

第三组则被放置在普通的水箱里，没有任何捕食者，无忧无虑。

在实验过程中，科学家们观察到小鲑鱼对捕食性鳕鱼会产生一系列反应。第一组和第二组的鲑鱼会始终与鳕鱼保持距离。不管小鲑鱼是偶然接近了鳕鱼还是鳕鱼主动接近它们，鲑鱼都会有一个共同的反应——逃离。

第一组和第二组的鲑鱼遇鳕鱼即变聪明，它们展示了三种逃跑策略。第一种反应是全速游离威胁，而不考虑周遭的环境。科学家们把这种惊慌失措的游动称为"摇摆"（wobbling）。摇摆会将鱼推向水面，使它们暴露于危险之中，因此摇摆是鱼类不成熟、缺乏经验的一个标志。

第二种反应与第一种完全相反。有一部分鱼没有在水面上扑腾，而是潜到水底一动不动，这种行为被称为"僵住"（freezing）。有这种反应的鲑鱼在每次受到鳕鱼攻击时都会这样做。

第三种反应既不是摇摆也不是僵住，对小鲑鱼来说是一种非常好的选择：和同伴们联合起来。一旦察觉到危险，这些鱼就会突然将头转向同一个方向，紧挨着彼此，并像一个训练小组那样协调一致地行动。这种被称为"集群"（shoaling）的游动行为似乎完全是出于本能。其他研究表明许多鱼类天生具有这种反射，但要想集群成功，还有一个关键点：尽管这种行为出于本能，但必须要有一条鱼和其他鱼一起练习，否则就无法引发这种行为。与鱼群分开饲养长大的鱼，以及在没有捕食者激发本能的环境下长大的鱼，就不会发展出这种基本的求生技能。

就像孤掌难鸣，一条孤独的鱼是无法靠自己进行集群的。不过研究中的小鲑鱼不需要在一个大的鱼群中才能进行这种安全训练，以及体会集群带来的好处。实际上，仅仅只要一条外来的鱼就能引发鱼的集群行为。

美国海军在训练"蓝天使"这样的特技飞行队时，也会进行类似的训练。飞行员可以独自在模拟器上练习所有技能，直到成为班上最好的。但他们如何在真实环境中学会编队飞行呢？他们必须真的去实践，且必须和其他战斗机飞行员一起做才行。

集群是鱼类极为普遍的行为。当它们掌握了窍门，就开始学习更复杂的排列组合，这些排列组合非常独特且像精心设计过一样，科学家们还为它们命名。鱼群会排列成各种样子，或像沙漏，或像滑雪者那样忽上忽下的，或像特拉法尔加广场样的。[7]

在鸟类中也可以看到为了应对危险而同步行动的意愿：椋鸟为了抵抗在它们附近捕食的肉食性禽类会成群结队，排成俯冲的模式。为了应对临近的危险，哺乳动物也会成群地惊跑。而海豚若以紧密协调的步伐成群行动，更有可能赢得与竞争对手的战斗。

人类也与其他动物一样存在一些不可思议的生理同步。研究人员通过追踪合唱者的心跳，发现他们的心跳变得同步了。[8]类似的生理同步已经在对舞伴、足球队友甚至患者和其治疗师的研究中得到证实。成为团队的一分子的确会改变个体成员的生理机能，因为生理同步会将团队转变成一个崭新的且通常更高效的集合有机体。

群体中的力量

当一只海豚在水中游走，一只椋鸟在空中飞行时，我们无从得知它们当时的感觉。但是我们可以问问人类：与他人行动一致时他们是否会产生异样的情绪反应？

加州大学洛杉矶分校的人类学家丹尼尔·费斯勒（Daniel Fessler）是人类行为和文化进化方面的专家。他的团队希望验证一种观点，即人类与同伴以一种协调的方式一起移动时，会改变他们自身的感受。[9]2013年，他们招募了96名本科男性学生，给他们布置了一项简单的任务：和另一名男子一起绕着加州大学洛杉矶分校的保利体育馆（Pauley Pavilion）走约244米的路。其中，一半的人被要求步调一致地行进，步幅要与搭档一致。另一半则没有什么具体的指示，只要陪着他们的伙伴走即可。所有的实验对象都被告知在走路时不要说话。

这些实验对象所不知道的是，他们的行走伙伴都有一个秘密。他们不仅是加州大学洛杉矶分校的本科生，同时也是跟着费斯勒学习的人类学系的学生。

实验对象返回后，费斯勒和他的团队给这些人看了一张照片。照片上是一个成熟的男人，带着一脸愤怒的表情，然后让实验对象猜猜这个男人有多高、多强壮。

费斯勒和他的团队是在测试这些男性对壮硕感的感知。他们得到了清晰而有趣的结果。那些与同伴步幅一致的男性认为照片中的男子身材较小，肌肉较少，也不那么威风凛凛；而没有受到步幅要求的男性则认为照片中的男子体格更强，更具威慑力。这不仅是因为有人陪伴，更多的是因为与他人齐头并进时会产生更强的力量感。

"与他人步调一致地行动表明，个体是一个高效的战斗联盟中的一分子，"费斯勒说，"这并非偶然。个体为了达成同步，必须调动身体去协调行为，必须高度注意彼此在做什么，还得有相应的能力及熟练度。我们的大脑深处存在着这种联系。"

费斯勒的工作还揭示了同步运动的其他影响。实验中的男性不仅觉得自己更强大、更不可战胜，而且他们的对手也觉得他们更强大。

费斯勒的另一项发现有些令人不安，但并不完全出人意料。作为一个协同的团队的一分子而产生的强大自信是把双刃剑。群体的力量和刀枪不入的保护感也可能被滥用。与其他男性协调行动会使他们更有可能使用暴力。例如游行中对抗暴力分子的防暴警察。用费斯勒的话来说，步调一致地行进会使男性更有可能去想："没错，我们可以搞定那家伙。"

青少年鲑鱼学习集群防御以保护自己不受捕食者的伤害。北欧鲑鱼实验没有观察集群是否会增加鱼的攻击性，就像人类的集体行动那样。但这正是该实验有趣的地方。实验中的三组鲑鱼：第一组鲑鱼有着直接和鳕鱼接触的经验；第二组鲑鱼和鳕鱼待一起，但中间隔着一层保护网；而第三组则完全没有应对鳕鱼的经验。结果证明，不管在淡水中还是海水中，第一组中的鲑鱼都表现出了最好的集群行为。这些鱼因为与捕食者直接接触，能更好地与其他鱼联合起来。暴露在有捕食者的环境中不仅教会了它们如何远离可能致命的威胁，还改善了它们的社会功能。

北欧鲑鱼实验的研究人员将第一组鲑鱼描述为"自信的鱼"，学术上从来不会用这个词来形容鱼。那些曾经直面过能吃掉它们的鳕鱼的鲑鱼，就拥有更多的自信。他们发现，身处危险境地也能带来积极结果反而极大地提升了这些鱼成年后的存活率。

与捕食者有接触经验的第一组鲑鱼是最"自信的"。虽然有些还是被吃掉了，但幸存下来的都是能最快与同伴一起组成集群防御的，总的来说最安全。

第二组受网保护的鲑鱼，在淡水中展现出十分有限的集群能力，而在海水中集群的倾向则为零。这些具有捕食者意识的鱼虽然有一定的经验，但由于受到网的保护，离开水箱后只展示出了防御捕食者行为的第一步。

而第三组中对捕食者无知的鲑鱼，由于从没有接触过鳕鱼，在被放回河流后面临着糟糕的处境，后果严重。这些受庇护的鲑鱼在它们的青少年时期过着幸福的生活，对那些专门捕食它们的肉食性鱼类、鸟和熊毫无认知。由于缺乏经验，这些鱼在遇到威胁时往往反应过度或不当，与有经验的鱼相比，它们在水下或者摇摆得更厉害，或者根本没有反应。科学家称这种无反应是一种生理应激，一种受到惊吓后的呆滞状态或者是惊恐发作的样子，就像在车前灯下呆住的鹿一样，这种反应令这些鲑鱼轻易就成了鳕鱼攻击的目标。

这个故事给了我们两个教训。

其一是，为了安全，动物必须遭遇危险。对捕食者无知的小鲑鱼的遭遇是最糟糕的。透过隔网至少看到了鳕鱼的小鲑鱼的情况则要好一些。但到目前为止，那些经历过实际威胁的鲑鱼，甚至是差一点被鳕鱼吃掉的鲑鱼，它们的每一块骨骼和每一寸肌肉都感觉到过这种危险，这为它们安全地步入成年做了充足的准备。

其二是，青少年不应和危险隔离开。与同伴相处可以帮助彼此建立自信。当他们以一个团队的形式协作时，也是在激发自己的求生技能，还能相互提供练习这项技能的机会。与危险隔离可以暂时保护年轻动物个体的安全，但在没有同伴的环境中长大的动物无法学会现实世界里所需要的安全技能。这一发现也适用于鱼类以外的其他年轻动物。

无论北欧鲑鱼实验中的鲑鱼是否学到了这两个教训，都传达出了一个强有力的信息，即与同伴待在一起的小动物更安全。原因很简单：他们可以通过观察同伴的成功和失败来收集有关机遇和威胁的信息。尽管成年动物会因为孩子遭遇危险而担心或忧伤，但青少年动物与同伴一起遭遇的这些危险将是它们今后最有用也最宝贵的经验。

第 **5** 章

主动出击

在 2007 年 12 月那个性命攸关的早晨，我们并不知道厄休拉是否跟着第一批企鹅跳入冰水中。还没入水的企鹅群体一般都在水边等着看第一批

社会学习
social learning

从群体中其他成员（通常是同伴）中获得相关的信息。

潜入水中的企鹅会发生什么。如果豹形海豹出现了，要攻击它们的同伴，它们就会后退，等一等再入海。像大多数动物一样，它们在与同伴们长时间的相处中学会如何保全自己。与同伴们一起进行的**社会学习**是世界上最强大的教育工具之一。[1]

在特立尼达，人们将青少年孔雀鱼从一条安全的、没什么捕食者的河流中捞出再放进一条充满捕食者的河流中。[2] 正如你所预料的那样，与对捕食者有经验的、在河流中变"聪明"的鱼相比，没有捕食者经验的孔雀鱼表现很差。然而一段时间后，当这些天真的孔雀鱼有机会看到更有经验的同伴是如何对抗或躲避捕食者之后，它们就会变得聪明起来。很快，那些从未与捕食者有过直接接触的鱼也表现出了较好的反捕食者的行为。这些孔雀鱼不断观察，和更有经验的同伴常常待在一起并向它们学习，从而让自己变得更安全。

有机会向更有经验的同伴学习的动物在传递危险信息上也表现得更

好。它不再只会单纯听从父母的呼唤，还能与父母互相交流。当然，同伴的经历也都是有价值的例子，会告诉你什么是不该做的。无论是鱼类、鸟类还是哺乳动物，看到自己的同伴遭遇不幸，这给它们带来了在其他任何地方都无法得到的经验教训。

2017 年 4 月，有至少 10 名将在当年秋季入学的"准哈佛学生"因在 Facebook 的一个私密小组交换涉及性和其他极端的攻击少数族裔的表情和信息，被哈佛大学取消录取。[3]

有些人可能会说，这些前途无量的大学生除了不太敏感外，还很天真。作为 2017 年才高中毕业的学生，他们其实深谙网络骚扰带来的现实后果，但他们还是那样做了。

虽然发帖子的这个决定并不会给他们带来生命危险，但他们在网络中的行为却永远地改变了自己的生活，还不仅仅改变了他们自己的生活。他们成了公开的反面示例，警示着其他有抱负的大学申请者和听说过这个故事的青少年社交媒体用户。这些人的糟糕结局对其他人来说就是一个残酷但强有力的教训。

在现场目睹自己的同伴被杀对青少年动物来说，是最具戏剧性却也最残酷的一种学习方式。专门研究青少年心理的心理治疗师曾言，当车祸导致自己的朋友或同学丧生后，青少年再开车就会加倍小心。尽管人们可能并不希望他们经历这种悲剧，但目睹甚至听说一个青少年同伴的生命突然消逝，对"对捕食者无知"的人类个体也是一种教训，警示他们小心汽车或火源，在面对酒精或毒品的诱惑时三思而后行。

一项关于椋鸟的研究表明，观察同伴与猫头鹰缠斗教会了青少年椋鸟避开猫头鹰。[4] 对鱼来说，即使只是看着同伴受到惊吓，捕食者也许根本不存在，也会加速提高幼鱼识别威胁的能力。其他感官也可以依此练习。例如，一种名为"schrekstoff"的气味分子组合从受伤的鱼皮和鱼鳞中释放出来。当其他鱼靠得足够近的时候，就可以闻到这种气味，从而感受到同伴的恐惧和它悲惨的结局。[5] 正是从其他鱼身上，它们知道了哪些动物有致命危险。

人类父母担心孩子受到同伴带来的负面影响是可以理解的。青少年有时确实会因为同伴压力做出危险和令人后悔的决定。但是，与同伴一起进行的社会学习也可以成为青少年的宝贵经验，这些经验是无法从其他地方获得的。

有一些经验是父母传授不了的，仅仅因为他们年龄太大了。父母成熟稳重，对事物有良好的判断力，因此他们不太可能去做一些愚蠢的事情，特别是能让孩子们看到、受惊吓到并发誓不这么做的事情。这一点对现代父母来说尤其有现实意义。他们的青少年子女正在探索各种各样的数字世界，而这个数字世界在他们那个时候甚至还不存在。在这种背景下，同伴学习变得尤其重要。即使对于天性谨慎、厌恶风险的青少年来说，比如那些不愿骑摩托车或不会冲动地在社交媒体上发帖的青少年，目睹误入歧途的人最终的真实后果，也会让他们更加厌恶冒险，从而保障了自身安全。

以往，人们认为对于青少年和年轻的成年人来说，同伴及同伴压力会给他们的生活带来负面影响甚至可怕的后果。但从动物视角来看，青少年动物与同伴的交往是一种社会学习，通过这种学习，它们获得了宝贵的自我保护的策略。这在动物界是非常普遍的行为，不需要带着警惕心对待。

捕食者侦察

在野外生存，不可避免地会与死神擦肩而过。对于如此天真、脆弱又缺乏经验的青少年动物来说，既然危险无处不在，为什么还要冒不必要的风险让自己身陷险境呢？

答案很简单：为了成为更懂得自保的成年人。从生理层面来说，许多青少年动物在危险面前几乎都不会退缩，甚至有时还会主动寻求危险，因为这是一种学习什么是危险以及如何避免危险的方式。有一个词可以用来形容这种反直觉的行为艺术，让你从字面上就能理解这种行为，即所谓的**捕食者侦察**。[6]

动物青少年与人类青少年一样，都很容易低估风险，也缺乏识别和评估威胁的经验。捕食者侦察能够帮助它们获得这方面的经验。

还记得被谷仓猫头鹰追逐的蓁蝠吗？当蝙蝠意识到自己被捕食者发现时，它们就会发出遇险信号。一听到警报信号，出于自我保护意识，大多数蝙蝠就会飞走，只有青少年蝙蝠和刚成年的蝙蝠不会，它们反而会径直飞向捕食者。

巴拿马巴罗科罗拉多岛（Barro Colorado Island）上有一个研究站，名叫史密森尼热带研究站（Smithsonian Tropical Research Station），那里的科学家观察到了蝙蝠的这种行为。他们录下了蝙蝠遇险呼救的声音，在播放录音时观察到底发生了什么事。科学家们得出的结论是：青少年蝙蝠和刚成年的蝙蝠径直飞向捕食者并不是为了牺牲自己、保全大家，而是在侦察，侦察它们的致命天敌谷仓猫头鹰。这些年轻的蝙蝠想搞清楚到底是什么让成年蝙蝠一见到猫头鹰就都害怕地尖叫起来，发出警报。

在捕食者侦察中，同伴是不可忽视的存在。与更有经验的同伴一起组队是学习安全自保的终极策略。一项关于青少年鲹鱼侦察模拟梭子鱼的研究表明，单条鲹鱼根本不愿意靠近梭子鱼。只有跟团体一起，它们才会愿意靠得近点，也能够更好地观察梭子鱼。[7]

当这些侦察鲹鱼带着新鲜收获的梭子鱼知识再回归群体时，它们仿佛变成了完全不同的个体。它们行动更有意识，更加警惕，进食行为从不加

捕食者侦察
predator inspection

被捕食者以个体或群体的形式接近并观察捕食者，从而获得捕食者相关信息的安全行为。它也用于向捕食者发出信号，告知它已经被发现，失去了出其不意的优势。

选择变得更加谨慎，体力也更好，对捕食者也不再是一无所知了。同时，更有趣的事情发生了：没有经验的鱼开始模仿侦察鲦鱼的行为。虽然它们没有亲眼见过捕食者，但它们从返回的侦察鲦鱼那里获得了知识。它们跟那些冒着风险活下来的鱼待在一起，并从中受益。

人们已经研究了鱼类、鸟类和许多有蹄类动物中的捕食者侦察行为。例如，纤细的汤氏瞪羚会跳跃着冲向饥饿的猎豹，好奇的猫鼬聚集在眼镜蛇的攻击范围内，加利福尼亚海獭翻卷着冲向大白鲨。[8] 虽然不同的动物在如何进行捕食者侦察方面存在差异，但有以下 3 个客观事实。

- 青少年和成年早期的动物更倾向于参与捕食者侦察行动。
- 捕食者侦察是非常危险的，侦察行为会带来死亡。毫无疑问，面临风险最大的就是青少年侦察者。一项研究表明，青少年汤氏瞪羚侦察猎豹时，有 1/417 的概率会遭到攻击并被杀死。而成年瞪羚在捕食者侦察时的安全系数比青少年高 10 倍以上，遭到攻击并被杀死的概率只有 1/5000。
- 捕食者侦察虽然很危险，但只要能活下来，从长远来看会使动物更安全。

捕食者侦察行为广泛存在于众多物种中，这恰恰证明了它的有效性。如果侦察只能带来死亡，那么这种行为将很快消失。捕食者侦察能提高安全性的一个原因是，当猎物接近它们的捕食者时，通常会逼迫这些捕食者撤退或离开。但是对于年轻的非人类动物来说，捕食者侦察有一个额外且特殊的功能：识别环境中的危险信息，积累与捕食者直接接触的经验。换句话说，捕食者侦察是一次精心策划的幸免于难。

如果动物进行捕食者侦察的第一目标是了解真实世界中的危险，那么人类青少年在未准备好应对危险之前就对成年人的活动充满兴趣，这可能是由于人类的捕食者侦察的本能在驱动。如果不了解捕食者侦察的适应性益处，我们就无法看到它在自然界中的功能根源。这样我们也就完全不能理解为什么人类青少年会这样做。因为并不是所有青少年的冒险行为都是追求个性的反叛尝试，也并不是所有的风险都要不惜一切代价地避免。

故意靠近危险，甚至侦察被警告过的捕食者，动物的这种行为有助于我们理解为什么青少年会拿着假身份证，半夜溜出去，跑到酒吧和夜总会。这些少年就像他们的青少年动物祖先一样，尽管父母和社区都在试图保护他们免遭"捕食者"侵害，他们还是想要寻求一个遇到那个捕食者的机会。恐怖电影在美国的票房一直在飙升，而且观众的平均年龄比其他类型电影的观众平均年龄都要小。

无论是可怕的真实犯罪故事，还是在过山车上体验濒死的骤降，青少年对于恐怖和暴力的病态迷恋，可能在某种程度上是现代人类在捕食者侦察和社会学习上的一种表现。社会学家从人类学的角度，把对恐怖电影的兴趣理解为现代人的一种成长经历。年轻人以此证明他们已经具有保持冷静和处理类似危险的能力，同时向同龄人展示类似成年人的自我控制能力。世界各地的成年礼也包括类似的展示勇气的环节。印度尼西亚苏门答腊明打威群岛（Sumatran Mentawaian）上的年轻女性会经历磨利牙齿的痛苦过程，亚马孙河流域的萨特雷－马维（Amazonian Satere-Mawi）部落的青少年在成年礼上，要戴上一副附着了上千只子弹蚁的手套，忍受子弹蚁的痛苦叮咬。[9] 在恐惧面前不退缩正是成年过程中的一步。

但是青少年被恐怖电影所吸引也可能与反捕食者行为有关。为了避免触发捕食顺序，学会抑制惊跳反射可能起到保护作用。但更有可能的是，对犯罪、血腥场面和成人内容的迷恋，总体上是由青少年想要了解危险的内在本能驱动的。

无论是在电脑上还是电影院的大屏幕上，无论是通过耳机听还是在网页上浏览，年轻人都可以直接接触到当代人类的主要恐惧来源，如连环杀手、大屠杀、气候灾难、吸毒成瘾、恐怖主义。沉浸式视频游戏对青少年的吸引力，就好像青少年动物被猎豹和猫头鹰吸引一样。虽然是模拟出的场景，但这些游戏让当代青少年近距离接触到枪击、爆炸、酷刑、针刺和高速公路车祸所带来的死亡。

通过捕食者侦察，年轻个体不需要亲身经历也能了解到什么是危险的事情。青少年对真实的成年人世界的浓厚兴趣，与其说他们想要抛去纯真，不如说是想要获取一些救命知识。

自保之后：生存下去

"这只雄性青少年海豹很瘦，死前身体状况很差，还受了轻伤。它的后腿上缠满了带柄的藤壶，这表明它曾在海上生活过很长一段时间。"[10] 这句话说的是一只青少年豹形海豹。2006 年 9 月，数百只豹形海豹在它们的童年家园南极洲附近上岸，但都未能存活，上面说的这只豹形海豹就是其中之一。

在豹形海豹展现出对企鹅厄休拉及其同伴的强大威慑力之前，初生的小海豹是柔和、笨拙、没有防御能力的。像其他哺乳动物一样，它们依偎在母亲怀中吃奶，被母亲毛茸般温暖的身体保护着，以此获得生存经验。很快，这些年幼的小海豹成长为对捕食者无知、缺乏经验、脆弱的青少年海豹。青少年海豹一开始也不具备那 4 种生存技能。学习如何安全自保、如何在等级社会中应对自如、如何与异性交流和如何照料自己，对于一只体型庞大、缺乏经验、易受攻击的海豹来说，并不是一件容易的事。并且就像企鹅、蝙蝠、瞪羚和白尾鹿屈服于捕食者一样，猎食它们的豹形海豹、猫头鹰、猎豹、狐狸和狼在野蛮成长期，由于体型庞大而又缺乏捕猎经验，也会处在致命的危险之中。

死去的那只青少年海豹让我们看到了一个生态事实。被捕食确实是致命威胁，但对大多数处在野蛮成长期的动物真正造成威胁的是饥饿。一只还没学会捕猎的豹形海豹是无法安然度过青少年时期的，独自在野外生存的厄休拉和其他任何企鹅也一样。饥饿是青少年捕食者和青少年猎物的共同敌人。在第四部分我们会谈到，能不能抵御饥饿决定了动物从当下到未来的每一个阶段的生存。从动物第一次靠自己成功猎食到生命的最后一餐，饥饿都贯穿始终。因此，动物在野蛮成长期学习到的觅食和捕猎技能，以及它们能否熟练运用，对未来的生存是至关重要的。

饥饿的动物会冒更大的风险，它们在饥饿的驱使下会冒险离开藏身之处。如果它们不知道在哪里可以找到更好的食物，或者这些食物已经被更强壮的成年个体据为己有，它们就会被迫吃低质量的食物，也可能无意中吃到有毒的食物。最饥饿的动物往往都是青少年个体。

看过前面所有这些关于捕食者的讨论之后，你可能会惊讶地发现，对厄休拉的跟踪研究并没有关注企鹅如何躲避豹形海豹，而是研究离巢了的小企鹅如何以及在哪里学习为自己觅食。正如科学家们所指出的那样，离巢是一段"因个体不成熟的觅食行为导致的死亡率很高的时期"。[11] 克莱门斯·皮茨和他的国际研究小组得出结论："缺乏经验的王企鹅……随着时间的推移，它们的觅食技能会逐渐发展。"换句话说，他们必须学会如何喂饱自己。对于企鹅来说，它们是和同伴们一起学习如何觅食的，没有成年企鹅的陪伴。厄休拉、坦金尼、特劳德尔和其他青少年企鹅都要自己学习如何觅食，在与成熟的成年个体争夺资源之前，它们需要先在同龄的同伴之间磨炼技能。皮茨告诉我们："它们真的需要学习，必须练习潜水、觅食、屏住呼吸和浮出水面。"

豹形海豹猎捕企鹅，但企鹅本身也是出色的猎手。不过，要想逐渐掌握好捕鱼虾的技能，它们还需要好几个月的练习。想成为一个出色的捕食者，既能为自己觅食，还能为他人提供食物，这可不是一朝一夕能做到的事情。

每个结局都是一个新的开始

没人知道在厄休拉跳下水时，它的父母是什么感觉。威廉·弗雷泽

（William Fraser）是一名生态学家和企鹅专家，他说他观察到的企鹅父母在子女离开时几乎连头都不会抬。[12]

但是仔细想想，一个人类孩子第一次离家探险的情形也与此没什么两样。起初厄休拉和爸爸妈妈住在一起，嘴对嘴地接受父母的投喂，蜷缩在它们身边躲避严寒和饥饿。当它成长到某一时刻，它必须跳进水里，离开家。据我们所知，厄休拉的父母可不会像人类父母一样，骄傲地看着子女离开，嘴里喃喃着"看！它走了，它学会了！"；它的父母不会像人类父母评判孩子的开车技术一样评判子女的跳水技术，说着"你应该在那个转弯处更靠边一点"之类的话；厄休拉的父母肯定也没有站在水边，盯着厄休拉羽翼渐丰的臂膀朝水中移动，越来越远，内心一直默默地祈祷"一定要安全，要安全，要安全"，好像人类的空巢父母挥着手向孩子告别那样，充满希望又很感伤。

养育孩子还得面对一个令人痛苦的事实：一旦孩子们脱离了父母的监护，父母就很难控制孩子的命运。父母无论在精神上还是身体上都没有能力永远保护孩子。并且更具有讽刺意味的是，青少年和年轻人如果想要学会远离危险，他们必须投身其中。事实上，彻底保护孩子，不让他们了解捕食、危险和死亡可能是动物父母或人类父母所犯的最严重的错误。

在一个过度保护的环境中长大会阻断小动物们学习成年后所需要的安全技能，失去经历危险的机会等于失去了某些成长必需的东西。成长是件危险的事，但父母和孩子都必须面对。如果成年后依然对捕食者无知，那没什么能比这更糟的了。

人类父母可能会在持续提供照顾和保护与为了培养孩子的独立性而撤掉庇护之间摇摆不定，这种行为往好了说可能让孩子很困惑，往坏了说，结果可能是灾难性的。这种矛盾的心理基于两个事实：一是青少年身体和能力逐渐强大，二是他们仍经验有限。人类父母可以从动物的生活中学到一个教训：没有人知道在每种情况下该提供多少保护。理想的保护必须根据个体的长处和短处，以及局部的环境条件来调整。

例如，在非常危险、捕食者密集的环境中，动物父母们会为年幼的后代甚至成年早期的子女提供持续的保护。在资源匮乏的情况下，一些动物父母可能会继续为成年子女提供食物和容身之地。相反，当环境比较安全，资源丰富时，延长保护和供应不仅是不必要的，而且会阻碍年轻动物发展利用丰富资源占据最佳位置的能力。（我们将在第四部分详细讨论延长的亲代照料和对自力更生能力的培养。）

南乔治亚岛的"2007 届王企鹅毕业班"没有毕业演讲嘉宾。厄休拉的父母没有"补给包"可以寄给它，也不可能发短信鼓励它。但是如果可以，动物父母应该有很多事情想让它们对捕食者无知的孩子知道。

- 你年轻又出色，但年轻也会像吸铁石一样把危险吸引过来，这让你很容易成为捕食者的狩猎目标。
- 你太天真、缺乏保护措施，尤其当你进入一个新的环境时，缺乏经验是最致命的。
- 你有选择。你可以通过高估风险来避免危险，远离易受捕食的区域，尽可能多地了解潜在的捕食者，保持良好的状态，或者向潜在的捕食者发出警示信号或无利可图信号来引导它们走开。
- 交朋友，交得越多越安全。不管是从同伴们做得正确的事情还是他们搞砸的事情中，你都可以学到很多。

2007 年 12 月的那个星期天，厄休拉纵身一跃，游向大海。它是否在第一天生存了下来？皮茨知道答案。是的，厄休拉成功了，坦金尼和特劳德尔也活了下来。尽管从统计数据上来看，有三分之一的企鹅同伴可能已经死了，但它们三个都通过了面对豹形海豹的第一次测试。从对厄休拉的电子追踪数据中，皮茨能看到它在接下来的三个月里去了哪里。厄休拉离开了南极洲，径直向南游去，来到一个食物丰富的海域。它和其他青少年同伴每天游大约 10 公里，同时一起学习捕食鱼虾。

三个月后，厄休拉的追踪信号突然消失了。皮茨不知道发生了什么事，他猜可能是无线电追踪器脱落了。但此时的厄休拉已经脱离了对捕食者无知的状态。它和朋友们一起游泳、学习觅食，成功开始了自己的成年之旅。一般来说，王企鹅通常要花四到五年的时间在南冰洋探险，积累经验，然后才会安定下来繁殖后代。

对于青少年时期的企鹅和其他任何物种中的年轻个体来说，成长就像广阔的海洋，充满了机遇和危险。从生物学角度来看，青少年动物容易低估风险，甚至会为了争取机会而冲动行事。如果它们不潜入水中，就永远无法获得作为成年个体生存下来所必备的经验，但是获得这样的经验是有代价的，这就产生了野蛮成长期中的一个安全悖论：缺乏经验是致命的，但积累必要经验的过程也可能是致命的。在这个危险的世界里，缺乏经验可能让你付出生命的代价，一个明智的方法却可能拯救你的人生：尽己所能地向父母和同伴学习，但最重要的是向环境学习。然后，当时机成熟时，纵身一跃，跨出成长的一步。

WILDHOOD

第二部分

社交能力

人类和动物必须学会在等级社会中生存，而往往那些具有特权的个体最具有利条件。在野蛮成长期了解群体规则，将决定个体是吃饱还是挨饿，是安全还是危险，是被容忍还是被厌弃，是被孤立还是被接纳。

马赛马拉国家野生
动物保护区

肯尼亚
坦桑尼亚

伊科罗恩戈野生
动物保护区

格鲁梅蒂野生动
物保护区

塞伦盖蒂
国家公园

洛利翁多野生
动物保护区

塞伦盖蒂平原

非洲

塞伦盖蒂
生态系统

坦桑尼亚

大西洋

印度洋

恩戈罗恩戈罗
保护区

放大的
区域

马斯瓦野生
动物保护区

0   50公里

恩吉蒂

③ 2007年11月史
林克又换了一个
家族

2001年11月史
林克加入了一个
新家族

②

芒格

恩 戈 罗 恩 戈 罗

勒马拉

B144

马加迪湖

① 史林克于1998年
4月出生在勒马拉
家族

火 山 口

家族领地

0   5公里

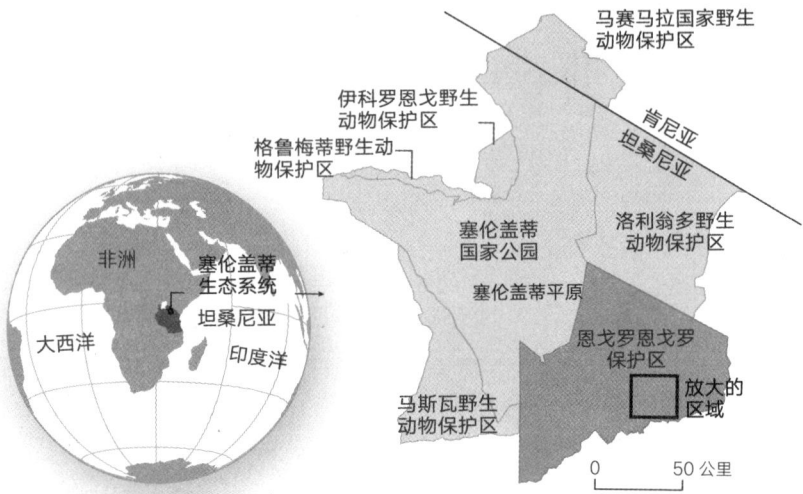

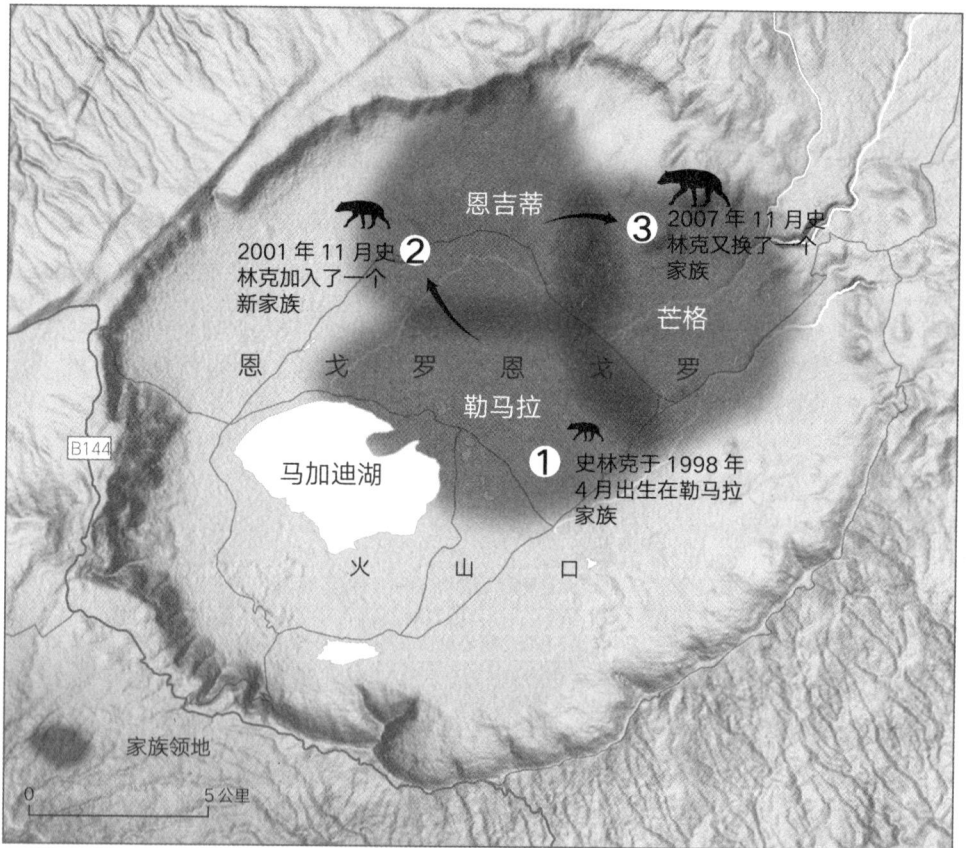

史林克获得了特权

第 **6** 章

接受你的出身

　　史林克和所有的鬣狗幼崽出生时一样，有着乌黑发亮的毛皮和明亮的眼睛，看起来像是一只拉布拉多幼犬和一只树袋熊幼崽的结合体。但唯独一样东西不同，史林克的右耳内部有一小段弯曲，这让它的外耳边看起来好像折叠成了一个心形。这个滑稽的耳朵赋予了史林克一个潇洒而又与众不同的外表，让它变得很特别。

　　然而实际上，史林克一点也不特别。1988 年，在坦桑尼亚恩戈罗恩戈罗火山口的一个斑鬣狗种群里，史林克出生在一个最低等的家庭。史林克的命运很可能是这样的：默默无闻地来到这个世界，挣扎在鬣狗社会的最底层，一生都在与命运斗争，最后无声无息地死去。但真实情况与我们所想的截然不同，意志坚强、魅力非凡甚至富有创造力的史林克，顶着巨大的困难，在一种堪称地球上最森严、执行力度最强的等级制度下，为自己的人生开辟了一条不寻常的道路。

　　作为一只雄性鬣狗，史林克来到地球上时就已处在最底层。大多数鬣狗种群是由雌性个体统治的。[1] 雌性后代可以继承母亲的**社会地位**，雄性后代也不例外，但一旦雄性后代离开了族群，就会失

社会地位
social status

相对于其他成员而言，个体在等级制度中的地位。它受到群体对个体看法的影响。

去这种与生俱来的权利。在鬣狗的社会中，外群体的雄性个体总是地位最低的。

每只鬣狗生来就是为争夺在群体中的一席之地而战斗的。在所有的肉食性动物中，只有鬣狗一生下来就拥有完全睁开的双眼，以便更好地观察斗争；它们的牙齿也在出生时就已经完全长出，为撕咬做好了准备。[2] 刚一降生，史林克就已为战斗武装好了自己。这对它来说是幸运的，因为它出生时就有一位孪生姐姐在等着跟它战斗了。

作为第一个出生的幼崽，史林克的姐姐天生占有优势，她一直在独享母亲的乳汁，以最快的速度使自己变得强壮、适应争斗。史林克一出生，它就攻击了史林克，姐弟俩为了争夺吃奶的最佳位置而撕咬争斗。

我们是通过奥利弗·赫纳（Oliver Höner）了解到史林克的故事的。[3] 他是一位巴西籍的瑞士生物学家，任职于柏林的莱布尼兹动物园与野生动物研究所（Leibniz Institute for Zoo and Wildlife Research）。20 多年来，赫纳与他的动物学家同事们每年大部分时间都在坦桑尼亚从事鬣狗社会行为的田野调查。他们的斑鬣狗项目与很多其他研究动物行为的项目不同，是非侵入性的。他们不会为了追踪野生动物的行为和互动而控制或者圈住他们。他们只进行详细的实地观察，而不会进行电子标签追踪。他们确实使用了包括基因检测和影像记录在内的技术，使用这种观察方法能令科学家们敏锐地意识到鬣狗是作为独立个体存在于群体中的。他们仔细观察斑鬣狗们的身体，绘制出斑点分布的模式、疤痕以及耳朵凹痕，这样就能识别出研究中的每一只鬣狗。此外，他们还记载了鬣狗的性格特质，以及这些性格特质在日复一日、年复一年的生命周期乃至代与代之间是如何发展变化的。自 1996 年起，赫纳等人收集的这些宝贵数据已经囊括了数以千计的鬣狗个体。[4]

赫纳告诉我们，1998 年 4 月史林克出生时，它所在的种群被一只名叫玛芙塔（Mafuta）的年轻貌美的女王统治着。玛芙塔的母亲在狮子的一次意外袭击后死亡，它毫无预兆地继承了母亲的统治地位。虽然玛芙塔还未发育完全，并且种群中大多数成员都比它更为强壮，也比它阅历丰富，但玛芙塔抓住了这次机会。玛芙塔天性果断而富有魅力，简直就是为权力而生的。继承了母亲的王位后，它联合了自己的姐姐和其他近亲，以此巩固自己的地位，从而更好地控制种群中的其他成员。在玛芙塔成功登上了属于自己的王位之后，种群里的其他成员都得在它之下按等级排序。

作为女王，玛芙塔拥有优先得到任何东西的权利。当族群猎得一只牛羚时，它应该第一个填饱肚子，而幸运的低等级的鬣狗可能会得到几口肉吃。玛芙塔可以任意挑选阿拉伯胶树下自己最喜欢的睡觉地点，这可以帮它遮风挡雨并远离入侵者。

和其他高等级动物一样，得到更多更优质的睡眠是玛芙塔的特权。它还得到了它强大的姐姐、外甥女们，以及支持它们联盟的族群战士们的保护。女王也可以优先选择配偶，到了生育期，它还可以优先选择繁殖巢穴的位置。

然而，史林克的母亲贝芭却位于种群等级的另一个极端。贝芭一生都处于最底层，被更高等级的雌性鬣狗和它们的后代欺负，被排挤到群体边缘，即使狩猎成功也只能最后品尝猎物。贝芭了解自己的处境，因此它在四处寻找食物、庇护和栖息地等满足自己基本生存需求的同时几乎不管闲事。

1998 年的春天，赫纳观察到贝芭比平时更为紧张不安。它怀了双胞胎，其中之一就是史林克。凑巧的是，女王玛芙塔也怀孕了，那是它的第一只皇室幼崽。这只幼崽将凭借其母亲的崇高地位而成为王位的继承者，也将拥有其他鬣狗没有的优势。这两只即将出生的鬣狗——一只是女王所生，一只是贫民所生，它们的生活将发生交集，史林克的整个幼年生活和命运也将随之改变。

主宰世界

1901年的一天，在挪威首都奥斯陆一间小屋的后院里，一个小男孩正在玩耍，这间屋子是他父母为了这个夏天而租的。这间屋子新来了一群小鸡，而这个活泼又富有善心、直觉敏锐的小男孩每天都观察着这群小鸡。他为每一只小鸡都起了一个名字。他记得小鸡们的癖好以及小鸡之间的关系。到了夏天快结束的时候，这个敏感的小男孩十分舍不得离开这群小鸡，那一年的整个冬天他都在思念这群小鸡。

到了第二年春天，小男孩恳求自己的妈妈，想要一群属于自己的小鸡。可能这位妈妈比较溺爱自己这唯一的孩子，或者仅仅是想让他在挪威漫长的夏天里有事可做，抑或她可能想利用这次机会激发孩子对科学的兴趣，又或是想培养他的责任心，无论原因是什么，妈妈满足了儿子的愿望。一整个夏天小男孩都在照顾他的小鸡。

接下来的夏天，小男孩的鸡群又壮大了，就这样年复一年，很多年过去了，他花了数百个小时观察这些鸡。他很早就开始注意，并且记录这些鸡吃的食物种类、食物的量，以及它们每一次下蛋的情况。他还记录了每天的天气，并且开始研究天气会对母鸡产生哪些影响。但最令他着迷的，也是他最热爱的，是去刻画这些小鸡之间的关系。他画出了一页又一页的三角形和图表，展现了鸡群中的等级关系是如何运作的。日复一日，他记录下了哪只鸡生病，哪只鸡健康，或者任何对群体稳定和群体冲突有重要意义的事情。

啄食顺序
pecking order

这个词是由托里弗·谢尔德鲁普－埃贝通过对鸡啄食行为的观察创造出来的，用来描述等级制度中个体的等级。

这个10岁的男孩注意到了一种现象，后来这种现象被命名为**啄食顺序**。[5]这比1922年托里弗·谢尔德鲁普－埃贝（Thorleif Schjelderup-Ebbe）28岁时在德国的心理学期刊《心理学杂志》（*Zeitschrift für Psychologie*）上正式发表对此的研究成果要早许多年。但即使在今天，对鸡的个体与社会群体的心理学研究依旧为我们理解动物群体中的等级与地位是如何形成的奠定了基础。这个10岁小男孩观察到的鸡群中自然形成的啄食顺序的过程与大象、浣熊、鱼类、爬行动物以及鸟类等其他动物群体中存在的等级制度是一样的。[6]这种排列等级的过程在人类群体中也一直在起作用，野蛮成长期就是这种等级制度存在最为突出的时期。[7]

　　每个个体未来的社会地位通常是在野蛮成长期形成且稳定下来的，在这个阶段，年幼的动物排在群体中的什么位置，其他动物对它有什么评价都会影响它们未来的社会地位，也会影响它们未来一生的归属感。[8]但是，决定它们排序的某些因素是与生俱来的，是无法改变的。某些个体可以通过学习和培养社交能力来获得自己的地位，但这是在极少数情况下才会发生的。

　　所有年龄段的动物，包括青少年时期的动物，都会暗自打量同伴的体型、力量和吸引力，评估对方的年龄、健康和生育潜力。它们会就游泳、飞行和战斗等身体能力进行竞争并以此炫耀。在它们融入成年动物序列的过程中，它们也会精明地评估自己的家人、伙伴以及对手的力量。它们可能被群体接受，也可能被排斥，这决定了它们未来的命运。因此说动物在野蛮成长期所承受的压力是巨大的十分有道理，因为它们可能获得的利益也同样巨大。

　　对所有的物种来说，这个年龄的到来都意味着进入接受评估的阶段。

地位的引力

　　地位、阶层、位置、声誉、等级、威信，许多人又将这些词统称为受欢迎的程度。无论你使用什么词来称呼它，**社会等级**，即个体在群体中所处的相对位置，都是个体身份的强有力标志。[9]

社会等级
social rank

是指个体在社会阶层制度中的地位。

社会等级对于动物来说，可能不像对人类那样等同于个人身份。尽管如此，这也对个体在自然界中的生存产生了深远的影响。社会等级的高低可能会决定一只动物是吃饱还是饿死，是诞下后代还是孤独终老，是被群体庇护还是被扔到狼群面前。每一只动物都可能遭受痛苦，被迫放弃食物和交配权，抑或背叛同伴以确保自己不会被群体忽视或抛弃。可以说对于社会性动物而言，地位犹如重力一般，强大、避无可避又看不见摸不着。它的力量无处不在，指引着动物的行为和命运。

在大自然中，动物在群体中的等级越低，它的生活就越糟糕。高等级的动物可以获得更多的食物、领地以及其他资源。如果动物没能学会如何有策略地召集盟友，躲避天敌，没有与同伴建立联系，甚至对同类视而不见，可能会让自己失去潜在的资源、领地和配偶。

比如说，鸡舍里地位最高的雄鸡有权利第一个打鸣，其他好胜的低等级雄鸡必须克制住自己打鸣的冲动；[10] 雌性仓鼠首领会阻碍低等级仓鼠受孕；[11] 高等级的小龙虾会占据水下 24℃的完美位置，而将低等级小龙虾赶到水温要么过高要么过低的地方；[12] 信鸽首领会占据位置最高的栖息地；[13] 鱼群首领会游在最前面，那里含氧量最高且排泄物最少，而低等级的鱼只能徘徊在鱼群尾部，体验着和首领完全相反的待遇。[14]

这可不仅仅是舒适与否的问题。被归为群体底层是一种终生的判决，有时乃至是死亡宣判。高等级动物有权占据最安全的领地，如此一来它们更难被攻击、捕获或吃掉。高等级的灰鲭鱼占据鱼群最中间的位置，这个位置离捕食者最远，而处于鱼群边缘的鱼更容易成为捕食者的盘中餐。较

危险领域
domain of danger

在各种动物群体中
被捕食风险最高的
位置。

低等级的鱼经常被推到**危险领域**，但群体的边缘位置并不是唯一的危险区。[15] 因为低等级的动物通常要花更多时间在警惕捕食者的事情上，所以它们的睡眠时间更少，并且仅有的睡眠质量也很差。换句话说，等级越高越安全，等级越低越危险。

群体生活为动物提供了许多好处。[16] 比如，很多双眼睛一起监视领地，能让每只动物都远离捕食者的威胁，资源与信息的共享让觅食和进食变得更为高效，群体也可以让年轻成员在真正承担起责任之前有机会学习和成长。但当个体都聚集起来的时候，就需要一套能让所有个体都认可的社会结构与规则来减少冲突。阶层的存在让动物社会保持有序且高效的运转。

各个阶层中处于高地位的个体有优先获得食物、领地、配偶和安全港湾的权利，并且它们会很积极地捍卫自己的地位和特权，知道自己处在群体中的什么位置对生存是至关重要的。同时，动物的大脑还会提醒它们时刻注意自己社会地位的变化，比如释放一种神经化学信号来引导动物调整自己的行为以应对社会环境。[17] 据目前所知，动物一般会将这些代表地位高低的神经化学信号分辨为有害的、愉悦的或者介于二者之间的，但人类将这些相同的神经化学信号识别为情绪。实际上，人类的情感体验正是源于这种能够检测地位高低的生理机能（status-detection physiology），这是具有社会地位意识的动物祖先留下来的馈赠，因为社会地位的变化可能意味着机会，当然也可能意味着生命的终结。

如果动物不能充分审视社会阶层的复杂性，那么它们很可能会错失改善自己地位的机会。更糟的是，如果动物不能清晰认识到自己在群体中的位置，可能就会遭到攻击、伤害，甚至被驱逐。社会性动物不会放过日常社会生活中任何一个微小细节，它们会观察和评估，不断搜寻能够跨越阶层的机会，同时还得提防**社会地位下行**。一旦地位下降，将是一场灾难。对动物来说，敏锐地察觉地位下行是生存的基础。

> **社会地位下行**
> social descent
>
> 群体成员等级和社会地位下降。

啄食顺序

谢尔德鲁普-埃贝注意到啄食顺序能够很快就建立起来。他发现，当有新鸡加入时，鸡群能够在不知不觉中建立起一种新的秩序，每只母鸡都能再次找到自己的位置。鸡群等级会混乱一阵，之后会平复下来，成为一个（近似）平静、运转良好的群体。[18] 从字面意思就可以理解啄食顺序的含义：鸡喙就是维持自己阶层的武器，处在顶层位置的鸡可以啄种群中的任何一只母鸡，它的下一级母鸡可以啄除它以外的任何一只母鸡，而第三级的鸡又可以啄除前两只母鸡以外的任何母鸡……以此类推。

在动物界我们可以看到一系列不同类型的等级制度，可能是专制的，也可能是联邦的；可能是稳定三角形的，也可能是灵活可变的。在人类和其他许多物种中，等级制度通常是线性的。人类拥有一种根深蒂固、与生俱来的能力，能够分辨自己所处的等级以及适合什么样的位置。正如动物行为学者马克·贝科夫（Marc Bekoff）所描述的那样："我们这些社会性动物，天生就会把自己放在一个阶层中，其中总有个体位于顶层，也总有个体位于底层，而其他个体则处于这二者之间。"[19]

在我们继续探讨地位如何塑造动物的生活前，理解"等级"（rank）和"地位"（status）这两个词的区别会很有帮助。这两个词通常被替换着使用，但是社会学家和动物行为学家认为这两个词是有区别的。

动物的等级是指它在群体中的绝对位置，是能够客观衡量的，而地位并不能被客观衡量，它是对等级的一种"感知"（perception），地位取决于群体中其他成员的想法和决定。[20] 地位和等级有时相同，有时不同。以人类生活为例，一个被他人普遍认为有数百万美元资产的家庭，其实际净资产可能要比这少得多。因此，他们的等级（他们实际有多少钱）其实比他们的地位（公众对他们经济状况的感知）要低。

每一个动物个体在其种群中都有自己的等级和地位。牛群、羊群和鱼群都是如此，这是种群内部多样性的一部分，虽然在未经专业训练的人看来这并不明显。

多样化的种群

想象成千上万只椋鸟在日落时分聚集成一个巨型旋涡，在我们眼里，它们就像装在口袋里的花生米一样难以分辨。但这个种群中的每一位成员都是一个独立个体，互不相同。有些是雄性，有些是雌性。有些是已经成熟多年的成年鸟，有些是缺乏经验，正经历着青春期第一年的幼鸟。和人一样，椋鸟的体型也各不相同：有的结实，有的瘦弱；有的高，有的矮；有的呆板，有的灵活；有的文静，有的暴躁。

多样性并不局限在这些方面。每只鸟都有一份专属的个体档案，其中除了包含了年龄、性别和体型特征，还记录了战斗经验、运动能力、外表吸引力和敏感性这些信息。性欲也是各不相同的：有的鸟性欲旺盛，而有的鸟则比较冷淡。动物行为学家们如今会记录动物们的性格特征，比如大胆和害羞。[21] 即便是像蟑螂和鸽子这样不是很引人注目的动物，也在记录之列。当然，对鸟来说，父母的地位、社会关系、出生次序以及生活经验都是塑造它个体独特性的因素。因此，当太阳下山，鸟开始成群结队时，你所看到的其实是一张快速掠过的椋鸟等级组织图，每个个体都有自己的位置，但并不是每只鸟都是平等的。

其他动物也是如此。鳗鱼、驯鹿、云雀、倭黑猩猩，每个个体都有自己的位置。决定这些位置的社会能量也是维系**社会阶层**的力量。

社会阶层
social hierarchy

一种按照等级划分群体成员的社会结构。

动物基本上可以使用**传递性等级推理**能力推断未知个体的地位关系，也就是说，如果 A 比 B 地位高，B 比 C 地位高，那么 A 就比 C 地位高。[22] 对鬣狗来讲，这意味着如果史林克打架输给了它的姐姐，然后它又目睹了自己的姐姐输给了一只新来的鬣狗，那么史林克可以假设自己的等级比那只新来的鬣狗还低。那么不用和新来的鬣狗打架，它就可以知道

传递性等级推理
transitive rank inference

动物根据其与群体内某一成员的关系，来确定其相对于群体内其他个体地位的能力。

自己所处的位置。

传递性等级推理是一条可以最小化直接冲突，维持和平并且降低受伤风险的捷径。对于鸡来说，传递性等级推理意味着当最顶层的母鸡想要支配另一只母鸡时，它不必每一次都真的啄击对方。它只要把头一伸，发出"咯咯"叫，并竖起羽毛，这一套动作就可以取代真正的血腥厮杀了。这类情况在动物界十分常见。例如家养的麻雀会扑打着羽毛把其他麻雀赶走，而你几乎察觉不到；或者一只专横的蓝鲸强大到令人生畏的繁殖力会直接阻断其妹妹与堂姐妹的繁殖机会；再者，一只猫首领跳来跳去，微微眯着眼睛，就能令它的下属紧张不安。占据支配地位的动物知道如何发出地位信号，而从属的动物也明白信号的含义。

哺乳动物、鸟类以及鱼类都会使用传递性等级推理来确定它们在群体中的位置。[23] 在经过数亿年的进化后，科学家们仍然能在不同的物种中发现这种能力。这表明，对社会性动物而言，迅速地感知社会关系是一种古老且至关重要的生活技能。在野外，随着青少年动物的社会脑系统逐渐发育健全，传递性等级推理也成了它们了解自己在群体中位置的一种方法。幼兽之间曾经的游戏逐渐变成了一系列的竞赛，在力量、技能和耐力方面互相角逐。人类青少年也是如此，他们密切关注着自己所处的阶层，他们高度敏感的神经把每一次赞美当作接受，而把每一次忽视都理解为拒绝。社会地位的引力不仅影响着青少年的行为，也塑造了他们的感受方式。无论在现实生活中还是在荧幕中，地位的改变都会使青少年和年轻人产生愉悦、绝望或者介于二者之间的各种感受。

根据公共卫生资源的统计，21 世纪是一个孤独与疏离感蔓延的时代，对青少年而言更是如此。[24] 焦虑和抑郁已经与吸烟和营养不良成为当前世界最需要解决的健康问题。对于焦虑和抑郁的根源，家长和教育者认为在于学校考试和各种评估给青少年带来的巨大压力，精神病学家提出基因、激素以及神经化学层面的变化是根本原因，经济学家和法律制定者则认为是地缘政治学和全球经济衰退的缘故，而每一个个体又都认为是社交媒体的过错。所有这些因素都会加大压力和精神痛苦，对任何年龄段的人来说都是这样。但我们认为，从简单的情绪波动到更为严重的抑郁发作，青少年和年轻人的焦虑根源都可以在动物古老的阶层维系中找到答案。

将阶层与个体情绪结合起来可以帮助我们理解为何当我们发现在自己群体中处于糟糕地位时会感到十分难过，而处于良好地位时又十分开心。对于青少年来说更会如此。事实证明，个体对地位的痴迷是与生俱来的，阶层制度是由于对地位的追求而形成的，这并不是一个可以选择退出的游戏。考虑到这一点，无论是人还是动物，还是学习一下规则比较好。

出生在三垒

生活在恩戈罗恩戈罗火山口的斑鬣狗贝芭已经怀孕大约 100 天了。和所有的鬣狗母亲一样，贝芭在快要分娩时选择了一个隐蔽的地点，那是一处人迹罕至的边缘地带，贝芭在那里开始了分娩。由于它怀的是双胞胎，生产有很高风险，但好在它之前生育过，所以整个过程比预想的轻松很多。就这样，史林克和它的姐姐顺利降生，贝芭也平安无事。[25]

几乎同时，在几公里外的一个隐秘的巢穴中，玛芙塔女王也正在分娩。它似乎比贝芭艰难得多，因为这是它第一次怀孕。鬣狗的产道异常狭窄且没有弹性，因此它们的第一胎通常会因为窒息而夭折。但这位皇家幼崽健康地出生了，是一只雄性鬣狗。赫纳和他的研究团队为这位小王子起名为梅里格什（Meregesh）。

由于它一出生就拥有特权，梅里格什注定一生顺遂。它和其他出身好的幼崽一样，在胎儿期享有更好的营养供给。并且由于女王有优先享用食物的特权，因此它享受的乳汁更多、质量更好。每一口富含能量的乳汁都加速了梅里格什运动能力的发展，从而比那些不那么优越的鬣狗更有优势。也正因此，高等级出身的鬣狗比低等级出身的鬣狗长得更快。这也意味着这些高等级幼崽需要被照料的时间更少，通常仅仅在 9 个月左右，而普通鬣狗则要两年。[26] 此外，营养条件更好、更高等级出身的鬣狗比低等级出身的鬣狗更容易在出生后的第一年活下来。

鬣狗不是唯一一种在幼年时期就从父母那里获得食物供给的动物，还有许多动物也是如此。在欧亚猞猁的繁衍中，那些独占母猞猁乳汁的幼崽会成为支配者；[27] 高等级的金丝雀母亲会比低等级的金丝雀母亲分泌更多的睾酮（testosterone），以此来软化蛋，从而使它们的后代获得竞争优势；[28] 在鱼卵的卵黄中，激素的水平也会影响新生鱼苗的社会地位；[29] 在鲦鱼群体中，优势地位的雌鱼产卵时的睾酮水平更高，这意味着它们的后代可能比劣势地位的鲦鱼后代更容易获得优势地位。

在贝芭的巢穴对面，史林克正面临着另一个困难。贝芭的乳汁比玛芙塔女王的乳汁更为寡淡且营养更少，可是它还要哺育一对双胞胎。可以说，史林克来到这个世界上时几乎遭遇了一只鬣狗所能遭遇的所有苦难：它是雄性个体，它是第二个出生的，它的母亲地位低下，它母亲的乳汁分泌不足且劣质，史林克自己也因为营养不良而生得羸弱，刚出生没多久就遭到比自己稍大、稍壮的双胞胎姐姐攻击。在史林克第一次遭遇阶层制度时就已经处于劣势地位了，尽管它所处的子群体只有两个成员。

第 **7** 章

了解群体规则

史林克大约两周大时的一个清晨，当它一觉醒来，感觉到母亲的牙齿正咬着它的后颈。史林克动了动身子，但是它妈妈依然紧紧地叼着它，将它带离了自小熟悉的家。天光未亮，史林克被妈妈贝芭叼着，一路颠簸前行。当贝芭终于停下并把它放在地上后，史林克发现了周围的变化。它知道自己的同胞姐姐也在这里，但是同时还有很多完全不熟悉的鬣狗。它好像听到了低语和咆哮，母亲贝芭一路小跑离开，将它留在了这里。

史林克还不知道，这将是它人生另一个阶段的开始，它就要在公共巢穴生活了。[1] 斑鬣狗幼崽在母亲和兄弟姐妹身边生活两三周后，会被带到一个公共巢穴。这里聚集了斑鬣狗部落中所有的幼崽，从"公主"或"王子"到出身最卑微的"平民"。史林克和它的同胞姐姐在这里，女王玛芙塔的儿子梅里格什也在这里。在这个公共的鬣狗"日托所"，小鬣狗们的社会生活开始了，它们开始了解自己在整个群体中的地位。

在公共巢穴中，小鬣狗们不分昼夜地待在一起，并且没有成年鬣狗的监管。它们的母亲一天会过来照料它们一两次，但是大部分时候，小鬣狗们都被独自留下来，自由地玩耍、漫步，甚至彼此争斗、霸凌。[2]

对于贝芭而言，虽然可以暂时从照看双胞胎这一沉重的负担中解脱出来，但是这个新阶段也充满了挑战。贝芭在群体中处在边缘地位，它不得不将它仅有的资源用于寻找食物和保护自己。因此贝芭无法像其他母亲那样常常去公共巢穴照顾自己的孩子。当贝芭有时间去时，它也无法为自己的孩子提供足够的食物。它会定期去喂奶，但奶水连一只饥饿的小鬣狗都喂不饱，更不用说两只了。当贝芭来时，又渴又饿的史林克常常被自己的姐姐推到一旁。

而与此同时，女王玛芙塔一天会去日托所好几次。它有富足的奶水喂饱梅里格什。同时，玛芙塔还会额外带给梅里格什一些肉，这可是低等级的鬣狗妈妈们无法提供的。

研究公共巢穴中鬣狗的野外科学家认为，对于史林克、它的双胞胎姐姐、梅里格什王子和其他幼崽来说，来到公共巢穴的头几天会让它们很不安。被母亲留下的幼崽会变得畏首畏尾并且容易受惊。它们对任何动静都异常敏感，就连被风吹过的草堆，或是路过的昆虫都能让它们退缩。不过很快，幼崽们就不再屈服，而是开始挑战或者攻击这些打扰到它们的东西，包括同伴。幼崽们开始游戏式的战斗。在这些早期的遭遇战中，年轻的鬣狗根据等级特征来决定胜负。这些等级特征具有跨物种的一致性。

阶层由何决定

群体中个体的等级和地位是如何决定的？这件事因物种而异。不过有些决定因素在自然界中广泛存在，以下是一些常见因素。

◎ 体型

在众多动物社会中，身体大小是地位排序的重要预测因素。从鱼到鸟，从甲壳动物到哺乳动物，甚至在某些蜘蛛社会中，体型越大，等级越高。[3] 但对有些动物而言，身体大小并不重要。对于雌性鬣狗而言，家庭联结、社会关系都比体型重要；对于雄性鬣狗而言，体型则不如亲缘关系、社会关系和年龄重要。[4]

◎ 年龄

对众多动物来说，年龄的增长就是地位的助推器。[5]例如在野生矮种马、非洲象、山羊、狐獴、黑猩猩、宽吻海豚和人类社会中，年长意味着更高的等级。对于成长期的动物来说，身体大小由年龄决定。年长的孩子通常会支配年幼的孩子，至少在达到一定年龄阶段前是这样。动物社会中的这种现象持续到人类社会，就产生了间隔年（gap year）和**红衫球员**制度，让个体在进入下一阶段的学术或体育比赛前多一年准备的时间。年龄稍大的个体会耐心等待直到竞争者离开或死亡，然后取代竞争者成为下一个最年长的人。[6]年龄也帮助它们增加了继承竞争者领地的机会。而这些额外的时间可以让年轻个体通过观察更年长、更有经验的动物来学习重要的生活技能。史林克的年轻于它而言是又一项不利因素。雄性鬣狗的年龄和地位是紧密相连的。除非它们的朋友和盟友能助它们一臂之力，否则雄性鬣狗必须等上几年才能在社会地位上有所提升。[7]

> **红衫球员**
> redshirting
>
> 年轻的运动员一年内不参加正式比赛，从而能够在重返赛场时具有发展优势。该策略也可以用在与幼儿园入学相关的决策中。

◎ 理毛行为

魅力，甚至仅仅是外表的吸引力就可以提高人们的地位，而动物也有达尔文所说的"对美的品味"。[8]雄性动物展示自己光鲜亮丽的外表是为了向那些挑剔的雌性表明自己拥有优良的基因和丰富的物质资源。以火烈鸟为例，鲜艳的橙红色羽毛表明它们的饮食中富含健康的胡萝卜素。一个雌性火烈鸟看到这些充满活力的羽毛就会知道，这只雄性火烈鸟有良好的基因，能够经常吃到最优质的虾。浅灰色的鸟则没有这些优势。[9]当然，能否捕获好的食物也可能取决于环境，完全不受动物自己的控制。

这些身体特征在吸引异性的同时，在同性之间也是地位的象征。例如，黑天鹅精致卷翘的翅膀羽毛不仅能吸引雌性，同时也向其他雄性传达了自己社会地位高的信号。[10]

另一个增强魅力、提高地位的因素是理毛。毛理得最得体的鸟和灵长动物往往是地位最高的，同时也是身体最健康的。高等级动物还有另一个优势：接受群体中其他动物理毛。谢尔德鲁普－埃贝发现了两种鸟之间理毛行为的差距：一种是羽毛"明亮、光滑、美丽、干净"的鸟，另一种是羽毛"皱巴巴、乱糟糟、经常粘有污垢"的鸟，后者通常处于啄食顺序的末端。[11]

地位较低的个体可能会主动为地位较高的个体梳理毛发，以换取庇护和食物等资源，同时也可以通过结盟提升自己的地位。在鱼类、鸟类和哺乳动物中观察谁替谁理毛，可以帮助观察者充分了解这些动物的社会关系与地位高低。我们在人类社会中也能轻易找到类似的趋势，一个人的穿着打扮通常能反映出他的地位。对人类来说，语言是另一种社会性理毛。赞美会引发神经化学反应，类似于理毛所产生的生理反应。人类用赞美和奉承也就是"言语理毛"来讨好群体中的主导者，就像动物用拔毛、摩挲和轻咬来讨好一样。将这一概念扩展到社交媒体上，人们可以从谁发帖子、谁点赞来辨别地位的高低。

像其他精心打扮、身份显赫的动物一样，地位高的鬣狗身上的伤疤也更少，可能是因为地位低的动物不敢攻击它们。同时，地位高的鬣狗也有更优越的免疫系统。由于地位低的鬣狗经常给它们理毛，因此它们身上的寄生虫也更少。[12]

◎ **性别**

动物的雌雄（在人类中被称为性别）也会影响地位。[13] 在一些鱼类、爬行动物、鸟类和哺乳动物中都是如此。在某些物种中雌性占主导地位，另外一些物种中雄性占主导地位。在色彩缤纷的热带小丑鱼的阶层中，占据统治地位的总是雌性。如果处于统治地位的雌性小丑鱼死了，从属的雄性小丑鱼为了争夺空出来的首领位置会把自己变成雌性，因为处于最高地位的小丑鱼能够得到巨大的好处。从雄性转变为雌性大约需要40天的时间。它们在变性的过程中会将体型增大一倍，并将睾丸组织转化为卵巢。[14]

一个群体由雄性主导还是由雌性主导取决于诸多因素。生物因素虽然起到了一定的作用，环境因素也很重要，如食物的可获得性和捕食者的密度。

然而，史林克对它的遗传基因无能为力，它无法改变自己的性别、年龄、出生次序、体型、吸引力或父母，但这并不意味着史林克一点机会都没有。动物的行为在塑造动物的地位方面起着相当大的作用，这些行为有些是天生的，有些则是可以学习和转变的。对于史林克来说，这些行之有效的行为技巧是他生存的关键。

高层动物联结

斑鬣狗喜欢和自己的血亲待在一起。但是当它们身边没有亲人的时候，它们更喜欢和社会地位相当或者地位更高的同伴待在一起。[15]

高层动物联结
association with high-status animals

社会性动物对种群高等级个体同伴的偏好，有时这被作为一种使自己等级上升的策略。

许多灵长动物比如狒狒、猕猴、黑长尾猴更喜欢结交社会地位高的同伴，人类也如此。地位强烈地影响着马群和牛群中的关系和友谊。地位高的奶牛在排队时，会选择站在一起，并紧跟在属于同一团体的其他奶牛后面。动物在选择联盟伙伴或者性伴侣时，地位高的个体也更有吸引力。例如，雄性美洲野牛对地位中等或较低的雌性野牛不感兴趣，而更愿意与群体中地位较高的雌性野牛交配。由于地位较高的动物常常紧挨在一起，即使是站着、吃草或懒洋洋地躺着，如果挨着的是受尊敬的个体，动物的地位都有可能因此而提升。

发一张聚会上的自拍照，展示书架上与政客和名人的合照，炫耀自己的"高级"朋友，人类的这些行为的背后与动物选择和地位更高的个体交往有着同样的生物驱动力。一封推荐信，谈话间不经意提一下高层人士，以及与受欢迎的学生或同事共进午餐，都能起到类似的作用。高层联结所蕴含的强大力量也解释了人们对知名企业、名校、明星运动队以及军队和公共服务领域中的精英部门为何如此趋之若鹜。

地位的标志

除了和受欢迎的群体一起玩，一些动物还会利用配饰来炫耀自己的地位。华丽的毛皮、迷人的羽毛、精美绝伦的犄角、不方便的长尾巴——这都是动物在展示自己的富有。因为要保持华丽的毛皮，维护如巨大的鹿角架之类的各种配饰，都需要花费精力和时间。这些被生物学家称为**身份徽章**的社会记号是在告诉动物同伴们"我很特别"。炫耀身份徽章可以展示动物的基因、社会关系和理毛资源。[16] 人类同样也会花费时间和金钱来维护自身地位。当我们认识到这一点后，也许对于那些没有资源的动物偶尔通过炫耀虚假的身份徽章来伪装自己的高地位的行为，就不会感到奇怪了。例如，招潮蟹如果在战斗中失去了它的大螯，它的阶层就会跌落。它可以再长出一个新螯，但重量较轻，并且在战斗中也没那么好用。尽管如此，当它挥舞着自己的新螯，仍可以骗过其他螃蟹，让它们以为它的武器是真的。除非它被征召并被迫使用新螯战斗，否则它通常可以凭借新螯重新回到高阶层。[17]

身份徽章
status badges

动物在群体中相对等级的身体特征。一些动物会运用虚假的特征假装自己具有高等级，这是低等级个体为了提升身份等级的一种欺骗行为。

在哈佛大学皮博迪博物馆的中美洲展厅的陈列柜里，在精美的玉雕头像和美洲虎陶瓷碗旁边，放着一个指甲盖大小的金吊坠。[18] 我们是在博物馆里搜寻表现高社会地位的手工艺品时发现它的。这个陈列柜里装的都是玛雅时代后古典期的精英们所珍藏的物品。玛雅时代后古典期是一个拥有世袭国王、宏伟的公共建筑和先进的天文学思想的时代。

玛雅人生活在几千年前，和今天的我们以及 1998 年时的史林克一样，他们也看重身份和地位，金吊坠就是证明。[19] 吊坠上雕刻着一个青年男子的侧面形象，他的头上戴着一个巨大的头饰，像太阳一样放射着光芒。头饰被做成受人尊敬的动物的样子，比如美洲虎或猎鹰，通常还饰以绿咬鹃的羽毛。玛雅头饰是显赫地位的象征，普通人禁止佩戴。这名青年男子的腰上还有一个装饰盾牌，上面有一个叫作"哈查"（Hacha）的装饰性石斧头，这种斧头据说在玛雅古典期一种叫作"匹兹"（Pitz）的游戏中使用过。"匹兹"的球员通常都是精英。[20] 成千上万的人在竞技体育场里观看这一比赛。和今天的许多大学一样，玛雅文化也赞赏运动员，尤其是那些集智慧与美貌于一身的运动员。所有这些线索都表明这个青年在他的社会中享有尊贵的地位。这个年轻人就像是 8 世纪的海兹曼纪念奖（Heisman Trophy）得主，而这个带有他肖像的吊坠很可能是这位精英葬礼上的祭品。

人类学家和考古学家斯蒂芬·休斯敦（Stephen Houston）是一位研究玛雅文明的专家。他在 2018 年出版的著作《天才之路》（*The Gifted Passage*）中指出，青少年时期的男性在玛雅社会中拥有显著的高地位，或许是因为他们是潜在的继承人。[21] 在玛雅陶器、象形文字和壁画上，青少年时期的男性形象随处可见。在玛雅社会，地位高的精英享受着特殊待遇。他们住在中心位置的大房子里，穿着时髦的衣服和配饰，经常吃肉、喝可可，这些对普通人来说都是罕见的享受。

尽管享有充足的食物、舒适的居住环境和奢侈品，玛雅贵族也并非处处占尽先机：玛雅人的部落战争的规则通常要求贵族率先参与战斗。

鬣狗群体也是如此。在与其他部落的战斗中，或是在保护群体不受狮子攻击时，鬣狗群体中的女王必须一马当先，第一个献出生命。[22] 葬身狮口是鬣狗统治者最常见的结局之一。在充满戏剧性又极为暴力的战斗时刻，鬣狗清晰的继位顺序对这个群体非常有用。因为每个个体都非常清楚自己在阶层中的位置，首领死后，继任者即排在第二位的公主或王子，能够立刻继位，无缝衔接。赫纳和其他鬣狗专家观察到，雌性首领战死后它的女儿会快速接替它的位置，即使是在血战中，其他鬣狗也会接受权力的转移。

代表地位的姿势和声音

处于从属地位的动物在维持生存和社会交往上，都比占支配地位的动物艰难，所以它们会更加急躁、警惕和紧张。闪动的眼睛和顺从的姿态是低地位狼的特征，它们经常耷拉着肩膀、低垂着头、舔着嘴唇。相比之下，地位较高的狼的行动则更有目的性，它们目光如炬，一动不动，甚至做出大胆或有敌意的动作，如追赶其他群体成员，或张大嘴巴猛冲过去。[23]

早在 4 周大的时候，史林克就已经在学习鬣狗社会的肢体语言了。像梅里格什这样地位较高的鬣狗会学习将尾巴立直，并将耳朵竖起。而地位较低的鬣狗则会学习将尾巴夹在两腿之间，耳朵后背，露出牙齿，头朝下。在打招呼时这些行为可以确认地位高低并加强友谊。[24]

对人类支配姿势的研究得到了相似的结果。支配者身体放松、眼神坚定，而从属者则表现出多余的肢体动作和闪烁的眼神。地位高的人倾向于用更快、更自信、更清晰的语言来暗示自己的地位，也更经常打断别人的谈话。

灵长动物学家弗朗斯·德瓦尔（Frans de Waal）在《猿形毕露》（Our Inner Ape）一书中描述了人类的声音是如何揭示地位的。[25] 这些线索看起来很微妙，但如果我们运用直觉，就能有效地理解它们。他在书中写到，说话时的音高是一种"无意识的社会工具"，会暴露个体在阶层中的地位。每个人的音高都不一样，但"在谈话过程中，人们倾向于趋同"。德瓦尔解释说，人们在谈话中的音高会逐渐趋同，而"调整音高的总是地位较低的人"。《拉里·金现场》（Larry King Live）这档脱口秀节目就展示了这种效应。主持人拉里·金（Larry King）会根据地位较高的嘉宾如迈克·华莱士（Mike Wallace）或伊丽莎白·泰勒（Elizabeth Taylor）来调整自己的音高，而地位低的嘉宾则会根据拉里的音色来调整自己的音高。

低龄的青少年总是故意采用较高音调说话，希望被他人听到。然而年龄较大的青少年男孩可能会注意到，他们在家里或学校里的地位反而会随着他们的声音愈发低沉而提升。

斑鬣狗以一种特殊的发声方式而闻名：它们会发出尖锐的、断断续续的"咯咯"笑声，因此它们有个绰号叫"会笑的鬣狗"。[26]尽管这种独特的笑声一直被认为是所有鬣狗的特征，但事实上，只有地位较低的鬣狗在与群体中地位较高的鬣狗交流时才会发出这种声音，这种笑声是一种地位较低的标志。来自伯克利的一个生物心理学家团队在 2008 年的一次声学会议上报告说："当紧张的或是从属地位的鬣狗处于既兴奋又矛盾的状态，在前进或后退之间徘徊不定时，就会发出'咯咯'的笑声。例如，那些地位低的动物在猎杀中一边等待着出击的机会，一边又被高地位的动物驱赶到一旁。"

虽然典型的咯咯笑主要是由地位较低的鬣狗发出的，但鬣狗们都能发出许多不同的声音。其中一种被称为"呼喊"，这是一种嘹亮的用于远距离沟通的声音。开始时声音很低，接着忽高忽低。每只鬣狗的呼喊声都是独特的。像赫纳这样的科学家可以通过这个声音来辨认出每只鬣狗。值得注意的是，伯克利研究团队的报告还指出："雄性鬣狗在接近一个新部落时会发出不断的呼喊声，它们会小心翼翼地打招呼，生怕这个新群体会拒绝自己。"

史林克将会采用它所掌握的包括发声在内的每一项策略。除了与高地位个体结盟、展示身份徽章、调整肢体语言和声音之外，在青少年时期的成长中它还会获得另一项宝贵技能——社会脑网络。

社会脑网络

社会脑网络
Social Brain Net-
work（SBN）

涉及社会知觉、认
知和决策的大脑区
域网络。

辨别他人所处的阶层对于人类和其他社会性动物都是至关重要的。鱼类、爬行动物、鸟类和哺乳动物都有专门负责社会意识和功能的大脑细胞和区域，这些系统被统称为**社会脑网络**。[27]

哺乳动物的社会脑网络位于大脑中 6 个独立又相互联系的区域，就好像航空公司飞行杂志背面的地图，上面画着世界各地的飞行航线，中心点和拱线标明了飞机的起降点和航线。[28] 你的大脑就好比这张地图，而你的社会脑网络包括 6 个随时连接和交流的中枢，汇集了视觉输入、储存社会记忆、恐惧联想、释放激素信息、应对行为和逻辑决策的功能。

每当你和他人在一起或想着他人时，社会脑网络就会被激活。它帮助你使用面部表情，理解肢体语言，了解他人的情绪状态，并解读声调。社会脑网络可以让你洞悉房间里的每个人，知道如何完成一笔交易，知道什么时候走开，什么时候得跑。这一神经网络对人类的日常生活至关重要。大脑和社会认知缺陷如孤独症谱系障碍的根源在于社会脑网络发育异常。[29]脑损伤可能会损害社会脑网络调节社会功能的能力。因脑瘤或脑损伤而影响这一区域的患者，可能会发出不恰当的笑声、公开展露与性有关的行为、共情减少、脾气反常等。

人类不仅能够理解其他人类，还能够与猫、狗、鸟和马建立联系，这表明我们都是社会性动物。狗的社会脑能够帮助它们理解自己在狗群中，甚至是在人类家庭中的位置。[30] 最近关于人狗交流的研究发现，无论是狗还是人，听到同类或对方带有情绪的声音时，大脑中被激活的区域都是一样的。同样，一位经验丰富的骑手能够感知到他的马匹的情感状态。有证据表明，马也能读懂它们的骑手。这表明马和人类的社会脑之间存在相互作用。

地位映射

人类的社会脑在婴儿时期就已经蓄势待发，准备引导婴儿们探索他们刚刚进入的社交世界。[31] 在出生后的几个月内，婴儿就会展现社会性微笑，会盯着其他婴儿看并研究他们。6 个月的时候，他们会对生活中的人进行区分并产生偏爱。9 个月的时候，他们会想和其他人一起玩耍。一岁时，他们将支配和权力联系起来，开始准确地区分支配者和从属者。两岁时，蹒跚学步的孩子们在玩耍中就已经开始了地位排序。从这些研究的结果来看，在这些年轻的生命中，最早的地位阶层已经建立起来了。

> **地位映射**
> status mapping
>
> 个体和其他成员对群体内地位产生的心理表征。

在未来的比赛和游戏中，排名和排序都将会继续进行。作为依模画样的"制图师"，他们会基于同龄人和他们自己绘制心理阶层地图。[32] 到 4 岁时，他们就能知道哪些同龄人地位较高，而且明显更喜欢和这些人待在一起。他们对占主导地位的同龄人在做些什么很感兴趣，并会花费很多的时间来观察他们。人类会优先关注地位高的人，这一特征一直延续到成年生活。这种特征可以解释人们为何喜欢看八卦小报。一项关于恒河猴的研究揭示了成年人类和恒河猴有一个共同点：猴子会为了观察屏幕上高地位的猴子而放弃它们喜欢的果汁。相比之下，当屏幕上放的是地位低的猴子的活动时，它们的兴趣就微乎其微了。此时科学家们不得不用额外的果汁贿赂它们，才能让它们看屏幕一眼。[33]

随着人类和动物进入野蛮成长期，发展社会能力变得至关重要。在人的一生中，社会脑网络最活跃的时期就是青少年时期。伦敦大学学院的神经科学家萨拉 - 杰妮·布莱克莫尔（Sarah-Jayne Blakemore）利用成像等方法，展示了同伴对青少年的决策和冒险行为所产生的重要影响。她认为，与成年人和儿童相比，"青少年更善于交际，会形成更复杂、阶层更明显的同伴关系，对同伴的接受或拒绝也更敏感"。[34] 坦普尔大学心理学家劳伦斯·斯坦伯格认为，青少年大脑不成熟的认知控制能力，以及对奖励愈发敏感的神经，都可能是这个年龄段同伴具有较强影响力的原因。他和他的同事们认为，"同伴关系从来没有像在青少年时期那样突显"。[35]

当一个青少年走进快餐厅、教室、聚会或工作场所时，他那从婴儿期就开始构建的社会脑网络就在输入信息。它协调大脑中的 6 个相关区域，同时测绘社会景观。视前区获取图像，计时或上下扫视以获得最多的评估信息。[36] 中脑负责记忆那些受到的怠慢和冷落；杏仁核（大脑的恐惧中心）闪现惊慌或恐惧的情绪和感觉。当下丘脑发出信号释放应激激素（如皮质醇）或安抚激素（如催产素）时，外侧隔区促进主动的压力应对行为。前额叶皮层协调这一切，它判断、调节、计划和决定下一步的行动。大脑很忙：这 6 个区域来回传递信息，确保个体理解阶层并且明白自己身处其中需要做什么。这一切随时随地都在发生。不管是鱼还是人，当任何拥有社会脑网络的个体遇到另一个，哪怕是遇到家庭成员，其社会脑网络都会开始运转。

在野蛮成长期发生的广泛的脑功能重组过程中，社会脑网络的锐化是最为关键的。人类在青少年时期校准社会脑网络时的经验往往会伴随他们一生。几乎所有人都能回忆起青少年时期那些极度羞辱或兴奋的时刻。同时，一个人在青少年时期形成的等级观念也会被内化。成年人大脑中指导友谊、事业、政治和社交的功能都是在青少年这一敏感时期成长的。成年人可能会记住在青少年早期绘制的社会阶层心理地图，以及自己在其中的位置。到青少年后期，社会脑网络的发育几乎全部完成。[37] 就像一颗侦察卫星，它将指引个体走过余生中的各种社会环境。

为何会变得更好

支配等级在许多动物群体中都很常见，它通过侵略、暴力或武力威胁等方式形成并受到制约。支配等级也是人类历史和现代生活的一部分。大到国家、小到伴侣关系，支配等级的表现形式多种多样，如独裁、军事占领、监狱社会和虐待。

但在人类社会中，地位的提升可能是基于一个人在武力之外的其他方面的卓越表现。如果一个团队重视某种技能、属性、专业知识或品质，那么拥有这一特质的人就能获得所谓的"**声誉**"。[38] 一个有声誉的人即使在没有武力威胁的情况下，也会赢得他人的尊重。麦克阿瑟天才奖的获得者、奥斯卡奖

声誉
prestige

自由表达对群体中令人钦佩的成员的赞美和尊重，这可能会提高他们的地位。

得主、YouTube 上的明星、马拉拉·优素福扎伊（Malala Yousafzai）、马友友（Yo-Yo Ma）、J. K. 罗琳（J. K. Rowling），以及广受喜爱的奥林匹克运动员都是"享有声誉"的人。他们的崇高地位是基于群体对他们在科学、艺术、人道主义或体育领域的能力和贡献的钦佩。声誉不一定与名声或财富有关，人类珍视许多形式的声誉，例如，连续命中靶心的神射手、做出最好布朗尼蛋糕的家庭面包师、打游戏打得最好的三年级学生、赢了很多官司的律师、妊娠率最高的生殖内分泌医生，以及总是能抚慰哭泣婴儿的叔叔等，都是有声誉的人。

在人类的阶层社会中，支配等级和声誉经常相互作用。正如历史上一再上演的那样，两者都可用于权力和控制。但对于青少年来说，理解两者的差异具有启示性。因为在青少年发展的关键时刻，平衡被打破了。在小学、初中和高中早期的校园中，阶层制度通常以**受欢迎程度**为标准，评价体系也不受个人控制，而是由体型、年龄、吸引力、运动能力、父母的财富决定。但是，在青少年中期，基于

受欢迎程度
popularity

是指个体被同伴喜欢的状态，表明了其社会支配地位、声誉和影响力，可与"感知到的受欢迎程度"交替使用。

能力的声誉阶层激增。一种被称为"生态位选择"（niche picking）的过程出现了。[39] 学生们找到了重视自身特定技能和特征的那些群体，地位随之上升。这里的能力可以表现为音乐、学术方面的才能或是对政治、小众电影、时尚、体育、电子游戏等共同兴趣的高度了解。

那些缺乏典型受欢迎特征的高中生往往能在基于能力的声誉阶层中找到自己的位置。他们将摆脱"受欢迎"这一狭隘的评价标准，让自己的才华得以施展。总之，"一切都会好起来的"，这为那些在平庸和边缘中挣扎的青少年提供了一丝希望。

基于有价值的能力建立的声誉阶层也证明了环境对地位的影响。当环境改变，曾经毫无价值的品质会变得重要起来。曾经的书呆子也许就是未来的应用程序设计师和电脑程序员。

和人类一样，鬣狗幼崽天生就具有社会脑网络，使它们能够在复杂而凶险的社会环境中游刃有余。这对史林克来说是件好事。事实证明，尽管客观上有诸多不利条件，但史林克拥有的最大优势就是社交洞察力。

第 **8** 章

特权无处不在

恩戈罗恩戈罗火山口位于今天的坦桑尼亚境内，是大约 300 万年前一座巨大火山喷发之后向内坍塌留下的遗迹。"恩戈罗恩戈罗"正是"大坑"的意思。今天，平坦的火山口表面长满了青草，这片肥沃的土地和其中的河流体系养育着繁茂植被和各类动物。

然而对 1998 年的史林克来说，这里绝对不是游乐的绿茵场。它在公共巢穴里的日子并不好过。史林克和其他幼崽的每次互动都是一场战斗。每当它尝试和其他幼崽玩耍的时候，幼崽们都会攻击它。史林克体型小，年纪小，又是雄性，每只鬣狗都可以欺负它，甚至这些幼崽的母亲也会出手。

母系等级继承

经过几个月在公共巢穴的集体生活，鬣狗幼崽的社会等级便会重新排列。[1] 最初，等级是根据常见的动物地位标志而排定的，这些标志包括体型、年龄、外表、性别等。但当幼崽长到 4 个月左右时，一种近似线性的阶层体系便会形成，等级最高的母亲的幼崽排在顶端，而其他所有的鬣狗幼崽都排在它们之下。这种新的阶层体系不受年龄、体型、性别、外表的影响。相反，它精准反映了幼崽母亲的等级地位。等级最高的雌性鬣狗的幼崽高居顶端，次高者的后代在它们之下，排行第三者的后代又在其下，以此类推。梅里格什身为女王之子，处于阶层体系的顶端，史林克则在最底层。

母系等级继承
maternal rank inheritance

母亲等级地位的代际转移，常见于许多哺乳动物，间接表现在部分卵生动物中。

鬣狗幼崽的社会等级重排是由一种古老、强大的驱动力造成的，叫作**母系等级继承**。母系等级继承是"银勺效应"[①]的一个例子，它保证了处于高地位母亲的子女生下来便拥有同样的地位和**特权**。[2] 人们或许会惊讶，野生动物中某个个体的地位居然由家庭关系决定，而不是由身体条件或战斗力，因为裙带关系现象看起来像是人类社会的产物。

特权
privilege

某些个体或群体享有的或被给予的优势，这些优势既不是其挣得的，其他个体或群体也没有。

但仔细想来，这也并不奇怪。从演进的角度来讲，最重要的便是拥有后代，且后代能够存活下来并继续繁殖。父母自然会希望自己的后代能够继承自己的这些优势。地位高的动物的后代不一定能够凭借能力升到顶端，而母系等级继承相当于为后代上了一重保险。

鬣狗群体并不信奉精英主义。鬣狗幼崽生下来便自动获得了仅次于其母亲的地位。整个群体都知道这一点，并且其他所有个体都会顺次下移一位，给新生幼崽留出空间。这是一种社会习俗，正如人类坐飞机时经济舱的成年乘客让到一边，让头等舱乘客的子女先于自己登机一样。

等级继承并不限于鬣狗社会，也不限于母系继承。从欧洲马鹿（赤鹿）到日本猕猴（雪猴），高地位父母的后代都是幸运的。[3] 它们知道自

[①] 生物生长初期的条件对其以后的生长产生的影响，较好的环境条件有助于大多数基因型表现的现象。参见科学出版社 2006 年出版的《生态学名词》。——译者注

己在阶层中拥有理想的地位，而毫不夸张地说，这种地位是凭空而来的。抹香鲸、家猪、野生蜘蛛猴及其他多种动物也是如此。[4] 对这些享有特权的生物来说，地位等级不仅是一种额外优待，更是一种特权，体现在生活的方方面面，最终成为一种生活方式。

地位高、关系广的亲代，其后代也会继承其社会关系。[5] 它们将受益于已建立完成的成年个体关系网络。年轻的鸟、鱼以及哺乳动物个体，通常是在父母的社交群的陪伴下成长起来的。之后它们将这些社交网络进行延伸，甚至经常会和父母朋友的后代延续繁育。

有一些物种，尤其是鸟类，父亲和母亲的养育责任较为均等，这些物种中父亲如果拥有较高等级也会提升其后代的地位。[6] 不过，在哺乳动物的生活中，照料幼崽的责任多由母亲承担，父亲的等级对后代的影响就远不如母亲大。研究者考察了坦桑尼亚贡贝国家公园（Gombe National Park）的黑猩猩，观察了年轻个体之间的冲突，发现"如果自己母亲比对手母亲的地位高，它们就更可能获胜"。如果黑猩猩在对抗中"言语相讥"，似乎更可能说的是"我妈能揍你妈"，而不是"我爸能揍你爸"。[7]

母系干预

当鬣狗幼崽之间发生激烈冲突时，所有的鬣狗母亲都会为了自己幼崽的利益出手干预，但高等级的母亲在这方面显然是最成功的。像史林克的母亲贝芭这样地位低下的鬣狗，试图解决冲突的方式通常是用自己的身体挡住对方。或者，它们会干扰对方，分散注意力，使冲突不了了之。然而，这样的做法收效甚微。[8] 一个原因是这些母亲采用的策略更倾向于调停。贝芭这样的鬣狗母亲并非没有意识到它们幼崽的社会地位受到了威胁，它们只是干预时用了攻击性较弱的方式，这也许还是它们在幼崽时期学到的解决冲突的方式。还有一个原因是，如果采取更具攻击性的方式，它们可能会受到高等级的成年个体的惩罚。

与此同时，高等级的母亲们可不会顾虑这么多。它们会直接冲向子女的竞争者，直接发动身体攻击。这些表现直接向群体展示了其后代的优越地位，也向后代展示了如何运用权力，如何进行有效攻击。

母亲做表率，幼崽因为胜利而情绪高涨，这样合作若干次后，母亲便逐渐放手。接着，就像灰姑娘同父异母的姐妹们欺负无依无靠的她那样，幼崽们也开始学着母亲的样子，凶暴地对同伴们发动攻击。它们通常会选择容易打败的目标下手，也就是那些身边没有父母或其他盟友，无力反抗的个体。

母系干预并不等于绝对的成功。密歇根州立大学的鬣狗研究专家凯·霍尔坎普（Kay Holekamp）告诉我们，有些年轻的雌性个体生来便属于高等级，但"缺两把刷子"，担不起责任。这种情况下，不管母亲再怎么尽责，这些个体也无法继承母亲的地位。但这不意味着它们必须离开群体，或者沦落到群体底层。通常它们会在中层舒适地生活，既不需要消耗精力来表现自己的优势地位，也可以享受群体捕猎的成果，并免受掠食者攻击。[9]

母系干预
maternal intervention

为了帮助子代在群体中获得更高的地位，母亲所做出的行为。

随着母亲看着子女逐渐能够接手事务，它们自己开始放手，仅在必要时为后代提供后援。与此同时，母亲们开始招募其他成年个体，协助其进入青少年时期的子女战斗。一只孤立无援的年轻鬣狗试图对抗一只敌对的幼崽时，如果对方有强势母亲和成年盟友的支援，那么前者往往毫无胜算。这位挑战者往往会遭受**失败者效应**。这一过程中，社会性失败会引发更多的社会性失败。[10]最终，失败的幼崽甚至会不再敢尝试挑战高等级幼崽。我们在第9章中会更详细地探讨这一点。

失败者效应
loser effect

在一场竞争中失败的动物更有可能在下一场竞争中也失败。与降低竞争力相关的特定大脑变化促进了这种倾向。

在母亲的成年盟友支持下，天生地位高的雄性鬣狗学会了霸凌同辈，它面临的下一关是如何用相同的方式让低等级的成年鬣狗尊重自己。同样，还是母亲做表率，激励并支持鬣狗女儿主动挑选目标发起攻击。久而久之，这些被攻击的低等级成年鬣狗以及家族中目睹这一切的其他成员就懂得了：即使有年龄、阅历和体格优势，它们所处的等级仍低于那个有特权的女儿。最终，即便母亲不在场，其他群体成员也会对它的女儿礼遇有加。

剑桥大学的行为学家蒂姆·克拉顿-布罗克（Tim Clutton-Brock）给我们讲了一个灵长动物训练这一能力的鲜活例子。[11] 他描述了一只低等级的雌性斯里兰卡猕猴外出在森林中寻找果实的情景。当这只猕猴正把找到的食物塞进嘴里的时候，一只高等级猕猴的女儿突然坐到它面前。这是一只比它年轻、体格比它小的小猕猴，这只小猕猴将瓜子伸向它的嘴唇，抓住它的下唇，一把拉开，然后把爪子伸进它嘴里，把嚼了一半的水果抠了出来。这只成年猕猴毫无反抗，它意识到自己地位较低，必须屈从于这个有优势血统的幼崽，否则会受到惩罚。而那位处于优势地位的母亲正坐在50米开外的一棵树上观看，确保这场袭击按计划进展。

母系干预并不只见于哺乳动物社会，也并非都是攻击性的或充斥着躯体暴力。哺乳动物、鸟类和鱼类的亲代都会送礼给社群里能够帮助自己后代的成年个体。这些礼物可以是字面上的"物"，比如食物，也可以是行为方面的，比如替对方理毛或清洗。比如，生活在珊瑚礁中的裂唇鱼（清洁工濑鱼）社会中，地位低的个体会吃掉其他个体身上的寄生虫。再如，地位低的狒狒会在地位高的狒狒身上轻咬或拨弄，这种示好行为可以巩固或提升自己后代的社会地位。

对史林克这样的青少年鬣狗来说，母系等级继承和母系干预是一剂"苦药"。其他物种的成员，包括人类自己，终其一生都被迫吞下这种苦药。无论你有多么优秀、聪明、强壮或者有所准备，当你发现自己和一个高等级后代对抗时，注定要打一场非常艰苦的战斗。高等级鬣狗的女儿们拥有你可能看不见的优势：它们营养好，拥有更强大的免疫系统。它们从小就被训练去索取自己想要的东西，因而更有攻击性，习惯了为所欲为。它们拥有更多的机会，犯错误时也受到了更多的保护。而且，它们的父母通常从它们很小时，就明确训练它们如何霸凌别的个体，如何避免被打败。

自然界中其他动物也是一样。在鱼类、爬行动物、鸟类和哺乳动物的社会中都能见到享有特权的个体。它们拥有与生俱来的优势，行事有恃无恐。野蛮成长时期是这些行为显现出来的时期，每个个体在青少年时期表现出来的本性则受到它继承的优势的重大影响。

人类在婴儿期和儿童早期这两个阶段，阶层尚不明显。但儿童进入青少年时期后，阶层、等级、地位、位置就变得明显起来。成年人的世界对出身不好的个体总是不友好的，这是年轻人面临的重大挑战之一。理解自然世界中的特权有助于理解我们人类自己世界中的特权。

领地继承

领地继承
territory inheritance

动物子代从亲代那里继承领地的过程，常见于多种脊椎动物。

动物世界中的特权也可能表现为**领地继承**，这对于任何幸运的动物来说都是一种强大的助力。和人类中的统治者一样，占优势地位的河狸通常出身于富裕的家庭，其父母能够占据安全、资源丰富的领地，当父母去世时子女将继承它们的领地，包括所有的水坝和该领地上面的其他建筑。[12] 鼠兔、赤狐、灌丛鸦的后代也会在父母去世时继承领地。[13] 乐于奉献的红松鼠母亲则会将全部领地留给青少年后代，接着自己在进入中年时踏上旅途，寻找另外的生活地点。[14] 如果后代得到领地却还没有能力保卫它们，那么父母中的一方通常会持续保卫领地，直到后代足够强大为止。

自然界中不存在公平的竞技场，从古到今动物特权随处可见：特权野牛、特权鸟类、特权熊，蜂群中位于上等阶层的特权昆虫，居于更温暖、更安全、更舒适的海滨岩礁基床上的特权牡蛎。田野里甚至会长出特权郁金香，它们生长在光照更充足、更潮湿的地方，是实力强大的郁金香"父母"的后代。在树林深处，树脚下长着特权松露，它们的亲戚和附近的其他真菌会"怨恨"或"觊觎"它们安逸的生活。

显微镜下的世界甚至也受到特权的影响。一些细胞个体会比其他个体更具优势。例如，在如铅笔上橡皮头大小的一处恶性肿瘤中，几十亿个细胞为了资源而互相竞争。如同燕群中的个体一样，肿瘤中的每个细胞都具有独特优势和劣势。一些细胞能得到更多的血液供应，并利用这一点疯狂繁殖。一些细胞处于肿瘤中央较安全的区域，不在化学疗法或免疫疗法的作用范围内。还有一些细胞在发育早期就受到压力，另一些则起步顺利。一种假说是这样解释为何癌症会转移的：那些被剥夺了资源、处境更绝望的癌细胞会离开它们发源的肿瘤，去别处资源更丰富、更安全的部位碰碰运气。也可能，它们受到会"掠食"的 T 细胞侵扰，溜之大吉，在人体里游荡，在远离最初癌变的区域建立居住地。[15]

另外，与人类一样，动物的不同群体之间也存在特权的差异，而这仅仅基于群体的出生地点的不同。可以说环境可能比家世更能决定命运。例如，如果一群普普通通的鬣狗组成的地位卑微的群体生活在植物茂盛、食物充足、罕有狮子的环境中，而由最强壮、最聪明的鬣狗组成的家族却生活在干旱、贫瘠或有人偷猎的地区，那么前者很可能比后者的情况好许多。

即使史林克处于弱势地位，相对恩戈罗恩戈罗火山口之外的鬣狗同类来说，它也算有特权了。在大多数鬣狗家族里，当一对双胞胎降生时，其中一只会死死地占据能获取的食物，以致另一只被饿死。不过，这在恩戈罗恩戈罗火山口处不会发生。一年中的多个月份里，恩戈罗恩戈罗火山口都有充足的食物。[16]一项研究计算出，这里每平方公里有 219 只可捕食的猎物，这是一个庞大的数字。在这附近的塞伦盖蒂草原，鬣狗们不得不为了争夺每平方公里区区 3.3 只可捕食的猎物而殊死搏斗。生存就这样与环境特权息息相关。在塞伦盖蒂草原，双胞胎中的两只很少都能存活，而在恩戈罗恩戈罗火山口，它们却可以。根据赫纳的研究，比双胞胎更稀少的三胞胎都能在恩戈罗恩戈罗火山口处生存。从这个角度来说，史林克仅仅是出生在那里便拥有了特权。

客观看待特权

人类特权的动物根源无所不在，如果我们知道如何辨认这些痕迹，就会发现我们对它们已经司空见惯。从演化角度来说，这是有道理的。亲代动物希望自己的后代拥有优势，能获得更多的资源、生活得更安全，从而增加它们生存和繁衍的机会。一些动物拥有与生俱来的优势，一些则没有，生活中处处都体现着这种差异。

在人类社会中，人们总是认为自己是崇尚付出的，我们会告诉青少年，勤劳努力才会得到好的结果。但在大学的传统招生、实习和应聘工作、结交权贵等方面，我们看到的都是特权阶层发展出更多的特权。对于全世界的年轻人来说，他们的健康、所处环境和家庭条件，财富、种族和性别，这些因素远比他们的努力更能改变命运。特权对青少年生活的影响远不止于此。是否拥有特权还决定了青少年是否生活贫困，是否能用清洁的水，是否有人身安全的保证，是否能获得生育保健。特权也会影响受教育的机会和职业机遇。

从癌细胞到野生动物各自的生命史，特权在自然界中有着广泛影响，但这不是人们赞同或支持将人分为三六九等的理由。相反，虽然特权的动物根源初看起来可能令人不适甚至消沉，但这些起源对现代人类有重要的启示。

人们往往认为，某些物种的等级完全是由搏斗的胜负决定的。[17]但其实获胜的动物通常是带着多代传承下来的种种优势来到竞技场的。不明实情的观众也许会认为这是一场同辈间的公平竞争。但其实暗藏其中的特权会直接影响胜负。认识到自然界中特权的隐性力量，同样有助于我们理解它对年轻人生活的巨大影响。野蛮成长期中频繁的竞争和考验似乎是由这一时期动物迅速成长的各种技能决定的。但考虑到特权这一万物固有的基本现象，事情就复杂了。

正如人们制造飞机，需要先理解万有引力定律；开发抗感染的抗生素，必须先研究病原生物的感染方式。如果我们要成功地建设公正社会，那么关键的一步是揭示并理解自然界中的特权现象。

自然界中的特权固然强大，但也并非总是青少年命运的决定因素。正如前文所述，当环境由于天气、疾病暴发或其他意外事件而发生改变时，某些个体的劣势可能转变成优势。当青少年和年轻个体面临特权带来的困难时，与其坐以待毙，不如主动出击。对于某些个体而言，改变环境可能是一种不错的做法。

赫纳告诉我们，低等级的斑鬣狗可以比高等级个体更容易离开一个群体并在其他地方重新生活。事实上，它们早期经历的磨难使它们比高等级个体更有韧性。对猫鼬和野生豚鼠的研究也表明，青少年时期的逆境实际上促进了它们的创新能力和坚韧品格。[18]在鬣狗的例子里，由于高等级雌性鬣狗更容易持续得到食物，它们通常会留在家中，不太会迁居他乡。然而，低等级的雌性和雄性鬣狗会更多地去住所范围外的地方活动，当一处新领地开放时，它们便会首先得知，正如赫纳所说：

> 我们见过有些低等级的雌性鬣狗去一片新的空地后生活得非常成功。其实在完好的生态系统中，不太会发生一片区域空闲下来这种事情，但也不是没有可能，比如疾病暴发或是别的什么缘故。有一次在肯尼亚，一个鬣狗家族整个都被偷猎分子毒死了，于是那整片地域都完全空了出来。然后有些低等级的雌性鬣狗搬了过去，过得很开心，比待在原生家族领地里过的日子舒服多了。

出生地、资源、家庭关系对所有动物的生活都有重大影响，但这些因素不总是能够决定命运。早期的艰难处境并不总是致命的，还能培养动物优秀的品质。年轻个体可以建立新的联盟，竞争中可以赢得胜利，可以改变所处的环境，从而让自己活得更好。它们如果意志坚定、熟悉特权运作的原理，又足够幸运的话，就可以将自己的生活改造得与出生时截然不同。

当然，这绝非轻而易举的事，史林克也马上会认识到这一点。

第 **9** 章

被排挤的痛苦

　　有一项研究发现，在 20 世纪 50 年代的美国，有 5 个人陷入了极度抑郁，其中包括一个寡妇、一个退休警察、一个公司主管、一个家庭主妇和一个大学教授。[1] 在当时的美国经历抑郁并不是什么不同寻常的事，但这 5 个人的医学状况显示，他们的抑郁症与心理健康无关。他们是在接受高血压治疗期间，陷入抑郁的，而且都在服用利血平（reserpine）这种药物。利血平会通过降低单胺类神经递质的水平达到降低血压的目的，但这种降低单胺类递质水平的方式似乎也使得这 5 个患者的情绪变得低落。《新英格兰医学杂志》（*New England Journal of Medicine*）报告这些病例的问题时也指出，当患者停止服用利血平，他们的抑郁症状就会得到缓解，情绪恢复正常。这项研究引发了一个虽然并非全然正确但非常有影响力的单胺假说：抑郁症是由低水平的单胺类神经递质造成的，或至少与之相关。[2]

　　在之后的 60 年里，多项研究都对抑郁症与单胺类神经递质的关系进行了进一步的考察和改进，但最基本的结论仍然是：尽管抑郁症很复杂，不能简化为单组分子的作用，但很明显在影响人类情绪的诸多因素中，单胺类物质扮演着重要角色。最有名的单胺类物质是 **5- 羟色胺**，又叫血清素，会受 5- 羟色胺选择性重摄取抑制

5- 羟色胺
serotonin

一种与包含控制情绪状态在内的大脑机制相关的化学物质。

剂（SSRI）的药物调控。[3] 这类抗抑郁药物包括百忧解（Prozac）、塞莱卡（Celexa）、来士普（Lexapro）、帕西林（Paxil）和舍曲林（Zoloft）等。如今，人们仍然在使用这些药物的原因是有证据表明，提高人类大脑某些部分的 5- 羟色胺水平有可能改善情绪。

　　现在让我们考虑一下另外一种来自动物行为领域的知识。当龙虾刚出生时，这个自由游动的幼体，怎么看都不像是有朝一日会长成巨螯战士的样子。[4] 但不到 3 个月，它就逐渐长成了成年形态的少年版。接下来的几年里，它们越长越大，青少年龙虾学会隐藏自己。6 ～ 8 岁时，它们就已经接近成年体型。此时，龙虾就像鬣狗和人类一样开始自行分级。如同小鸡建立啄食顺序一样，野生龙虾的等级制度很少是通过争斗建立起来的。龙虾能通过观察其他龙虾的行为和嗅闻它们的尿液，来辨认并记住谁在它之上，谁在它之下。高等级龙虾会用腿和触须攻击低等级龙虾，将它们逐出洞穴，而低等级龙虾则顺从地翻着尾巴撤退。龙虾是种古老的动物，约在 3.6 亿年前，地球上大火肆虐的世代，龙虾的祖先就出现了。即使过了这么多年，它们依然在为地位而战。

　　但是有一种物质有能力改变这一切。科学家们研究了这些甲壳动物间的等级关系，他们发现，如果给等级较低的挪威龙虾这种物质，它们便不太会展现低等级龙虾的典型行为。[5] 当受到挑战时，它们也不再退缩，反而更愿意勇敢战斗，而这在低等级龙虾中并不常见。它们甚至会摆出高级别龙虾才有的姿态，即最典型的"虾尾散"（meral spread），这是一种具有威胁性的姿势，它们会抬起前半身，示威般地挥舞着大螯。事实上，除了新增加了这种物质，龙虾们所处的环境没有任何变化，但它们表现出的样子仿佛不再是低等级的龙虾。

　　一项对小龙虾的类似研究也得出了同样的结论：当给予低等级小龙虾这种物质时，它们不再退缩，而是恐吓或战斗。[6] 这种行为表明它们的地位在上升。它们并不需要实际的战斗和获胜，它们的姿态和行为足以确立支配地位。小龙虾的同龄伙伴们对待它们的后代也好像它们地位真的得到了提升一样。等级认知变成了等级现实。在鱼类和哺乳动物身上我们也可以看到这一现象：用这种物质治疗后，低等级的动物会表现出高等级动物的行为方式，它们的同伴也因此开始像对待高等级个体那样对待它们。

当然，这种物质就是 5- 羟色胺。5- 羟色胺会影响动物大脑中处理社会等级尤其是关于地位升降的功能。同样，它对人类情绪的起伏也起着关键作用。把这两种结论放在一起，我们能够看到动物行为学家和人类精神病学家的工作之间有个重要的联系，即情绪调节和动物地位之间存在某种联系。

无助和绝望

正如我们所看到的，社会地位下行对社会性动物来说十分普遍，因为没有任何个体能永远站在高位。我们已经知道社会脑网络和传递性等级推理这样的大脑系统是如何检测地位的变化，并发送神经化学信息（地位信号）促使动物做出增加生存机会的行为的。但这些信号究竟"感觉"如何？非人类动物不可能告诉我们。但科学家通过观察低等动物的行为发现，如果这些动物能说话，它们很可能会说"感觉一点也不好"。

20 世纪初，托里弗·谢尔德鲁普 - 埃贝在做鸟类观察报告时，用拟人化和客观观察自由结合的写法，将从"无限权威"的支配地位上跌落的鸟们描述为"精神上极度压抑、低声下气、翅膀下垂、头也垂在尘土中"。这些被"废黜"的鸟类"虽然身体没有任何损伤，但却像瘫痪了似的"。[7] 谢尔德鲁普 - 埃贝进一步指出，如果这只鸟"长期以来一直是绝对的统治者"，这种反应就会更严重，这种极端的社会地位下行"几乎是致命的"。

其他鸟类学家也证实了这一发现。20 世纪英国动物学家温 - 爱德华（V. C. Wynne-Edwards）观察到苏格兰红松鸡在与其他红松鸡争夺领地的比赛中失败后，地位一落千丈的它会"闷闷不乐，甚至郁闷而死"。[8]在人类社会中，这些鸟的表现就是抑郁症。而它们抑郁的导火索正是社会地位的下行。

40年前，比利时鸟类学家同时也是精神病医生的阿尔伯特·德马雷特（Albert Demaret）认为，他的患者和他喜欢研究的鸟类在行为上具有相似之处。他注意到，有领地的鸟骄傲地昂首阔步的样子，使他想起了那些情绪高昂的患者狂妄自大的样子，而另一些抑郁症患者表现得更像是潜藏在他者领地上的鸟。这类鸟躲躲闪闪、扭扭捏捏、安静本分，不敢高声歌唱。[9]

虽然我们不可能询问这些鸟从令人垂涎的特权位置跌落，又被排挤到危险边缘有何感受，我们同样也无法询问鱼、蜥蜴或非人类哺乳动物。

但我们可以问问人类。被辱骂、羞辱，蒙受经济损失，失恋等种种会降低地位的事情使我们伤心难过、情绪低落。仅仅想到一个可能令人尴尬的评论或情形就够让人难受一阵了。在遭受地位下降的极端案例中，痛苦可能严重到致使一些人为了减轻痛苦采取极端措施，比如滥用药物和自残。

人类生活中的情感体验可能是我们人类独有的，情感大脑却不是人类独有的。驱动人类情感的许多大脑活动过程和化学物质，很多同样拥有大脑奖励系统的物种也有。我们与它们共享这些奖励机制。这一机制依靠典型的恩威并施的方式工作。简单地说，当我们做了利于生存的行为时，就会产生快感。我们的身体释放出诸如多巴胺、5-羟色胺、催产素和内啡肽等神经化学物质来告诉我们："做得好！你刚做了正确的事。继续这样做，就会有更美妙的感觉。"[10]

反过来说，低落的情绪是由一大堆有毒的神经化学物质造成的，如皮质醇和肾上腺素。产生快感的神经递质的消退，会令不愉快的感觉变得更糟。其他动物的感受我们无从得知，也可能永远不会知道。但在我们人类中，我们称这些感受为情绪低落，或者悲伤。这种化学性的惩戒能激励动物规范行为，从而做出能够恢复并提升地位的事。

总而言之，地位提升增加了动物生存的机会。当动物地位上升时，反过来又会得到化学物质的鼓励。简言之，地位上升产生快感。

地位下降则相反，这降低了动物生存的机会。当动物地位下降时，它们会受到化学物质的惩罚。简而言之就是地位下降产生痛苦。

对蜥蜴、蓝斑虾虎鱼、龙虾、小龙虾、虹鳟鱼等物种的地位和5-羟色胺关系的新近研究，尤其更多有关5-羟色胺和地位关系的研究还表明了另一种可能性：5-羟色胺的水平不能控制动物的情绪。[11] 5-羟色胺和其他神经递质交织在一起，是动物地位改变的信号。

从地位－情绪联结的角度来看，我们能够更好地理解青少年和年轻人的行为、情绪波动、焦虑和抑郁。对于青少年和年轻人来说，公开羞辱和其他形式的社会地位下行甚至会增加他们自杀的可能性。失去地位等级确实很痛苦，年轻时生活在社会底层的感受也是如此。

在野蛮成长期，青少年对社会地位越来越敏感，对社会困境的体验也越来越多，这可能会使他们患上抑郁症。[12] 社会性疼痛是极其痛苦的，不可轻视。因此，若是奇怪青少年为什么如此在意别人的想法，不仅显得冷漠，还很无知。因为作为一种社会性动物，无论是人、鬣狗还是龙虾，在青少年时期，个体最为关注的一定是通过蛛丝马迹了解自身的社会阶层，密切关注从中能学习到什么。当社会地位转变时，体会时而兴奋时而痛苦的强烈感受。

社会性疼痛

社会性疼痛
social pain

在被社会排斥或社会地位下行后产生的不愉快的感受。

这种伴随着社会地位下行产生的不愉快感受，我们称为**社会性疼痛**。加州大学洛杉矶分校的神经学家娜奥米·艾森伯格（Naomi Eisenberger）对这种现象进行了广泛的研究。她的研究主要关注人被排斥时，生理疼痛与情感痛苦之间有何关联。

在一项研究中，她的团队让青少年玩一种模拟社会排斥的网络游戏，并对其进行了脑成像研究。[13] 结果表明，身体疼痛和社会性疼痛的神经通路是一致的，且面对社会排斥时，青少年感觉尤其痛苦，但父母却感受不到这些。因此，青少年时期的孩子们可能会做一些父母无法理解的事情，因为被群体排除在外太痛苦了。

艾森伯格还将社会性疼痛与阿片类药物成瘾和过量用药联系起来。[14] 尤其值得注意的是，药物使用和滥用是青少年和年轻人最主要的健康风险之一，通常始于青少年刚开始进入高风险的社会等级排序的竞技场时。[15] 当青少年的社会脑网络对社会地位下行和社会性疼痛最为敏感时，他们可能会使用麻醉品，从而抑制社会性疼痛。

在另一项相关的研究中，艾森伯格也指出，对乙酰氨基酚① 不仅能缓解身体疼痛，还能缓解社会性疼痛。[16] 磁共振成像（MRI）显示，社会性疼痛与身体疼痛所激活的大脑区域和通路基本相同。对乙酰氨基酚减轻疼痛的方法之一是通过激活 μ 型阿片受体，从而对大麻中的活性分子 THC 做出反应。

除了用药物来减轻社会性疼痛之外，吸烟和喝酒则是让青少年感觉自己地位提高的又一方式。因为吸烟在群体中通常代表这个人年龄较大，如

---

① 一种可以替代阿司匹林的解热镇痛药品，美国最常见的品牌是泰诺。——译者注

前文所说，社会等级制度往往更青睐年长的群体成员。

考虑到社会地位下行造成的社会性疼痛，关心青少年的成年人可以考虑公开谈论社会地位。阶层和地位深深植根于我们的进化史中，同时也困扰着许多青少年。因此，询问受欢迎程度和友谊的问题可能比直接询问情绪问题更容易获得有关社会性疼痛的信息。

目标动物

在公共巢穴里待了大约 8 个月后，史林克与它的孪生姐姐、梅里格什王子和其他同伴进入了下一个更为独立的发展阶段。它们开始自己寻找食物，并与族群中的其他成年鬣狗建立联系。你可能会认为，随着青少年鬣狗年纪渐长，鬣狗在确定自己等级的过程中会拥有一点自主权，但恰恰相反，这是一个母系干预变得更加激烈的时刻。

即使孩子已经长大到可以自己战斗了，高等级的母亲仍会继续干预后代之间的冲突。[17] 为了让自己的儿女先享用猎物，占支配地位的雌性鬣狗会把下级鬣狗推到一边。子女在与年长的鬣狗打架时，它们也会冲到子女的身边，帮助它们获胜。

玛芙塔女王的母系干预确保了梅里格什得到了想要的一切。梅里格什吃得好，睡得好，还交到了最受欢迎的朋友，从根本上避免了可怕的失败者效应。失败者效应是鬣狗妈妈本能就知道可怕的事。一旦胜利者获胜，它往往会继续获胜；同样地，一旦输了，失败往往也会不断重复上演。因此，训练青少年巩固地位的一种方法便是促进**胜利者效应**的形成，同时避免失败者效应的出现。

胜利者效应
winner effect

在一场争斗中获胜的动物更有可能在下一场争斗中也获胜，与增加竞争力相关的特定大脑变化促进了这种倾向。

目标动物
target animal

被挑选出来受霸凌
的动物个体，通常
是低等级或不合群
的个体。

这种能力是一点一点培养起来的。在这个过程中，青少年很容易成为所谓的**目标动物**，即一个被支配者选中的霸凌目标。[18] 由于生理或行为上的差异，低等级的青少年尤其可能最先被选中。如果没有盟友来帮忙，这些低等级的青少年几乎是无法逃脱被霸凌的命运的。被盯上的青少年会经历频繁、有时甚至是残酷无情的社会性失败。

科学家们研究了老鼠的社会性失败。[19] 结果发现，失败的战斗使它们在随后的战斗中不再那么咄咄逼人，更容易失败。随着时间的推移，失败者效应导致低等级动物彻底放弃。连同等级的动物，它们都不会与之交战或社交。有关龙虾的研究也得出类似的结果。[20]

成为霸凌目标会让像史林克这样低等级的青少年心惊胆战，时刻处于危险之中。没有地位，它们就不可能交朋友；但没有朋友，它们又很难提升或保持地位。一只 13 岁高龄的低等级鬣狗可能会说"我很抑郁"。

对人类而言，严重抑郁的青少年和年轻人常常找不到生活的价值，无助又无望。[21] 对此，他们又无能为力。这种现象实际上就是我们在鱼类、鸟类、哺乳动物和甲壳动物群体中发现的失败者效应。

和人类一样，如果接连遭遇社会性失败的龙虾和鬣狗能用语言表达自我感受，它们可能会用"地位卑微，没有价值感""没有同伴，孤立无援""永远不可能获胜的绝望"之类的描述。

《精神障碍诊断与统计手册》(*Diagnostic and Statistical Manual*)中关于重度抑郁症的判定标准之一是价值感的缺失，其他关于抑郁症的资料都提到了绝望。[22] 鸟类也是如此。1935 年，谢尔德鲁普 - 埃贝将处在从属地位的鸟类的状态描述为"绝望下的麻木"，而占支配地位的鸟类则是"奢靡后的餍足"。[23]

青少年和年轻人不像成年人那样能够从极端有害的等级制度中抽身，他们常常困在其中。从法律上讲，他们必须去上学，可在学校里他们会被嘲笑或欺负。而从社会和经济的角度讲，他们不得不与社区和家庭联结在一起，但在这些地方，他们又常常被忽视。青少年可真是无处可逃，或者至少他们是这样感觉的。

有的青少年或年轻人虽然看上去过得不错，但他们仍然会陷入悲伤，甚至是真正的抑郁。一个人内在的自我感知很可能与其他人的看法大不相同。青少年时期的社会经验形成了个体对自身地位的认知，这种认知有时会延续到成年生活中。即使在成年后他们取得了生活上的成功，幸福感也会被青少年时期社会性失败的持久影响削弱。

然而，一些行为似乎确实会引起动物等级制度的转变。这应该引起家长、教师、心理健康专家和孩子们自身的兴趣。在一项有关阶层稳定性的实验中，科学家们把一部分鱼类或猴子个体从原生的群体中分离出去，过一段时间再将它们放回，科学家们发现这可能会导致社群的重新排序，即社会阶层的重新洗牌。[24] 人类社会中的类似情况可能是学生经过一个暑假，返校后发现自己在这个群体中的等级位置变了。这对一个挣扎在群体底层的青少年来说是有益的，因为当他回来时，会发现自己处于一个更好的位置了。但与此同时，那些错过集体活动的青少年有时会被排挤到最底层。几乎所有有过这种经历的人都可以证实这一点。

此外，物理空间的扩大有时也会打散固定的阶层结构。2014 年夏末，我们去萨斯喀彻温省旅游，在阿尔伯特亲王国家公园的开阔牧场上度过了一个夏天，我们有机会观察到一群加拿大野牛被带进了一个大畜栏。我们穿行于这群巨大而美丽的动物之中，听着它们低沉的呻吟，艰难地穿过一片泥泞的围场。突然，它们都开始向水槽走去，安静而顺从地排成一行。

他们在水槽边喝水的顺序并不是随机排列的。而是由占优势地位的野牛先喝，然后按照阶层顺序依次进行。这种线性的且不是经过暴力斗争形成的等级顺序，我们在参观兽医学校和奶牛场时也见到了。在那里，成群的奶牛朝挤奶台走去，先行的总是专横的霸主们。

照料萨斯喀彻温野牛的兽医告诉我们，只有在每年天气转凉，动物们被关在高棚时，饮水阶层才会出现。[25] 然而到了春天，在国家公园广阔的土地上，等级制度不再一成不变。不同等级阶层的牛也会同饮一湖水。看来，打散一个严格的等级制度可能和走出家门一样简单。关键是，当资源稀缺时，等级制度就会变得僵化起来。因此，拥有足够的个人空间是一种宝贵的资源。

但是，即使物理空间可以得到改善，青少年也成功逃离了有害群体，但低阶层的自我认知仍会徘徊不散。学龄儿童自我评估的等级通常是准确的，但对患有抑郁症的青少年的研究表明，他们对自己地位的认知远远低于同龄人的看法。[26] 他们中的许多人在心底里都认为自己处于等级制度的末端。失败者效应可能始于与另一个人的实际较量，但它会一直留存于失败者的脑海中，甚至在尝试之前就感到被打败了。失败者效应创造了一种身份认同、一个持久印记。这种影响在野蛮成长期尤其强烈，因为这是一段激烈的等级制度被建立、社会实验开始和大脑被重组的时期。

感觉像个失败者：霸凌

霸凌
bullying

对其他个体做出的重复且具有攻击性的行为。

霸凌是青少年抑郁最常见的触发因素之一。多项研究表明，被霸凌与抑郁或焦虑之间有着密切的联系。[27] 2005 年的一项研究比较了 28 个国家的 11 岁、13 岁和 15 岁青少年受霸凌的情况。[28] 结果显示，数据差异很大，其中立陶宛男孩的受霸凌率最高，瑞典女孩的受霸凌率最低。美国国立卫生研究院（NIH）的数据显示，美国 9 ～ 12 年级的学生中，约有 20% 的人报告称自己是霸凌受害者。[29] 该研究院成立了一个专门的反霸凌小组，作为其青少年健康特别工作组的一部分。根据该研究院的定义，霸凌是"对另一个人或群体不必要的攻击行为"。它可以是身体上的，比如拳打脚踢和推搡，也可以是行为上的，比如偷藏、盗窃和损坏别人的财物。霸凌也可以是口头言语上的，比如辱骂、戏弄、散布谣言或谎言。霸凌还可以是强制性的，比如拒绝与某人交谈或让他们感到被冷落，或是间接的，比如鼓励其他人霸凌某人。

尽管在过去 10 年里我们对霸凌有了很多了解，但如果不研究它是如何作用于动物身上的，恐怕我们也无法完全理解人类霸凌行为的复杂性。[30]我们发现，将动物行为学家长期以来对其他物种等级制度的认识应用于理解人类行为上，可以加强我们对霸凌行为的思考，甚至有可能对霸凌行为进行干预。在跨学科的研究中，我们在动物身上发现三种与人类行为相关的霸凌行为，分别是支配性霸凌、从众性霸凌和转移性霸凌。

◎ 支配性霸凌

动物霸凌的主要原因几乎都是为了提升和保持地位。高等级的动物急迫地想要维持自己的等级。它们的霸凌行为是一种**支配性表现**，是在社群面前的公开表演，其目的是重申霸凌者的高地位。还记得吗，地位是一种认知，需要他人的认可来获得并保持，因此霸凌者需要观众。如果旁观者认可个体或团体的支配性表现，霸凌者就会继续占据优势地位。而通常情况下，旁观者都会认可。

霸凌者会仔细挑选受害者。它们不会挑选同龄人或势力相当的竞争对手，而是去故意刁难低等级的个体。相比动物，人类的支配性霸凌存在一个最大的不同：人类的攻击不一定是身体上的，羞辱造成的精神伤害和威胁造成的恐惧可能才是人类霸凌者的武器。

支配性霸凌
dominance bullying

为了彰显和强化自己的高地位以及权力，处于群体高等级的个体对处于群体低等级的个体做出的重复性的、攻击性的行为。

支配性表现
dominance displays

部分个体为了彰显或强化自己在群体中的高于其他个体的地位而做出的行为或发出的行为信号。

正如我们之前在鬣狗、灵长动物身上所看到的那样，不管雄性还是雌性，这些支配性霸凌者有时是由霸凌父母培养出来的。它们从小就被训练如何攫取权力。如果有其他个体反抗，它们就会威胁、咆哮或反应过激。这种早期的霸凌学习是可以自我强化的：一个动物的行为越霸道，它就越会被认为是较高等级的。攻击目标动物不仅为年轻的霸凌者提供了实践经验，也为群体的其他个体提供了教育平台。它们能亲眼看到自己与这个正在崛起的年轻精英者相比，地位是如何下行的。

观众效应
audience effect

其他群体成员的关注影响动物个体的行为表现，特别是在支配性表现和支配性霸凌中。

支配性霸凌者令人害怕又不可预测，因为它们需要不断展示自己的力量。如果群体没有给它们足够的关注，霸凌者会毫不犹豫地惩罚一名弱小者，以图从**观众效应**中获利，类似杀鸡儆猴。

如果没有社群支持，部落或族群里的跨代霸凌统治很难被根除。但更值得关注的是，有时社群的行为方式反而使得遗传式霸凌得以延续。例如，年龄偏大的低等级动物，通常会结成联盟，它们渴望得到处于支配地位族群的欢心，有时会通过做苦活或者故意刁难同等地位但年少的成员来博得认可。而大部分旁观者也不愿与霸凌者对抗，一个原因是它们害怕自己成为霸凌目标。但也有可能是被霸凌个体身上某种与众不同的特性给群体招致危险并拉低群体地位。因此，旁观者不愿干预也可能出于回避异常个体以及避免受奇异效应牵连的考虑。

◎ **从众性霸凌**

我们好奇，史林克的低等级地位是否受到了它那只"特殊"耳朵的影响，那只弯曲的耳朵使它看起来和其他鬣狗有点不同。我们就这一问题问了赫纳。他说，史林克"特殊"的耳朵对它在群体中的地位肯定没有影响，但或许会影响它的个性甚至听力。但由于还没有相关研究，所以他不能确认。不过，令我们没想到的是，赫纳确实说过他发现鬣狗的地位等级和耳朵的状况之间存在某种关联。他告诉我们："最高等级的雌性鬣狗的耳朵比低等级的鬣狗要好得多。"他解释说，鬣狗在打架时会去抓对方的耳朵，在战斗中耳朵被撕碎或完全咬掉并不罕见。在关键时刻，鬣狗如果不能及时用耳朵来表达屈服的话，会陷入危险的窘况。赫纳也提到，他还发现了鬣狗耳朵上的伤痕数量和地位等级之间存在相关性，但并不是因果关系。

处于支配地位的动物会选择霸凌外表与众不同的目标动物，人类也一样。基于外表的霸凌在人类青少年中普遍存在，他们会排斥、羞辱和回避在某些身体或行为方面异常的个体。非营利组织 YouthTruth 发布的 2018 年报告显示，40% 的中学生表示自己受到过霸凌，其中基于外表的霸凌最为常见。[31] 通常这种霸凌是支配者试图维持权力和地位的方式。

但也有另一种类型的霸凌将异常个体作为靶子，即**从众性霸凌**。从众性霸凌者惯用社会排斥作为他们威胁的武器。这一类型的霸凌在根本目的上不同于支配性霸凌。从众性霸凌者并不是想要通过霸凌他人来展示和提升自己的地位，而是试图通过消除异于常态的个体来保护自己和群体。因为与"古怪"的成员在一起会引起不必要的注意。

从众性霸凌
conformer bullying

为了避免可能对群体造成的潜在危险，以及避免吸引外界对群体产生不必要且有危害的关注，群体内成员对外表或行为异于常态的同伴做出的重复性、攻击性的行为。

与支配行为一样，从众有着强大而古老的进化基础。正如我们在第一部分中所看到的那样，如果鱼群、鸟群和哺乳动物群中有外貌或行为异常的成员，整个群体将面临更大的被捕食危险。你可能还记得，奇异效应是群体对某个奇异成员的回避，源于反捕食行为。当动物身处于颜色奇怪或行为古怪的其他个体旁边时，会尤其危险。它们可能会意识到，远离奇异动物是关乎生死存亡的事情，它们害怕仅仅只是靠近，自己就会成为容易被攻击的目标。

同样作为群居动物，人类和羊、牛或鱼一样，也具备其他群居动物的某些行为特征。奇异效应可能会导致从众性霸凌行为，因为个体总是试图逃避那些会给他们带来社会地位下行风险的人。

异类化
othering

个体的差异被群体
中其他个体强调而
导致其被回避或排
斥的过程。

初高中霸凌者可能会利用群体发自本能的从众性偏好，指出目标个体或真实或夸张或捏造出来的不同之处。最常见的就是散布与性有关的谣言。强调目标个体与他人之间的差异，以降低他们的地位，并疏远他们，这一过程被社会学家称为**异类化**。[32] 一旦某个个体被异类化了，大部分人就不太可能支持他们，甚至可能会加入霸凌者的队伍。害怕被异类化又会进一步加剧从众性，这在青少年群体和成年人社会中真实存在。

如同青少年的霸凌行为一样，一些政治领袖会对某些群体贴标签，从而达到异类化的目的。历史上不乏类似的例子，纳粹德国将犹太人描绘成传播斑疹伤寒的害虫，卢旺达胡图人把图西斯人说得像带病蟑螂。[33] 目标群体都被异类化成某种对群体安全的威胁。

◎　**转移性霸凌**

还有一种关于霸凌者的观点认为，这些令人生畏的人实际上本身也是受害者。也许他们缺乏自尊，把自己的沮丧发泄到别人身上。然而，由于大多数的动物霸凌行为都是高等级动物对低等级动物的支配性表现，低等级动物攻击高等级动物的情况非常罕见，我们认为这种作为受害者的霸凌者可能是第三种类型，即**转移性霸凌**。

转移性霸凌
redirection bullying

为了转移攻击性而
产生的受霸凌者对
其他同伴的攻击性
行为。

不同于源于自信的支配性霸凌，转移性霸凌是以焦虑和恐惧为基础的。为了更好地了解它在人类社会中是怎样运作的，我们可以先看看它在狗身上的作用方式。

詹姆斯·哈（James Ha）是华盛顿大学的动物行为学家，也是一名作家，有40多年解读动物行为的经验，帮助客户理解宠物那些令人费解的行为。他告诉我们，宠物狗有时会发起无端的攻击。发动这种无端攻击的往往是那些原本守规矩的狗，不过这类狗都极度焦虑，有被严厉责罚的经历，有时甚至是来自人类家庭成员的惩罚。这些狗很恐惧，尤其是在面对可怕的人类时，有时会吠叫、猛扑和咬人。但这些狗从来都不会攻击它们真正害怕的东西，它们反而会攻击无辜的旁观者，通常是家里最年轻的成员或是一只较小的动物。

当狗常见的焦虑诱因开始积聚，它觉得除了攻击别无选择时，这种攻击性行为会变得更激烈，詹姆斯称这种现象为"诱因叠加"（trigger-stacking）。狗的焦虑诱因可能是常见的烟花或雷声，也可能是难以捉摸的时间或古怪的气味。但随着诱因叠加，狗可能变得越来越焦虑，直到它开始攻击别人。

转移性霸凌者对强迫的适应能力很差，且过于严格的训练加重了它们的恐惧和焦虑，反过来又会使它们的攻击性更强。"我们不惩罚恐惧"是马行为专家罗宾·福斯特（Robin Foster）的一句话，[34] 因为处于恐惧当中的动物不仅不能消化惩罚，而且会加强它们意识中恐惧和攻击之间的联系。尤其是，当转移性霸凌突然出现在敏感的青少年发展窗口期时，它会成为动物应对日常生活焦虑的默认方式。例如，习惯于把恐惧和攻击联系起来的那些狗会错误地认为"如果我害怕的时候表现得咄咄逼人，可怕的事就会消失"。

詹姆斯认为，对狗来说，在发展的关键期，不与同类或人相处、缺乏社会化是形成这种行为的主要因素。[35] 最容易发生焦虑性攻击的狗是那些被安置在收容所的狗，其中最危险的是青少年狗。尤其当它们在那里被另一只狗袭击时，会发展出被詹姆斯称为"犬舍综合征"的症状。这些狗对恐惧的应激性攻击已经根深蒂固，因此很难被领养。在青少年时期被孤立、攻击或严惩的狗，一生都会与行为问题作斗争，很难融入群体生活。如果有药物的帮助和乐观耐心的主人，它们还是有希望康复的，但却永远无法过上真正快乐、平和的生活。

关键在于，如果焦虑开始于发展的关键期，如青少年时期，那么它的影响可能会变得更加严重，会持续得更久、更深，甚至可能导致大脑或基因的改变。

低等级动物的大脑

除了情绪，地位还会影响学习能力。被霸凌的动物不仅地位会下降，还会造成其他方面的损害。一项关于老鼠的研究证明了地位下降是如何影响学习能力的。[36] 研究人员先对 18 只老鼠的迷宫学习能力进行了测试，然后将它们两两关在一起 3 天，结果一只老鼠变成了支配者，另一只变成了从属者。在重新测试时，支配者的能力有所提高，但从属者则相反。出现这种结果，有可能是由于支配者的表现被更高的睾酮水平增强了，也就是我们所说的胜利者效应，或者说处于劣势地位的老鼠的学习能力受到了更高的应激激素水平的损害。无论如何，这一点对于在激烈竞争中努力学习的青少年来说，可能具有重大意义。因为处于劣势地位会影响他们的学习能力和考试成绩。

另一项关于恒河猴的研究显示了地位是怎样干扰才能和学习表现的。[37] 研究人员将猴子分成两组，一组只由高等级母系成员组成，另一组由低等级成员组成，并分别对它们进行测试。首先，它们要从不熟悉的盒子里掏花生，研究人员将评估它们适应环境和学习掏花生的能力。同时，这些彩色盒子有些装的是花生，有些装的是石子，研究人员将评估猴子们做出正确判断的速度和能力，以花生的总回收量为测量标准。

这些猴子是在两种不同条件下接受测试的：一种是在只有同等级的同伴面前；另一种是在等级有高有低的同伴面前。来自高等级家庭的猴子在这两种情况下都表现出色，但低等级猴子在没有高等级猴子存在的情况下才能表现良好。研究人员指出，低等级的猴子可能是在有意抑制自己的表现，是一种有意识的"弱智化"（dumbing down）行为。这可能是经典的从属行为的延伸，有助于弱化冲突和避免支配者的攻击。然而，这种反应很可能也嵌入了我们人类的社会脑中。例如，想想当你与名人或霸凌者共处一室却要集中精力谈话，或当你做脑力任务而竞争对手在旁边一直盯着你看时的感觉。若你曾有过这样的经历，你就能理解这种影响有多大。

对于教育工作者和学生来讲，认识到地位的差异会损害学习能力和学业成绩是至关重要的。例如，小学老师或许可以理解为什么有些小孩明明很聪明，却理解不了某一概念；中学老师也能明白有的学生明明已经学会了，考试时却写不出来。此外，学校里的俱乐部和社团也应该认识到这一点：当俱乐部和社团把不同种族、性别和社会经济水平的人排斥在外时，他们就创造了一种社会等级制度，那些被排斥的群体成员的学习能力、学业成绩和未来的机会都会一并受到影响。

第 **10** 章

盟友的力量

不是每个被霸凌过的青少年都会抑郁，有些人的抗压能力会强一些。对于人类而言，盟友和朋友是缓解压力的重要因素。加州大学洛杉矶分校的青少年霸凌专家亚纳·尤沃宁（Jaana Juvonen）这样说："朋友拥有不可思议的力量。一个孩子哪怕只有一个朋友，他被霸凌的风险都会变低。而且，如果受害者有朋友，他的痛苦也会减轻。"[1]

赫纳证实，在鬣狗的社会中也是如此。他告诉我们："朋友的数量与保持社会地位是强烈相关的。"

史林克幼年缺乏优势，但是在观察到史林克与公共巢穴中其他鬣狗的互动之后，赫纳和他的团队发现了一些有趣的东西。史林克尤其擅长一种叫作"社交同盟行走"的行为。[2] 鬣狗的这种行为类似人类邀请朋友喝咖啡或打篮球。通俗一点说，也可以将这种赢得"鬣狗缘"的行为称为"友谊行走"。

赫纳告诉我们："两个雄性鬣狗相遇，不知怎么或许就达成一致，决定一起到处走走。"赫纳带着笑意，激动地描述了史林克是如何接近另一只雄性，然后两只鬣狗一起小跑起来的场景。它们相互触碰身体，尾巴自信地翘着。每走几米，史林克就会和它的朋友停下来，专心地嗅一嗅草梗，即使它们没有听到或者嗅到任何令它们感兴趣的东西。在友谊行走中嗅探就是鬣狗闲聊的方式，类似人类为了表现得健谈而讨论天气、体育或政治。鬣狗的友谊行走可能持续数小时，期间两只动物经常因这些嗅探而停下来。这种行为在成年的鬣狗中也可以看到。实际上，这是成年鬣狗保持社会关系的主要方式之一。像史林克一样，在青少年时期进行频繁的友谊行走可以使鬣狗在成年后的社会生活中更加轻松。

娴熟的交友技能、维系社交关系的能力和意愿是史林克的一大优势。赫纳尚未研究为什么某些动物比其他动物更容易发起这种行为，同样他也不知道这样的行为是否基于个性、气质或者机遇。但是有一点很明显：在野外学会吸引朋友并保持友谊很重要，而且这种能力并不是自动形成的。青少年必须练习如何结交朋友，反复付出与索取，以此形成依恋关系。没有亲缘联结的伙伴关系尤为重要，而动物练习并获得这种经验的方式是游戏。

游戏中的地位

大自然是一个巨大的游乐场。从鱼类和爬行动物到鸟类和哺乳动物，年纪小的动物在河流、草地、海洋和天空中玩耍嬉戏。德国哲学家和心理学家卡尔·格鲁斯（Karl Groos）在 1898 年的一本书中提出："不能说动物们嬉戏是因为它们年轻和调皮，它们是在为即将到来的生活任务做准备。"[3]

尽管格鲁斯的描述把游戏的乐趣排除在外，但"即将到来的生活任务"的确包含在许多动物和人类的游戏行为之中。年轻的捕食者为了日后能养活自己，会在游戏中模仿捕猎，练习跟踪、猛扑、抓食等技能。通常，父母会鼓励它们的孩子进行这类有益的游戏，并有时会为它们提供"玩具"。[4]例如，幼年豹形海豹会得到受伤的企鹅，幼年狐獴会得到受伤的蝎子。

动物行为学家戈登·伯格哈特（Gordon Burghardt）发现，一种叫数猫的野生非洲猫会玩一种"钓鱼游戏"。[5]薮猫会把"抓到的小鼠和大鼠放回树桩或洞的下面，然后重新捕获它们。薮猫小心翼翼地抓着猎物背部，将它们带到洞口附近，如果猎物不愿跑进洞中，薮猫常常会将它们推进去，以便自己能再次将其钓出"。

青少年时期的虎鲸在浅滩上嬉戏玩耍时，会模仿成年虎鲸骑着海浪冲上沙滩抓捕猎物然后滑回大海的样子。[6]在青少年时期接受过此项训练的虎鲸成年后似乎会成为更好的捕食者，它们的技能发展得更快。

同样，我们在第三部分中将详细讨论的求偶行为，在青少年时期尽早学习也至关重要，以便与以后的配偶能够进行得体有效的互动。对于秃鹰来说，其交配前要进行被称作"死亡螺旋"的仪式。[7]这是一段痛苦有时甚至是致命的高空旋转舞。而在秃鹰青少年时期的游戏中便包含飞向彼此并抓住对方脚趾的练习，这是在为它们以后能准确抓住伴侣的脚并彼此抛掷做准备。

最容易识别的一种游戏行为是打架，例如袋鼠拳击或小公羊撞头。澳大利亚的袋熊和斑尾袋鼬也会相互追逐、追踪和搏斗。[8]而红颈袋鼠甚至有21种不同的格斗动作，包括跳、夺、抓、拳击和踢。

对于人类观众来说，动物们的打架可能看起来像是为将来应对天敌、成功自卫而进行的练习。这似乎是一种确保安全的准备。但是实际上，自卫和打架并不是一回事。游戏性的打架使幼年动物为另一种类型的战斗做好准备：在自己的族群中争夺地位。值得注意的是，从豚鼠到卷尾猴的幼崽，一些在幼年时与同伴进行许多混乱激烈游戏的动物，并不会长成好斗的战士，反而会与玩伴成为更好的朋友，并在成年后的社会中有更高的地位。游戏使年幼的动物能够尝试对冲突进行谈判而非造成伤害。此外，当地位低的动物不喜欢地位高的动物的所作所为时，它们可以学会交流。

正如马萨诸塞州大学阿默斯特分校生物学家朱迪思·古迪纳夫（Judith

Goodenough）所说："没有过做领导者的经历，幼猴长大后可能会过于顺从，而没有服从经历的幼猴长大后则可能会成为霸凌者。打架也可以帮助青少年学习理解别人的意图。对手是否在虚张声势？对手有多强的动机？研究证明，这些社交能力和认知技能实际上可能比身体技能更重要。"[9]

我们问赫纳，史林克是否学到了这一课。他说，所有的鬣狗都必须领教到这些，甚至包括最高等级的雌性。他提到，女王有时会入侵其他族群的领地。因为它们是闯入者，所以必须服从该领地上的其他居民。"所有鬣狗都知道如何表现出顺从的迹象，这是生存的关键。如果不这样做，就会遭受严重的殴打。"这种表现顺从的本事是早年在与同伴打架中学到的。

年轻的雄性白尾鹿整个夏季都会待在群体中，与不同年龄的同伴玩耍，学习并巩固群体生活规则。[10]夏季开始时，各个年龄段的雄性都脱落了鹿角，这就好比一群鹿卸下了自己的武器，这样它们在玩耍和打架时就不会造成严重的伤害。同时，在这个没有鹿角的脆弱阶段，聚在一起组成一个群体可以使它们彼此照应，免受捕食者的侵害。

鹿和许多其他动物一样，打架的目的不仅仅是准备与捕食者作斗争或与同伴争夺资源或伴侣，背后其实还隐藏着一个更重要的目的，那就是学会如何避免打架。因为族群的稳定是靠和平而非战斗维系的。玩耍式的打架可以训练幼小的动物了解社会等级中的不同位置。[11]这样一来，它们就有机会在以后的生活中成长为更圆滑、更有领导力的个体，或是族群中更有生产力、更沉稳的成员。

对于群居动物而言，这种训练的重要性是无与伦比的。人类青少年和成年人有很多机会不断地对等级进行划分和重新排序。因为比起外表、体格、力量和家庭背景，青少年在运动、戏剧、音乐等方面的才华也能为其改变地位创造条件。这些才华能够让青少年或多或少地撼动已有的等级秩序。他人的帮助也增加了这种可能性，如精明的教练、编舞或指挥家都会为他们的队员尽力提供脱颖而出的机会。

想要在分级斗争中生存下来对人类青少年来说有一条绝佳策略，就是在大的等级阶层中创建较小的阶层。从小群体的最底层成长起来是一种重要的经历。实习和学徒制就是这样的例子，类似的还有初中生和帮助他的高中生之间的同伴－领导关系。但是在另一群体中享受较高的地位也是有教育意义的。对于青少年来说，参与学校、社区甚至线上多个小组的活动，能够培养他们的社会性技能，以便可以更好地接受这一阶段的挑战。

动物之间的游戏如相互嗅闻、摩挲头角、相互追逐以及并肩走，大多数都是肢体接触。但人类青少年最常玩的游戏是虚拟电子游戏。因此，我们有必要思考一下这二者之间是否存在恰当的替代关系。对于动物而言，肢体接触是社会化的关键，令它们为成年后结交朋友做好准备。而对于人类而言，尽管多人电子游戏不需要身体互动，但它们确实鼓励青少年花时间去认识其他人，有时甚至是世界各地的人。通常，游戏玩家在游戏的虚拟世界等级中处于不同的位置。与单人电子游戏不同，多人电子游戏从根本上讲是一种社交体验。许多游戏玩家说，多人游戏能提供与面对面游戏一样的社交收益。最新的研究证实，玩电子游戏时人并不是与社会孤立的。[12] 但是，也有一些研究表明，长期玩游戏确实会对社会性技能的发展产生负面影响。沉迷于电子游戏的青少年，在合作精神、责任感、利他主义和表达情感等社会性能力方面都表现较差。

超载评价

处于野蛮成长期的青少年动物有两个现代人类不具有的优势。

其一，尽管它们也面临着高风险的考验以及随之而来的压力，但是这些考验有开始和停止的时间，并非一刻不停。动物有游戏的季节、繁殖的季节、迁徙的季节。但是，今天的人类青少年却从未休息过。在互联网驱动的社交媒体中，社交没有淡季。

其二，对处于野蛮成长期的青少年动物来说，竞争仅仅在眼前。史林克不必像人类青少年一样，白天忙着向自己的家族成员证明自己，晚上还要再考虑自己在恩戈罗恩戈罗国家公园的其他 8 个族群中，在塞伦盖蒂附近的数十个族群中，甚至在欧洲、美洲、大洋洲和亚洲自然公园、动物园中所有鬣狗族群中的相对地位。它不必考虑胡狼、狩猎犬、狼或者海豹的生活又会怎样。

在社交媒体时代下的年轻人无法全面了解自己的竞争环境，然而也无法彻底摆脱竞争。现代社交网络太庞大了，你不可能认识其中的每一个人。社交网络让人觉得遥远的名人政客都在自己附近，不管他们是心怀恶意还是友善。而事实上，他们的地位或声望都与自己的日常生活毫无关系。当然，这不是一个新问题，而是城市扩大及通信、广播和电视技术不断发展的结果。互联网并没有给积极社交并具备自我认知能力的年轻人制造新的竞争，但是社交媒体将同龄人的数量无限扩大，青少年面临的竞争对手之多，前所未有。

将自己与他人进行比较并不是人类特有的习惯。还记得吗？社会脑网络可以帮助动物加工、解码社交信息并做出反应。社会脑网络的关键功能是帮助动物通过与其他动物比较的方式形成自我评价。但是对于动物来说，这一进化中的系统不是 24 小时工作，而是周期性地给出评价。但在现代人类生活中，这种评价已经成为一种无休止的过程，而且往往在野蛮成长期之前就已经开始了。

对于许多人来说，青少年时期意味着残酷且无休止的分级、评分和排名。这场竞技的起点在中学。在这里，青少年的身体和情感生活的方方面面都被进行评价：体型和相貌、身体健康状况、运动能力、饮食习惯、性表达和经验、社交能力、学业、性格，以及物质财富。虽然一直以来，低龄青少年关注的方向都是这些，但此前并没有社交媒体给他们创造持续而公开的测评平台。

在经过一整天来自同学、老师、父母、教授的评估后，学生们回家了。家曾经作为一种地位的庇护所而存在。但是现在，无论他们是在家学习、看电视、玩游戏、看书还是休息，通过笔记本电脑和电视，分级的通道就直接联通了学生的生活。整个晚上，评价都在继续，地位指标在他们电子设备的发光屏幕上跳动。

在 21 世纪，随着社交媒体进入生活，我们所进行的评价变得难以管理且有害。我们的社会脑网络根本无法处理这么多的信息。我们提出了一个新术语——"超载评价"，用于描述由于不断评价造成社会脑网络饱和而引起青少年的焦虑和痛苦。

错配障碍
mismatch disorder

人类身体和思想进化过程中所处的过往环境与我们生活的现代世界之间的差异引起的疾病或异常现象。

超载评价也被进化生物学家称为**错配障碍**。错配障碍是由现代人类环境与我们的身体进化时所处的远古环境之间的差异引起的。[13] 现代人的肥胖症就是一种错配障碍，因为人类和动物的新陈代谢系统是在食物匮乏的环境中进化而来，但是进化至今日，人们摄入的卡路里却是过剩的。

青少年时期压力和焦虑水平的上升也可以被理解为一种错配障碍。社会脑网络是从哺乳动物群体断断续续的竞争中进化而来的。但是现代青少年生活中的考试、运动比赛和社交媒体上的评价却是不间断上演的，这些评价使社会脑网络变得不堪重负。与过剩的卡路里类似，无休无止的评价大概也是现代人类世界所独有的。人类青少年要处理的压力可比其他群居动物要强烈得多，持久得多。

地位庇护

错配障碍带来的问题可以通过重新在生理和环境之间建立合理的联系来解决。这可以通过恢复生理或行为最初演化时的环境条件来实现。比如，在肥胖症的例子中，可以通过削减过剩的食物并恢复现代饮食的季节性来改变。在超载评价的例子中，可以将免评价期引入青少年的生活，为青少年提供一丝喘息的机会。在免评价期，没有他人的判断，也没有分数和排名。但这些刻意制造出来的间歇处不是放松地点、休息区或是冷静处，它们应该拥有与实际用途相匹配的名称：**地位庇护**。

地位庇护意味着青少年可以在这一时间或空间里从事非竞争性运动、休闲阅读和私人休息时间，而不会受到社交媒体的干扰。这将使青少年及其发展中的社会脑网络暂时从他们眼前生活中的现实等级和社交媒体上的虚拟等级中解脱出来。因为评价虽然是青少年生活中正常也是重要的组成部分，但超载的评价则会导致疾病和痛苦。

朋友对青少年来说是必须的，但并非只能交人类朋友。由于社会脑网络具有跨物种的性质，青少年也可以培养动物朋友，且从中受益。马、狗、猫和其他宠物同样具有复杂的社会脑网络，可以与人进行出人意料的互动。越来越多的人了解到宠物疗法对人类心理健康的好处。凯西·克鲁帕（Kathy Krupa）是一位马疗愈初级认证治疗师，他告诉《纽约时报》：

> 马根本不在意站在它面前的是个罪犯还是个学习障碍者。它们只会感受你当下的状态。只要你承认自己害怕，马立刻就能感受到。我曾经看到一匹马径直走向一个瑟瑟发抖的孩子，把它的头埋在孩子胸前。[14]

在费城，一个名为"Hand2Paw"的非营利组织将高风险的青少年与收容所里同样易受伤的小动物结成同伴。[15] 该组织的创始人是宾夕法尼亚大学的一名19岁的学生，她在读大二时开始研究社会联结的课题。人与动物联结的作用是相互的，从"Hand2Paw"中受益的不仅有人类，也有无家可归的小猫和小狗。这些小动物接受了数百小时的亲密照料和社交活动，避免了犬舍综合征，变得更适合被收养。

你不一定处在你被排在的地位

对于大多数鬣狗而言，如果像史林克这样出身不幸，通常会经历痛苦的一生甚至因饥饿或被捕食而早逝。但史林克并非一般的鬣狗。它没有沿着遗传学、环境和生来就要遵守的社会规则为它指定的道路埋头走下去，一个重要决定改变了它的生活轨迹。

有一天，也许是饥饿给史林克壮了胆，它径直走向了家族中最强大的玛芙塔女王，并寻求女王的帮助。女王拒绝了它。它又提出了要求，女王又拒绝了它。一遍又一遍，史林克不断地寻求玛芙塔的帮助。直到几天后，玛芙塔温和了下来。赫纳也不明白其中的具体原因。史林克的决心和玛芙塔不寻常的默许改变了这只鬣狗的生活。

史林克想要的是哺乳，玛芙塔满足了它。

几个星期以来，史林克和梅里格什，一个乞丐和一个王子，就这样一起在女王胸前接受哺乳。在玛芙塔营养丰富又充足的奶水的哺育下，史林克迅速成长，变得高大威猛。用赫纳的话来说，它变成了一只"英俊"的鬣狗。

对鬣狗来说，收养其他幼崽是十分罕见的。我们永远不会知道为什么玛芙塔女王最终同意了，但赫纳说或许是史林克的魅力、社交智慧和强烈的欲望使女王和史林克之间产生了一种特殊的联系。史林克的鬣狗魅力肯定起了作用，它的毅力、进取心和运气作用在一起，推动了它在社会阶层上的流动。赫纳说，史林克知道如何抓住机会并恰如其分地展示自己。它在和其他雄性鬣狗的友谊行走、打闹游戏和角色转换中一直在积累与同伴相处的宝贵经验。

从它与玛芙塔结盟的那刻起，史林克的生活就彻底改变了。它得到了更好的哺育，开始与其他高地位动物交往。在与其他家族成员相遇时，玛芙塔甚至会为史林克辩护。不仅是社交技能，史林克的其他技能也逐渐发展得很好，这使得它在迁移的时候在另一个家族占有了一个有利位置。它具备很强的性魅力并育有许多后代。

看到这里你可能认为这个故事会有一个简单的幸福结局，但你要知道，并不是所有鬣狗都乐于看到史林克的崛起。地位的改变有时候需要付出一些代价。实际上，史林克为了自保牺牲了和贝芭的关系。在史林克乞求并用甜言蜜语说服玛芙塔收养它的同时，它的生母贝芭一直在拼命阻止史林克离开自己。赫纳告诉我们：“贝芭对史林克去寻求玛芙塔的哺育并不高兴，它甚至试图强行把史林克从玛芙塔身边带走，但史林克一直抗拒着自己的生母。”

从古至今，人类总是喜欢将痛苦、尴尬甚至一无是处的过往割舍，以便更好地重新开始。史林克也是一样，当它意识到生存的机会和无能又卑微的母亲不能共存时，它便抓住一切机会去了别的地方。

而今，人们每天都挣扎于所处的现实和渴望的理想之间。历史学家和作家塔拉·韦斯特弗（Tara Westover）在 2018 年发表的回忆录《你当像鸟飞往你的山》（*Educated*），讲述了她作为生存主义者的女儿在爱达荷州农村长大的故事。[16] 由于她的父亲不相信公共教育，韦斯特弗在 17 岁前没有上过任何学校，而是一直在父亲的废品堆放场工作或是帮助母亲（一位自学成才的草药师和接生婆）熬制汤药。[17] 决心一定要上大学后，韦斯特弗开始自学，最终以优异的成绩从杨百翰大学毕业并且获得剑桥大学历史学博士学位。虽然人类的动机与鬣狗不能同日而语，但韦斯特弗强大的毅力也可能归因于她像史林克一样的性格和远见。就像她在《泰晤士报》上所说的：“我如今认识到了自己性格特征的一部分，固执、魄力，或许还有点攻击性。”在这个采访中，她分享了有关家庭隔阂的观点：“你可能深爱着某些人但仍然会选择离开他们，你可能会天天想念他们，但仍然会开心此时不住在一起了。”[18]

托里弗·谢尔德鲁普－埃贝的青少年时期和成年之后的生活开展得并不顺利。[19] 他缺乏社会性技能，既无法推动工作进行，也不能提高学术水平。他努力想要获得认可，可即便他开创了动物族群等级制度研究的先河，却从未能成功掌控现实生活中的阶级结构。

史林克的故事告诉了我们特权、环境以及个人能动性是如何塑造青少年和年轻人的命运的。史林克的一生本该像它母亲一样，生活在族群底层，被耻笑、被欺压、被剥削，勉强度日。但出身并不是决定命运的唯一因素。年幼的史林克或其他物种中的幼崽也可以将命运把握在自己的手里。

要想快乐地生活在地球上，首先需要承认一些残酷的现实：自然界中不存在公平竞争。父母的阶级会被后代继承，父母的照拂也会持续。个体对自己在群体中不同地位的认知会影响自己的情绪，从而变得焦虑、沮丧或开心。动物会互相争斗，人类会以大欺小，尽管这些情况会随着年龄增长而逐渐变少。

发展社会性技能是动物最有力的武器，可以帮助自己在等级制度中趋利避害。没有动物能决定自己的出身，社会性技能就是创造更好生活的最重要手段。

史林克可能会说，即使你生下来不是天之骄子，生活在群体的底层，终日游荡在肮脏的洞穴、拥挤的处所和糟糕的学校，但只要勤于练习，意志坚韧，再加上一点点运气，你所处的社会地位就可能会发生翻天覆地的变化。

WILDHOOD

第三部分
孕育后代的能力

在野蛮成长期，人类和其他动物必须学会解读求偶信号，平衡欲望和克制。这些信号是构成自愿性行为和性强迫的基础。

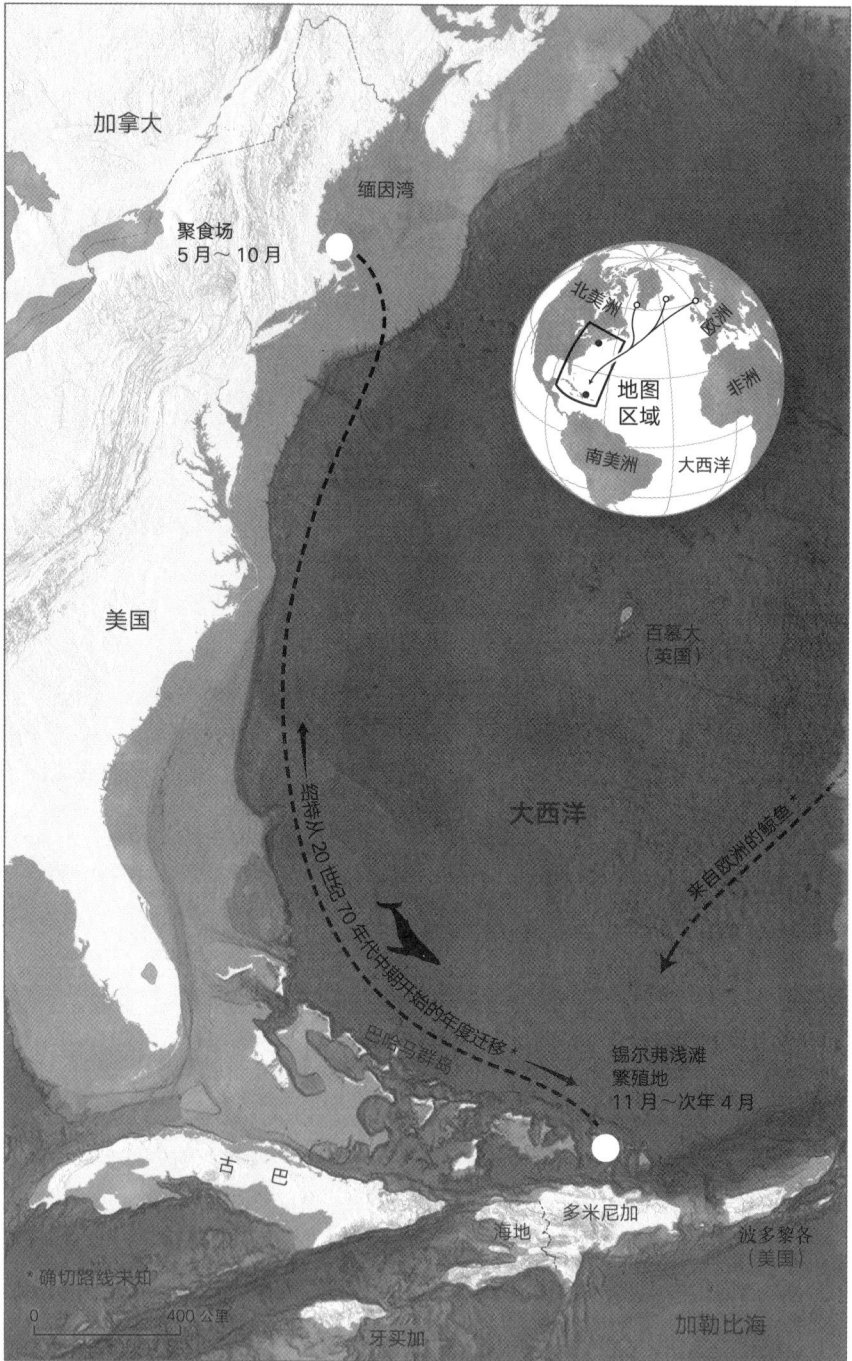

加拿大

缅因湾

聚食场
5月～10月

地图区域

北美洲   欧洲

非洲

南美洲   大西洋

美国

百慕大
（英国）

大西洋

来自欧洲的鲸鱼 *

鲸特从 20 世纪 70 年代中期开始的年度迁移 *

巴哈马群岛

锡尔弗浅滩
繁殖地
11月～次年4月

古巴

海地   多米尼加

波多黎各
（美国）

* 确切路线未知

0   400 公里

牙买加

加勒比海

绍特学会了爱的语言

第 11 章

性很容易，而浪漫不易

从 20 世纪 70 年代起，斯泰尔瓦根海岸（Stellwagen Bank）的"贵妇"每年都会去科德角（Cape Cod）避暑。有一个杰出的女族长总是到得很早，总是在 5 月第一周或第二周入住，一直住到 10 月。它会在自己熟悉的区域里安顿下来，这里临近绝佳的捕食地点。它也会去看望老友和熟人。通常，它会带上一位雌性同伴。整整 14 个夏天，这位"贵妇"来的时候身边还会带着一个新生儿，每次都是不同的孩子，却从未见过雄性同伴。

斯泰尔瓦根海岸的"贵妇"是一头座头鲸。它的灰色背鳍上有一大条白色疤痕，使它看起来像是披着一层盐壳，因此几十年来，它一直被海洋研究人员和公众亲切地称为"绍特"（Salt，盐的意思）。绍特出身于一个有数千头座头鲸的大家族，它们生活在北大西洋里。到了冬天，它们就都向南迁徙到数千公里以外的加勒比海，那里有一片被称为锡尔弗浅滩（Silver Bank）的繁殖地。

至少从 1976 年起，当绍特还在少年时，就一直在锡尔弗浅滩和斯泰尔瓦根海岸之间游弋。它第一次离开加勒比海，北上缅因湾，应该是在幼年的时候，母亲一路将它护送到那里。现在绍特已经当了好几次曾祖母了，是座头鲸家谱中的雌性族长。在每年往返加勒比海的长途跋涉中，它显然已经掌握了如何保证自身安全。同时，它的社交能力很扎实，拥有长期的"闺蜜友谊"，在等级结构中地位也很稳定。

在绍特50多年引人注目的生活中，还有一件值得一提的事。就像电影《泰坦尼克号》中优雅的女主角罗丝一样，故事展开得越多，我们就越能了解更多绍特浪漫而奇遇的生活。绍特那几十个后代，孙辈及重孙辈后代，显示着它的过去是多么丰富多彩、激情四射。

除了自保和熟悉等级结构，寻找和选择伴侣也是动物必须学习的技能。你可能会认为，野生动物在身体发育之后就会被本能控制，立刻去交配。但现实是动物的交配行为比大多数人所想象得更像人类的经历。首先，在整个自然界都存在一种明显的滞后性，从青春期结束到繁殖期开始，这之间存在一个等待阶段。要成为一个性成熟的成年个体，无论在行为上还是在情感上都需要时间。因此，野生动物很早就开始接受性教育了。然而，它们的课程重点不是交配，而是交流。成熟的动物必须学会如何表达自己和解读其他个体的欲望。

在野蛮成长期中，学习这些功课变得更加紧迫。1978年年末的某个时候，绍特在性上越来越成熟。彼时，阿巴合唱团（ABBA）和比吉斯乐队（Bee Gees）登上了公告牌百强单曲榜，《油脂》和《第三类接触》在电影院热映。同时，在多米尼加温暖的加勒比海海域中，一头年轻的鲸鱼找到了它的"初恋"。

爱在空气中蔓延

浪漫是激情与压抑的较量，是渴望与拒绝后痛苦的抗衡，本质上混杂着欲望与不确定性。它就存在于我们这颗星球上，只要你拥有发现它的眼睛。

在纽约市北部的一个公园上空，两只白头海雕直接冲向对方，在半空中抓住彼此的爪子，然后像花样滑冰选手一样旋转着一头扎向地面。在坠地前，它们松开彼此的爪子，重新飞向天空。然后，它们又把彼此抛向对方，完美地进行了又一场"死亡螺旋"。[1]

在澳大利亚的热带地区，两只狐蝠对着彼此发出尖叫。[2]雄性的叫声像驴一样，而雌性也会回应，并且用翅膀要么把雄性赶走，要么抓住对方脚踝把其拉近，以求更多的接触。

在弗吉尼亚州格雷森县的一条小溪里，两只蝾螈正在表演"跨尾行走"（tail straddling walk）。[3]这是一种由雌性引领的、慢动作版的两栖动物探戈。在跨尾之前通常还有一轮程序化的、被称为"共同头部摆动"（joint head swinging）的隔空亲吻。这两条蝾螈会彼此头对头、脸颊对脸颊地左右摆动头部。科学家们一直认为只有雄性蝾螈才会主动求偶，但直到几年前，一名兽医专业的学生仔细观察后才发现这种求偶是双向的。

在厨房案台上的香蕉碗里，两只果蝇第一次相遇，既兴奋又好奇。[4]雄性用腿轻拍雌性，而雌性的反应是化学和行为信号的结合。如果雄性意识到雌性不喜欢它，就会飞走并寻找另一个伴侣。但如果雌性表达了"是"，这对情侣便开始了果蝇的交配表演。它们会唱歌、追逐和扇动翅膀。如果你觉得这个过程富有诗意，你也许会觉得像在观看一出好戏。

然而，动物学家所描述的动物的全套繁殖表演听起来毫无诗意可言。某杂志将其描述为"复杂的仪式性行为，包含了视觉、嗅觉、味觉、触觉和听觉多感官的调动，以及用于吸引合适伴侣的动作表演"。[5]

不管是果蝇还是人类，这些行为和复杂动作结合起来就是求偶。求偶行为可以帮助动物选择伴侣，表达自己和判断对方是否感兴趣。求偶仪式可能遵循普通的模式，但是每一个亲密行为背后的内在感觉是独一无二的。那些内心感受、拒绝、火花、折磨、心碎和愉悦，就像传达这些情感的个体一样独特。求偶是对共同欲望的复杂表达和评估。

最重要的是，尽管求偶行为源于本能，但它是由学习和体验形成的。求偶行为需要一些时间，并随着动物社会性的成熟而发展。青春期后的动物常常要等到学会求偶技巧后才开始寻找伴侣，有些动物还会因社会性技能发展得不够而被潜在的伴侣排斥。

人类青少年也是一样。他们会发现自己的身体已经发育成熟，却没有充分的社会和情感知识来面对这件事。如今，美国中学所提供的许多正规的性教育都侧重于身体行为的后果，特别是怀孕和疾病。这确实是明智的，年轻人需要保护自己的性健康。性对动物来说也是有风险的。由于有多个伴侣，又没有能力进行安全的性行为，野蛮成长期的动物可能也确实会得性病，有时甚至是致命的。[6]

但在自然界中，一个成功的野蛮成长期并不必然包含对性行为风险的指导，而是侧重于在求偶过程中，学会解读潜在伴侣发出的复杂、巧妙而细微的信号。

动物们如何发现彼此、表达兴趣、评估彼此的兴趣并决定下一步该做什么？这些复杂的过程都是必须学习的。事实上，动物在真正开始交配之前就开始练习了。

需要再次明确的是，我们并不是在讨论性本身的身体机制，而是在讨论如何求偶，是成千上万种特殊且微妙的眼神、点头、身体倾斜，这些都是解读潜在伴侣意图的要素。练习求偶是学习平衡欲望与克制的过程。动物要学会对伴侣发出明确而强烈的"不"信号，这与"是"信号一样重要。对包括人类在内的许多物种来说，真正的生殖成熟可能需要数年时间。简而言之，性很容易，而浪漫不易。

假设一头年轻的座头鲸对另一头座头鲸很感兴趣。接下来它能做什么？马上游到其身边直接就开始交配吗？当然不是。它怎么知道另一头鲸是否愿意与它交配呢？它们要如何表达自己的兴趣、吸引力和赞同呢？

两只年轻的动物之间微妙而复杂的性交流，可以用火地岛（Tierra del Fuego）的亚格罕人（Yaghan）用过的一个词来形容，就是 mamihlapinatapai（微妙状态）。[7] 亚格罕语中有很多词语来描述吃饭、洗澡、划独木舟、制作矛杆甚至爬树时的尴尬。尽管 mamihlapinatapai 一词的确切含义仍有争议，但它大致描述了"两个人脸上同时出现的表情，都希望对方能启动某种他们都渴望但谁也不知道如何发起的东西"。mamihlapinatapai 完美地描述了两个缺乏经验的人想要采取下一步行动时，有点尴尬又令人兴奋的时刻。

但是，对于那些在千里之外寻找真爱的座头鲸来说，哪怕只是到达的这一刻，都是一个巨大的挑战。事实证明，座头鲸应对这一挑战的方式与如今浪漫的年轻人是一样的：借助音乐。

如何约一头鲸鱼出去

让我们回到 1978 年年末，在加勒比海锡尔弗浅滩海洋保护区一带温暖的水域中，一阵低沉的、类似于低音管的隆隆声在海浪下回荡。那带着微弱音调的声音在水中翻滚、起伏，持续了 20 多分钟，却没有一句音调短语的重复。

每只成年雄性座头鲸都重达四五十吨，相当于一辆满载的拖拉机。它们在世界各地的繁殖地聚集在一起齐声歌唱，共谱出复杂但充满活力的乐章。座头鲸的每首歌曲持续约二三十分钟，但整场音乐会可以持续数小时。有鲸类生物学家说，一次音乐马拉松甚至可以持续近一天半。座头鲸浑厚的副歌像传家宝一样代代相传。它们的核心不变，但多年来一直在变调。除了祖传歌谣，座头鲸个体还会创作它们自己的原创旋律。这些旋律必须经过排练。它们会每次修改一个部分，然后暂停，一次一小段地仔细过一遍。因为有太多东西要学，一只年轻的座头鲸可能需要几年才能成为一位优秀的"歌手"。

1978 年，关于座头鲸合唱的研究才刚刚开始，但经过了 50 年的研究，在这种无与伦比又亲近人类的天才动物身上，仍笼罩着一些谜团。[8] 人们认为，雄性座头鲸唱歌通常是为了告诉其他鲸鱼远离它们的领地，或者更委婉地告诉它们到哪里去找食物；而在繁殖季节雄性唱歌是为了定位潜在的性伴侣。

大多数座头鲸都是饱受赞誉的非凡歌者，你很少能听到它们走音。但窃听音乐的海洋生物学家偶尔也可以分辨出一些不太有天赋的演唱者。它们唱错音符，或声调孱弱，或忘记了自己该进入的位置。科学家称这些歌唱是"异常的"，这些走音的鲸鱼被贴上了"异常演唱者"的标签。

不过，夏威夷大学的座头鲸专家路易斯·M. 赫尔曼（Louis M. Herman）认为，这些演唱者可能根本就没有什么异常，它们在这些音乐上的不合时宜也许只是缺乏经验。[9] 这些鲸鱼会不会只是仍在学习曲目的青少年呢？

赫尔曼和一个小组进驻夏威夷岛附近的水域，对 87 头雄性座头鲸演唱者进行了测试，期望发现它们都是成年。此前，研究者一直认为，可能是出于竞争的原因，成熟的雄性会阻止年轻的雄性加入它们的歌唱团。事实上，赫尔曼发现，虽然大多数演唱者都已成年，但仍有 15% 是青少年。他的研究表明，年轻的雄性座头鲸也会被邀请和成年座头鲸一起合唱情歌。但是为什么这些成熟年长的团队会接受与它们没有亲缘关系，正在成长中的青少年呢？

对年轻的雄性座头鲸来说，好处是显而易见的。和成年雄性座头鲸一起唱歌为它们提供了宝贵的练习机会。就像一个初级小提琴手在爱乐乐团的后排待上一个月能偷学到不少东西一样，青少年座头鲸可以借此聆听经验丰富的成年座头鲸的歌唱。它们可以研究成年座头鲸的技术，记住它们的曲目，并尝试自己的表达方式。不然它们怎么能学会祖传歌曲呢？并且在这个练习过程中，年轻座头鲸的肺活量逐渐增强，力量也渐长，从而能用更长时间屏住呼吸，这是一个耐力的标志，也使歌曲更加优美。这种唱歌练习可不仅仅是为了好玩，练习得好不好可以成就或葬送鲸鱼未来的歌唱生涯。

但为什么年长的雄性座头鲸会容忍年轻座头鲸犯错并成为自己的潜在竞争者？赫尔曼的猜测是青少年座头鲸能够通过增加音量来弥补经验的缺陷。更响亮的合唱产生了更大的声波，能在水下传播得更远，并且可以接触到更多有兴趣听歌的雌鲸。

对于鲸鱼来说，成为一名优秀的歌手需要数年的时间。花时间与年长的鲸鱼练习交配歌曲是鲸鱼求偶教育的一种形式。虽然没有证据表明鲸鱼在发生性关系时需要特定的指导，但很显然，它们确实需要向其他鲸鱼学习如何唱情歌。

唱歌是很多动物求偶的核心部分。向年长的歌手学习是青少年必要的声乐训练方式。在会唱歌的蝙蝠物种中，会有导师来教年轻的蝙蝠使用成年蝙蝠的浪漫成熟的发声方式。[10] 对于鸣禽来说，接受年长鸟类的音乐指导可以使它们在吸引异性伴侣时唱出更优美的旋律。[11] 雄鸟和雌鸟都会学习唱歌。几个世纪以来，人们一直在研究雄鸟的求偶行为，却忽视了雌鸟。直到最近，人们还错误地认为鸟类的求偶行为只存在于异性恋中。

座头鲸并不是海洋中唯一用吟唱诗人般的歌声引诱配偶的动物，豹形海豹也靠发声寻找配偶。[12] 在繁殖季节，孤独的豹形海豹每天有大量的时间发声。和座头鲸一样，它们不是某天早上醒来就突然知道旋律和歌词的。从大约 1 岁开始，年轻的雄性豹形海豹就开始练习声乐，即使它们的繁殖期起码要在 4 年后才开始。在这几年的练习中，它们的耐力增强，声音变得更加饱满和丰富，歌曲也进行了调整。与此同时，雄性和雌性青少年也在学习重要的社会规则，例如，在适当的环境中发出呻吟、咔嗒声、颤声和假声，这些声音以后将成为向潜在的伴侣发出性意图的信号。

歌声能够激发爱欲，各个年龄段的人类恋人都能证实这一点。在音乐产业中也是如此。碧昂斯、普林斯、猫王和辛纳特拉都知道声音是一种强有力的催情剂。

对许多鸟类和一些哺乳动物来说，代表性刺激的歌声通过外耳传入，激活听觉皮层，在大脑中回旋并触发一连串的荷尔蒙，导致性欲唤起。[13]法国研究人员甚至发现了一些特定的"性感音节"，当雄性金丝雀唱得好时，这些音节会使反应灵敏的雌性金丝雀回心转意。[14]

对于雌性金丝雀、鸽子和长尾小鹦鹉来说，雄性鸟的鸣叫甚至能刺激排卵。发表在《加拿大动物学杂志》（*Canadian Journal of Zoology*）上的一篇文章称，"唱歌可能在一定程度上起到了同步排卵的作用"，特别是在短暂的繁殖季节或分隔两地时。[15]座头鲸专家们推测，当蓬勃发展的雄性座头鲸合唱团发出的低沉共振声波传达给远处的雌性座头鲸时，不仅能帮助伴侣找到彼此的位置，还能激发排卵。但是，刺激雌性生殖并不是这些歌曲的唯一功能。座头鲸的歌声也会吸引合唱团之外的雄性来向合唱团成员展示甩尾和翘尾的动作，这可能是雄性之间相互联系、展示社会地位、发展友谊或者三者兼而有之的象征。[16]

想想你最喜欢的歌手在私人音乐会上只为你反复演唱你最爱的情歌，这个声音同时被87辆装有立体声放大器的牵引拖车公放，这可能就是绍特在它的第一个恋爱季节，身处加勒比海域时的感受。当绍特听到召唤时，它的身体很乐于接受并感到兴奋。绍特一直在来回游动、听歌，然后转身向远处的乐声奔驰而去。

第 12 章

为第一次做好准备

1994 年版的迪士尼动画电影《狮子王》（*The Lion King*）中，有一幕关于少年爱情的场景。[1] 这一幕极具启发性，却没有被充分展开，至少在屏幕上没有体现。

两只小狮子辛巴和娜娜自幼就是好朋友。它们在分开几年后重逢，都处于野蛮成长期。辛巴的鬃毛很漂亮，娜娜拥有健美的腹翼和妩媚的眼睛。伴随着埃尔顿·约翰（Elton John）那首华丽的情歌《今夜爱无限》（*Can You Feel the Love Tonight?*）缓缓响起，这两只狮子开始了一天的美好时光。它们在瀑布中嬉戏，在空地上翻滚。夕阳下，它们跃过一片田野，又滚落到山谷，纠缠在一起。它们一个压在另一个身上，瞬间，嬉闹有了一种异样的情调。娜娜舔了舔辛巴的脸颊，然后斜倚在一张绿草地上，眯起眼睛，低垂下巴，看着它的朋友，它们相互依偎着。

这长长的一幕恰恰会让成长中的青少年好奇接下来会发生什么，却被辛巴的伙伴狐獴丁满和疣猪彭彭打断了，它们唱着歌，讲述它们三人组在辛巴有了女朋友后注定要解散了。这种突然的中断符合该电影的大众级分级，同时这种没有性交的青春期性行为也符合自然界中的常态。在野外，年轻的雄性狮子和雌性狮子可能会像电影中的辛巴和娜娜那样打打闹闹，但它们并不总是马上开始繁殖。换句话说，虽然它们身体已经发育成熟，但它们还没有发生性行为。

青少年时期的野生动物，身体已经发育成熟，性行为却并不活跃，这是一个重要而令人惊讶的事实。这种现象看似是人类独有的，但却在整个动物界都可以见到。在某些情况下，一旦动物到了青春期，具备了繁殖的生物学能力，它就会繁殖。但其他时候，从鱼类到鸟类，从爬行类到哺乳类，动物的第一次性行为可能发生在青春期结束后的几个月、几年甚至几十年。

然而，观看大多数自然电影，你会听到一个不同的故事。数十年来，自然纪录片一直是公众获取野生动物信息的主要来源。而自然纪录片是一种主要由成年男人发明并制作的体裁。[2] 这些有趣，但某种程度上有误导性的画面，实则是借着野生动物反映了摄像机背后的人类文化和特征。

这些影片的主角可能是长颈鹿、狐狸、树懒或鼠尾鸡等，通常都带有渴望求偶的雄性追逐娇羞的雌性，最终雌性屈服于雄性魅力之下的典型特征。所有雄性在一群雌性面前拼命地互相竞争在影片中也很常见，在这种情况下，雌性通常都想要最强壮的伴侣，这样的伴侣同时也是最好的保护者和供养者。无论这样的影片多么常见，对自然的描绘都是不完整和不准确的。人们基于对自然界的错误认知而形成的经典比喻也并不恰当，例如，形容一个急于与异性上床的人"像个野兽"。

大多数自然题材电影除了以男性视角为主，通常还都以成年个体为中心。野生动物即使体形上已成年，看起来有性倾向，但这并不意味着它会有性行为。更多试探性的、缺乏经验的、畏畏缩缩的青少年性行为很少成为这些节目的重点，因为许多青少年动物的独身生活并不适合做成最好看的电视节目。

自然环境中青少年动物的性要微妙得多。纪录片中很少看到年长、占主导地位或更具资历的成年动物阻止青少年动物交配，使其放弃繁衍的机会。纪录片中也没有已经性成熟的年轻成年雌性大猩猩，继续像少年时一样玩耍，却被成熟的雄性忽视作为可能的配偶。所有的这些社会交往实践、角色试演和相互试探，以及很多年轻动物对性的不接受或者回避都没有被记录在影片中。

需要明确的是，野生动物并不能像人类一样判断什么时候会发生第一次性行为。就我们目前所知，人类是独一无二的。我们能够在道德、宗教和文化规范的约束下有意识地衡量性行为的利弊。

虽然宗教、伦理和流行文化不会影响动物的初次交配时间，但环境肯定会。日光和繁殖季节对激素的产生有很大影响。[3] 食物的可获得性和附近捕食者的数量会影响青少年时期的动物成为性活跃个体的时机。在一个食物少、捕食者多的季节里，消耗能量去性交可能是不明智的选择，还可能产生后代无法存活的风险。等待可能是更好的策略。例如，在大约 4 岁时，南极海狗（又名毛皮海豹）就已经达到性成熟。然而，如果它们吃的鱼和乌贼不够多，或者捕食它们的虎鲸特别多，这些海狗可能要到 7 岁才开始繁殖。[4]

甚至族群中其他成员也能对个体的性生活和性行为时机产生巨大影响。在许多物种中，年长的统治者实质上会强迫青少年禁欲。通过恐吓，处于支配地位的雄性和雌性确实可以关闭处于从属地位的青少年和年轻成年动物的生殖系统，从而推迟了这些已经性成熟个体的性行为。从属地位会带来很大压力，高水平的应激激素似乎会抑制生育能力。从黄鼬、猫鼬到仓鼠和鼹鼠，占统治地位的雌性哺乳动物都会恐吓下属，造成这些个体的暂时性不育、着床失败和妊娠终止。[5] 在狼群中，只有占支配地位的那一对才会繁殖，它们尿液中的信息素可能会降低地位较低的雌性和雄性的性冲动。[6] 支配者在繁殖上的垄断确保了它们在妊娠过程中以及诞下幼崽后有更多的资源。在野生的婆罗洲猩猩中，一次只有一只雄性猩猩有交配权利，而且这种权利只有在它长出了优势猩猩特有的大颊囊后才拥有。

[7]在青少年时期，雄性猩猩的脸颊还很小，但会随着它们的地位上升而长大。雄性抹香鲸经过10年的青春期后，最终在15岁左右性成熟，但通常到20多岁才开始有性行为，它们的繁殖机会受到占支配地位雄性的限制。[8]出于同样的原因，雄性大象的身体发育也经历了一个漫长的青春期，直到快30岁时才开始繁殖，有时甚至要到30多岁。[9]具有生殖能力的青少年雄性动物可能想要交配，它们有时也会尝试这样做。但是它们的从属地位和社会经验的缺乏限制了它们的机会。

是否准备好了

动物在何时进行第一次性交对它的未来有着巨大影响。如果推迟第一次性经验的时间，动物将变得更年长、身体更健康、社交经验更丰富，能使它们成为更好的伴侣和父母。过早生育的动物往往缺乏喂养幼崽或觅食的知识和资源。而由于父母没有做好照顾幼崽的准备，这些动物的后代经常遭受痛苦或死亡。例如，有些鱼会在嘴里孵卵，它们被称为"口育鱼"，而在没有经验的情况下，它们通常会吞下第一个卵。[10]第一次做母亲的羊也需要很长时间来接受羊羔。[11]棕熊和大猩猩母亲如果缺乏哺育经验，它们的后代则面临着更高的死亡风险。一项研究表示，新手日本猕猴妈妈会遗弃40%的后代。

过早繁殖、缺乏经验会使母亲和孩子都在为生存而挣扎。而如果尚在青少年阶段就怀孕的话，动物和它的后代都会面临巨大的风险。此外，对于年轻的雌性哺乳动物来说，泌乳的身体负担也可能是额外的挑战。年轻的山魈妈妈所生的幼崽发育更为缓慢；[12]年轻的狒猴和恒河猴妈妈所生的幼崽体型更小，妈妈的奶水更少；[13]对萨凡纳狒狒来说，年轻妈妈的头胎会比年长妈妈的头胎体重要轻。

人类也是一样。玛格丽特·斯坦顿（Margaret Stanton）在《当代人类学》（Current Anthropology）上报道称："在人类社会，15岁以下怀孕的母亲会产生更严重的不良后果。"[14]世界卫生组织报告称，少女妈妈的孩子更有可能早产、体重偏低，甚至会导致日后健康受损。[15] 这些孩子更有可能在婴儿期死亡，面临失明、失聪、脑瘫和智力缺陷等风险。与适龄母亲的孩子相比，他们更有可能生活在贫困中，并重复他们母亲的早育模式。对母亲们自己来说，过早妊娠的伤害可能是毁灭性的。根据世界卫生组织的数据，全球15～19岁女孩死亡的主要原因就是妊娠相关的并发症。

对于大多数人类和动物来说，在青少年时期和刚成年时社会地位都比较低。这意味着一对正在生育的青少年夫妇可能会被迫生活在绝望而危险的社会边缘地带。这也意味着地位较低的青少年和年轻成年鸟类父母可能被迫在边远地区筑巢并养育幼鸟，那里更难获得食物并且有更大被捕食的风险。[16] 特别是年轻鸟类父母所产的第一窝幼崽，从幼崽出生那一刻起，就面临着更高的被捕食风险，因为新手父母在抵御捕食者方面经验更少。

过早的性经历也会造成许多动物的社会心理危险。养马场的人都知道，当种马和母马还没有做好社交准备时就强行进行交配，种马和母马都可能会留下性功能方面的终生创伤。[17] 1岁或更小的种马过早尝试性交会不可逆转地改变它的性情。如果这些早期的性经历是和一匹"发狂的母马"在一起时发生的，情况则会更糟。母马会摆动尾巴和尖叫，攻击种马的身体，这会损害没有经验的年轻种马的性功能。而如果年轻的种马在母马身边长大，逐渐积累经验，这种危险就会减少。

在马的繁育过程中，是由人类来决定何时交配的。而对于我们人类自身来说，每个人都应该完全控制自己的性行为及性表达。然而事实往往并非如此。在世界各地的青少年中，强迫性的第一次性经验非常普遍。[18] 这对于男女青少年受害者的伤害是重大而深远的。这类受害者常见的表现有抑郁、自残和滥用药物。更糟的是，受害青少年常常面临学业困难，这会令他们进一步深陷困境。

过早妊娠的风险和晚育的益处已越来越为人所知。过去的20年里，许多地方的青少年妊娠和生育比例一直在稳步下降。[19] 在现代人类社会，父母推迟生育能最大限度地为后代保障未来安全和提供更多机会。随着时间的推移，父母积累了更多物质、社会和教育资源，从而为后代提供更好的受教育、工作、住房和医疗保健机会。

如今，许多人类青少年和年轻人都在有意识地推迟性行为，而这其中的原因与预防妊娠毫无关系。哈佛大学的一项研究调查了美国大约 3000 名青少年，高中毕业时没有性经验的学生比过去二三十年里任何时候都多。[20] 虽然也有其他因素可能会影响青少年的性活动，如基于经济模式和数字技术产生的新型社会互动。但这项特别的研究表明，学生推迟恋爱或性关系是为了在心理上保护自己。他们害怕受伤。

等待期还有一个重要作用。在这段少则几周，多则几个月甚至几年的时间里，年轻动物们接受了一项重要的性教育，它们学习了自己物种特有的求偶文化和传统。

练习，练习，再练习

我们乘坐的野战卡车向右急转，爬上了一个满是车辙的斜坡，然后停在了一座小山上。我们向下看去，是一片连绵起伏的绿色，间或点缀着黄色的野花。这个小山谷中有一个湖，在湖对岸有一群麋鹿。[21] 在亲眼看到它们之前我们从来没有听说过这种动物。这里是离俄亥俄州哥伦布市半小时车程的一个叫"the Wilds"的野生动物园，一个占地 40 平方公里的自然保护区。

麋鹿原产于中国，但野生麋鹿已经灭绝。这个保护区有效保护了麋鹿种群，使它们从 1995 年的 15 只增长到今天的 60 只左右。那天，我们的兽医导游指着湖对岸，向我们解释这群动物是如何安排下午活动的。

最远处是三四只年龄大些的青少年雄性麋鹿，正一起懒洋洋地躺在岸边。离我们停车地方稍近一点的是一群较小的、刚刚长出鹿茸的青少年，它们在水里进进出出，就像参加泳池派对的中学生。更近的是各个年龄都有的雌性麋鹿群，它们有的懒洋洋地躺在岸边，轻摇着耳朵，有的在水里戏水，有的怀孕了，还有的在附近带孩子。在离我们最近的湖边，一只占统治地位的雄鹿像国王一样独自审视着整个鹿群。

像所有发育成熟的雄性麋鹿一样，这只雄鹿头上戴着一个巨大的鹿角架，上面有多个分角和粗大的枝杈，在它的头上织成了一个巨大的篮子。它的王冠大到好像一棵从头骨上长出的又小又结实的树。雄鹿对鹿角的所作所为比鹿角本身更不可思议。雄鹿拖着它的王冠涉水而过，并在岸边行走，它的鹿角架子上挂满了野草和其他植物，还点缀着满是泥点的树叶和轻巧的枝干，像节日彩带一样，也像一丛凹槽中的鸟巢。这叫作"装饰鹿角"，是许多南亚鹿的一种常见行为。

没有人知道这些引人注目的装饰品能提供什么生物学上的优势，但是麋鹿鹿角装饰得越奢华，它作为繁殖伙伴就越受欢迎。就像孔雀漂亮的尾巴一样，装饰鹿角的奇观似乎并没有什么直接功能，除了向潜在的伴侣发出性暗示外，更重要的是，这是一种社会成熟度的信号。

我们注意到，鹿角并不是这只雄鹿用来显示其成熟状态的唯一工具。它身体的颜色也与其他成员不同。雌鹿和年轻雄鹿的身体都是像烤饼干那样的褐色，而这只雄性鹿王则是黑巧克力色。但是，那不是因为它本来毛皮的颜色就与众不同，而是因为它把自己弄得满身是泥和尿。这是麋鹿的另一个性信号。除了这些，成熟的雄鹿还会发出一种独特的叫声，叫作"喇叭"；并且它们会做出一副独特的、昂首阔步的样子，来炫耀它们装饰过的鹿角。

在湖尽头的青少年麋鹿正在走向成熟，但还远未达到完全成熟的状态。它们的鹿角上只有几条苔藓般的条带，一点也不像雄性鹿王的装饰那般复杂精美。它们的身体仍然是像母亲和年幼的兄弟姐妹那样的烤饼干色。经历了发育期的生理变化，这些年轻雄鹿的身体和鹿角大小虽可与雄

173

性鹿王相媲美，但还在野蛮成长期的它们还没有经历让自己完全成熟的文化体验。随着夏天一天天过去，它们会越来越擅长装饰鹿角、发声、滚裹泥巴和尿液。最终，它们会变得强壮和自信，足以挑战雄性鹿王。但此刻还不是时候。现在，它们聚集在湖的另一边，观察、等待和练习。

原产于新几内亚岛和澳大利亚北部的园丁鸟在鸟类学圈子里是一个传奇，因为成熟的雄性园丁鸟会为了吸引配偶而筑起精美绝伦的巢。[22] 但是，就像鲸鱼在水下学习唱歌和麋鹿装饰它们的鹿角一样，园丁鸟并非是在一夜之间学会建立起坚固且有吸引力的巢穴的。青少年和年轻的园丁鸟会花一年或更久的时间观察鸟巢建造大师是如何筑巢的。它们不仅花时间观察，也会花更多的时间磨炼技能。此外，当导师们不在时，它们还会在导师们的选址上筑巢，从而吸引到更具经验、更完美的配偶。这些年轻雄性园丁鸟像颇有策略的学徒，不仅努力，而且聪明，知道在技艺成熟前不要威胁到任何成年雄鸟。虽然雄性园丁鸟五六岁时就具备繁殖能力，但它们通常要等到 7 岁才长出成熟的羽毛。延迟鸟羽成熟就像鸟类中的红衫球员制度一样，让这些青少年和年轻的成年园丁鸟有时间变得更强壮、更有经验，同时保护自己不至于受到嫉妒的成年雄鸟的攻击。[23] 我们需要明确的是，这种延迟不是有意识的。相反，它是在特定的自然和社会环境作用下自动发生的。得到额外时间来学习和练习筑巢的雄性园丁鸟，最终会在吸引雌性到巢穴中与它们交配一事上更为成功。

爱不再是过去的样子

数千年来，麋鹿和园丁鸟表现出性兴趣的主要方式是一成不变的。相比之下，为了适应经济压力、文化变迁以及对性需求和性期望的时代新理解，人类的求偶行为几乎在每一代都会发生变化。在许多方面，现代青少年和年轻人的约会情景与他们的祖先，乃至与他们的父母都完全不同。

哥伦比亚大学公共卫生教授，也是婚姻文化人类学著作《现代爱情》（Modern Loves）一书的作者珍妮弗·赫希（Jennifer Hirsch）写道："全世界的年轻人都在刻意将自己与父母和祖父母进行比较。"[24] 在她的田野调查中，她发现从墨西哥到尼日利亚再到巴布亚新几内亚，约会规范和求爱话术都在发生变化。

赫希写道："在墨西哥西部的农村，年轻情侣们手牵手在广场上散步，甚至在镇上迪斯科舞厅的黑暗角落里一起跳舞，而不是像他们的父母那样，只能通过石墙的缝隙窃窃私语。"她继续写道：

> 在巴布亚新几内亚的胡里族中，年轻的夫妇经常住在一起，而不是像过去那样男女分开居住。他们认为，对相爱的夫妇来说，"家庭住宅"是"现代""基督教"的生活方式。在尼日利亚，尽管婚姻在很大程度上仍被视为一种关系，是个人及家族之间的义务联结，但至少求爱已经转变为年轻男女展现他们现代个性的时刻。

皮博迪博物馆 2012 年的展览中，有一件由一位美国大平原上的战士创造的艺术品，描绘了 19 世纪拉科塔族（Lakota）为方便互有好感的年轻男女交流感情而设的一个习俗。[25] 这件艺术品是一对站着的夫妇，被一条红色的大毯子围着，脸也盖住了，只在他们的头顶边缘露出一条缝。一条虚线从他们的嘴间穿过，表示他们之间在进行谈话。展品标签上的解释是："当青年男子想要追求一个女人时，他会在她晚上去打水的时候试图和她说话。如果她愿意接受，他会给她盖上双人羊毛毯。"[26] 巨大的毯子包裹着他们，创造了一个临时空间，使这对情侣可以在密闭的空间里交流感情，彼此了解，不受父母和族群中其他人干扰。

21 世纪的数字化约会场景可能会让年轻人渴望得到一张求爱毯来给他们一些隐私空间，或者至少对如何开始一段恋情有更明确的规范。至少从古希腊时代甚至更早的时候开始，年长者就已经对年轻人的时尚束手无策了，但我们也确实可以说，我们正处于一个性相关行为发生剧变的特殊时期，这使得准备不足的青少年不得不面对他们自己的性课题。或许确实是上述这样，但还有一种更简单的理解方式。改变的不是青少年对性的不确定性，也不是成年人对青少年性行为的担忧，而是现代的成年人不再教授孩子复杂但诚实的沟通方式，甚至他们自己都不了解如何去做，而这种沟通类似于前文所讲的动物们要做好社会和技能准备再在一起。

青少年生活教练辛迪·埃特勒（Cyndy Etler）在接受美国有线电视新闻网（CNN）采访时表示，性教育应该扩展到社会行为层面，以保障青少年和年轻人的安全。"青少年想要了解社会、情感、行为方面的信息，包括如何定义侵犯行为，如何处理熟人不当的挑逗，甚至该用什么样的词来开启这些禁忌话题。"[27]

心理学家理查德·韦斯布尔德（Richard Weissbourd）对此给出了另一种回应。他认为，21世纪的许多青少年和年轻人渴望学习有关爱情的课程。他们需要更多指导，诸如如何开始或结束一段关系，如何处理分手，如何避免受伤。[28]

韦斯布尔德认为，对于目前广泛存在于人们性观念中的厌女症和性别歧视，只要多谈谈健康的两性关系，就能在很大程度上削弱之。在他看来："维持感情关系是我们都需要练习的东西。我们或许会心碎，结局可能很糟糕，但我们仍然可以从中学习如何诚实而善良地爱别人。这为我们成年后建立成熟的关系做了准备。"

韦斯布尔德认为，青少年要做到这一点，最好的方法之一就是听一些关于在关系中相互让步的故事，既有浪漫的心意也有心碎的经历。浪漫的榜样可以来自电视和电影，也可以来自经典读物和当代小说。就像澳大利亚作家杰梅茵·格里尔（Germaine Greer）所说的："图书馆是一个能让你丢掉天真而非童贞的地方。"

对人类而言，书籍、电影及其他媒体是学习与性有关知识的重要媒介。例如，在简·奥斯汀的《傲慢与偏见》中，伊丽莎白·班纳特和威廉·达西如何在父母和社会的期望中平衡自己的需求和欲望，是这部小说的中心思想。而不管你是阅读小说，还是观看 2005 年由凯拉·奈特利（Keira Knighriey）和马修·麦克法迪恩（Matthew MacFadyen）主演的改编电影，这个故事都能给你一些启示。这部小说的魅力甚至超越了它的历史背景。海伦·菲尔丁（Helen Fielding）的《BJ 单身日记》（*Bridget Jones's Diary*）的巨大成功也证明了这一点。《BJ 单身日记》可以看作是《傲慢与偏见》的当代衍生品。蕾妮·齐薇格（Renee Zellweger）和科林·费尔斯（Colin Firth）在荧幕上演绎了这个故事的现代版本。随着历史推进，即使衣着和发型发生了变化，求偶的基础仍然是平衡欲望和不确定性。

还记得座头鲸绍特吗？在绍特性生活即将到来之际，一些平行部落成员，也就是人类青少年们正在全神贯注地阅读一本探索性经验的书。这本由朱迪·布鲁姆（Judy Blume）于 1975 年出版的《永远》（*Forever...*）讲述了一名即将上大学的 18 岁女高中生，与她家乡的一个男孩之间初次性经历的故事。《永远》已经成为青少年经典读物，但和其他包含青春期性行为场面的故事一样，《永远》和《暮光之城》《壁花少年》，以及《寻找阿拉斯加》一起被美国图书馆协会（American Library Association，ALA）列入 1990 年以来"最具争议书籍"的名单。[29] 美国图书馆协会是图书馆成员组成的专业组织，成立于 1876 年，倡导包容和智识自由。[30] 据美国图书馆协会报道，青少年的性爱场面是目前为止他们收到的最常见的投诉理由，超过了暴力、赌博、自杀和撒旦崇拜，这些都是人们对一本书产生争议的理由。[31]

青少年阅读和观看的内容能帮助他们理解生活的许多方面，包括性，但并不一定能指导他们的具体行为，这也许是一件好事。因为，并不是每一个看着《欲望都市》（*Sex and the City*）长大的千禧一代在选择性伴侣时只有犹豫不决的凯莉、贪婪的萨曼莎、冷漠的米兰达或紧张的夏洛特这几种选择。

但值得注意的是，在许多动物中，尤其是灵长动物中，社会学习是非常强大的，而青少年动物所观察到的同伴行为会影响它们。[32] 青少年动物虽然不能阅读，但它们可以观察。它们通过观察来学习什么时候事情进展顺利，什么时候不顺。此外，在野蛮成长期发生的早期性经历会贯穿动物的整个成年生活，对人类来说也是如此。[33]

虽然青少年时期的野生动物不会看电影或电视，但它们确实有很多机会看到交配行为。观察有经验的长者的典范行为是一种常见的学习方式，年轻动物不仅可以借此学习性知识，而且能学习如何交流性欲望并理解对方的反应。这不仅仅是在观察如何交配，而且是在学习和理解欲望是如何表达和反馈的。

交配树

在马达加斯加的热带雨林中生活着一种叫作马岛獴的肉食性动物。想象一只消瘦的美洲豹长了一张圆圆的泰迪熊脸，像蛇一样敏捷地爬上树干，同时像狼獾一样专注又凶猛地追逐猎物，这就是马岛獴。它的求偶行为同样奇特和不寻常。

德国进化生物学家米娅-拉娜·吕尔斯（Mia-Lana Lührs）告诉我们，马岛獴群落将某些高大的树木指定为交配树。[34] 寻找配偶的雌性马岛獴爬上这些指定树木的枝头，发出贯穿整个森林的求偶声。来自四面八方的雄性马岛獴会爬上来，表示它们愿意交配。这个"长发公主"式的情节虽然没有魔法头发做成的梯子，却有童话般的效果：一个适配又有意的雌性吸引了敏捷而热情的雄性。

但是，响应雌性马岛獴求偶声的并不仅限于处于性鼎盛时期的雄性马岛獴。年轻雄性马岛獴也会来到交配树前，看着年长的竞争者争先恐后地爬上去。吕尔斯回忆起有一次，她正坐在交配树下，在一场特别喧闹的约会中，看到两个年轻的雄性冲了上来，于是她记录下了观察的结果。这两只年轻马岛獴对年长动物的动作很感兴趣，绕着树的底部，越过吕尔斯和她坐的椅子来回上下快速移动。它们绕着圈子跑开，然后又跑回去。但它们谁都没有真的试图爬到树上。对于雄性马岛獴来说，爬上求偶树就表明了它们的欲望，而这两只显然还没有准备好。就像参加舞会的 6 年级学生一样，它们只是来旁观。

求偶树不仅仅是一个交配的地方，还是一个学习如何求爱的地方。马岛獴也会向年长者学习求偶。吕尔斯描述了一次她观察到的场景：一对母女一起来到交配树下。女儿爬上去开始叫。与此同时，母亲在地上等着，甚至还打了个盹儿。过了一会儿，没有雄性回应，于是女儿下了树，母女俩一起离开了。

我们问吕尔斯为什么马岛獴母亲会护送女儿往返于交配树，是否有一个进化或社会学方面的原因，她说，这种行为似乎是"受代际相传的传统或一些社会学习"引导的。而从进化角度来看，吕尔斯也观察到，在真正高风险的交配时刻来临之前，由母亲引入交配系统的女儿们能从中受益。因为如果年轻雌性马岛獴已经练习好了呼唤和回应仪式，那么在第一次交配时，年轻马岛獴才可能会更安全，繁殖上也会更容易成功。

吕尔斯补充说，如果母亲在女儿最后几年的依赖期间仍在生育，女儿就可能有机会观察它的母亲如何与对方交流欲望，评估配偶，并决定下一步该做什么，于是轮到自己时就拥有了更充足的准备。

成年个体的求偶能力会强烈影响后代未来的性行为。因此，成年个体应该向青少年展示健康成熟的关系是什么样子的。

远离交配树

对马岛獴来说，野蛮成长期是一个独特的性转化时期。[35] 当雌性马岛獴在 12 个月左右进入青少年早期时，它们的身体和行为可能会变得更雄性化。它们会长出类似于成年雄性生殖器的有刺附属物。这种雄性化在两三岁左右达到高峰。一旦成年，它们通常会恢复雌性的外貌和行为。雄性的马岛獴则恰恰相反，尤其是当它们独自生活和狩猎时，它们有时会以雌性的形态出现。科学家们在其他哺乳动物身上也发现了雌性化和雄性化之间的短暂转变，包括斑鬣狗、鼹鼠、某些灵长动物，以及一些鸟类和鱼类。

而对于人类来说，当青少年的性别认同不同于他们的父母时，会是一个特殊的挑战。就算父母和其他成年人再怎么支持青少年，也无法教他们在这套不熟悉的性别光谱中表达欲望。安德鲁·所罗门在《背离系缘》的前言中探讨了这种特殊的亲子脱节。他写道：

> 由于身份的代代相传，大多数孩子至少和他们的父母有一些共同特征。这些是垂直的身份认同特征。特质和价值观不仅通过DNA链，而且通过共同的文化规范，从父母传给后代。例如，族裔是一种垂直身份……然而，通常情况下，一个人也拥有某种与父母不同的先天或后来的特征，而这种特征对他父母来说是陌生的，因此他必须从同龄人群体中获得身份认同。这是一种水平的身份认同……同性恋就是一种水平的身份认同。[36]

座头鲸绍特可能是在对鲸鱼的求爱行为有了一定的了解后，才开始了它的第一次性行为，这是从它母亲和其他鲸鱼那里学会的。当它和妈妈一起游泳的时候，它听到了雄性座头鲸年复一年的合唱，也看到了妈妈的反应。绍特可能感受到了座头鲸求爱时发出的沙哑的兴奋声（接下来我们会补充更多相关信息），预见到自己将成为其中最受欢迎的雌性。

从2岁到10岁，绍特经历了青春期，它大部分时间都是单独行动或与其他青少年一起。从信天翁、企鹅到大象、水獭，青少年时期的动物们聚在一起，通常专注于完善觅食和狩猎技能，努力远离捕食者，如那些专门攻击青少年时期座头鲸的虎鲸或者捕食王企鹅的豹形海豹。在这些青少年和年轻个体之间无论发生任何性相关的行为，通常都不是生殖性的。

在大约 10 年的时间里，绍特在冬季繁殖季节虽然可能听到了雄性的合唱，却没有任何欲望，也没有必要做出回应。但有一年冬天，情况改变了。

第 13 章

最重要的学习：第一次

当你看到平原上万只驯鹿奔腾而过，或是海洋里上百万条凤尾鱼组成的超大规模鱼群时，很容易就会忘记这些动物群体都是由个体组成的，每个个体在年龄、性别和体型上都是独一无二的。牛群、羊群和鱼群的多样性也涵盖了吸引力和欲望水平的差异，不是每只雌驯鹿都对与雄驯鹿交配感兴趣，雄性棕鸟的低语也并不会吸引所有雌性棕鸟，甚至鱼类也有兽医所说的"伴侣偏好"。

我们人类将这种现象称为化学反应。

从"the Wilds"野生动物园内的俄亥俄湖到麋鹿栖息地之间有一段很短的路程，是麋鹿练习装饰它们的鹿角的地方，与它们共同生活在那里的还有一群猎豹。这种拥有流畅线条的猫科动物原产自非洲，但它们在非洲本土的数量正在下降。"the Wilds"野生动物园是世界上 9 个有选择性繁育猎豹的中心之一。这里是全球保护工作的一部分，称为物种生存计划（the Species Survival Plan，SSP），动物园、庇护所和其他专家顾问联合在一起来组织动物配对，由此最大限度地提高那些数量正在减少的动物种群的遗传多样性。[1]

我们参观的那天，猎豹饲养员很沮丧。有两只猎豹照理来讲是对方完美的另一半，但它们怎样都不想做和浪漫有关的事情。雄性不想接近雌性，雌性也不想接近雄性，完全不存在任何化学反应。我们也从大熊猫、大鸨、雪貂、鬣狗和一系列蹄类动物的选择性繁育专家那里听到了同样的故事：尽管两个潜在的配偶都在适当的繁育年龄并拥有一定的经验，但它们之间就是不来电。正如一位动物园生物学家所说："当男女初次见面时，事情并不总是进展顺利。"

兽医们发现，即便是农用牲畜交配，"情趣"也需要恰到好处。恶劣的天气会抑制性欲。[2] 对于繁殖种马来说，光滑的地板或太多的人观看都会降低其性兴趣。对于奶牛来说，它们在夜间往往更兴奋，所以选对时间也是很重要的。

如果你做的是熊猫或猎豹的繁育工作，你会发现尝试制造化学反应，使它们产生彼此之间的交配欲望的过程非常令人沮丧。但是，如果是一个繁衍欲望强烈的个体在寻找另一个渴望回应的个体，在这一过程中，化学反应可以成为个体生命中最令人兴奋的部分之一。

由吸引力和欲望组成的复杂感觉就是化学反应，在野蛮成长期，这种感觉最难以抗拒而又神秘。就像是塑造了地位感知的神经生物学，以及创造了动物防御机制的恐惧特征一样，求爱的生理和行为基础建设在群体中十分常见，但对单个青少年个体来说却是独一无二的。它是通过经验发展起来的。

对座头鲸绍特来说，它当然无法用语言来描述它第一次交配时的感受，但从身体层面和生理层面来说，这种经验输入的过程和其他动物是类似的。我们不知道绍特的初恋是谁，但有一件事是可能的：它和绍特之间有化学反应。它可能来自挪威、加拿大或是格陵兰，每年夏天都像绍特一样迁徙，跟在母亲身边，往返于加勒比海的繁殖区和北部觅食地之间。它一生中也可能目睹过年长鲸鱼之间的求爱，并且可能是一个青少年群体或年轻的成年群体中的一员，它和同伴一起在大西洋游历了几年，学习进食、躲避捕食者和社交。也许有一天，它被邀请加入雄性合唱团，在那里学会了古老的歌曲，也创作了一些自己的曲目。

绍特听到了合唱声，一边倾听着一边朝着雄性们游去。当它离得足够近时，就沉浸在音乐中，评估着歌唱者的准确性和创造力，思考这些潜在伴侣的吸引力。它出现在繁殖地表明了它对性有兴趣，但这并没有让它交出自己。

也许绍特的初恋情人唱得特别轻快，引起了绍特的注意。也许它以某种迷人的方式传递了一个信息，让绍特认为它是一个强壮而深沉的潜水者。也许它夏天在挪威、加拿大或格陵兰岛吃的磷虾让它看起来很健康，是一个很好的觅食者。

不管到底因为什么，绍特靠近了，并且选择了这只雄性作为自己的主要"护航员"，这是一种座头鲸研究人员仍未完全理解的信号。有人说绍特扇动了一下胸鳍，有人说它只是发出了一个信号，但不管它具体是怎么做的，总之，它表明了自己的愿望。而它选定的"护航员"回应了，于是古老的求爱过程开始了。

（鲸）吵闹集群
rowdy group

高强度的座头鲸交配表演和比赛，一头成熟的雌鲸可以引起几头甚至二十几头雄鲸的相互追逐和竞争，以此向雌鲸表现自己的性魅力。

鲸鱼观察专家们对座头鲸求爱仪式中接下来发生的事兴奋不已。这一即将发生的过程被称为**吵闹集群**，或更科学地称为竞争集群，是地球上最壮观的行为表演之一。两位有着在锡弗浅滩航行数十年经验的鲸鱼观察船船长在他们的网站上这样描述：

一头"待字闺中"的雌鲸首先会拥有一个被称为"护航员"的主要追求者。如果另一只雄鲸认为自己是一个更合适的配偶，想将自己强加其中，意图取代护航员，那么它就成为"挑战者"。当有一个以上的挑战者出现时，吵闹集群（竞争集群）就开始了，每只雄鲸都在充满渴望地争夺雌鲸身边的位置。[3]

一个典型的吵闹集群由 3 ～ 6 只雄性鲸鱼组成，但是在锡弗浅滩上可以看到至少 20 只鲸鱼。雌性鲸鱼决定了比赛的节奏，比赛可以持续数公里，持续好几个小时。雄性角逐雌性身边的位置，而这种竞争是非常费体力的。雄性用嘴上的喙状突起相互推动或撞击，用下巴底部的铁砧般的骨头撞去对方，还会用尾鳍和胸鳍互相攻击。它们或咬紧牙关或发出声音，尾巴用力拍打水面，以用冲向对方和搞破坏的方式来恐吓对方，甚至还会试图把对方困在水下令其呼吸不畅以使对手疲劳。这个过程会造成一定的伤害，通常是由在下巴和鳍上的藤壶造成的严重划伤……划得血肉模糊，甚至背鳍软骨都可能折断。

水下摄影师托尼·吴（Tony Wu）曾拍摄过太平洋座头鲸吵闹集群的照片，他将这种景象描述为"鲸鱼全力以赴的相互啄食、吹泡泡，它们猛击身体、拍打尾巴、喉咙轰鸣，是一场全方位的大混乱"。[4]另一位摄影师罗杰·蒙斯（Roger Munns），在英国广播公司的自然历史系列节目《生活》（Life）中记录了汤加的一个座头鲸吵闹集群，并将其描述为"不可思议……就像站在高速公路中间"。[5]

鲸鱼专家指出，尽管吵闹集群看起来相当暴力，但这一过程仍由雌性控制节奏，由它提出同意、要求并招徕雄性。雄性通过参与竞争来表示它们的兴趣，没有兴趣的雄性大概都不会参加比赛。

吵闹集群会持续很长时间，令参与其中的个体精疲力竭，并在雌性和它选择的雄性开始交配时戛然而止。尽管科学家在全世界的鲸鱼群中都观察到了吵闹集群，但令人惊讶的是他们很少看到交配的时刻，也许是因为它是在短短的 30 秒内发生的。

2010 年，一名摄影师报道说，他目睹了一对太平洋座头鲸交配。在汤加附近，他拍到了一个吵闹集群，最后两头巨大的雄性发生了剧烈的冲突，而在一旁，雌性安静而迅速地（新闻报道称之为"短暂而温柔地"）与一只较小的、较年轻的雄性交配了。[6]

性的初学者

野生生物学家很容易发现动物们性经验的不足，因为它们往往会做出夸张的动作、选择不当的时机。缺乏性经验的动物在调情和交配时都很笨拙，有时还会失手。我们从一系列动物专家那里得知，尽管如此，又或者可能正因如此，动物们在双方都缺乏经验的情况下，更能容忍对方性方面的不成熟，从企鹅到马都是这样。

即使是像蛾子一样不起眼的生物也有第一次。你可能不太会去考虑蛾子的贞操问题，但有趣的是，即使是昆虫在第一次交配时也会表现得像鲸鱼或人类一样笨拙。我们知道这一点，是因为一位昆虫学家（后来成为图书馆馆长）在美国明尼苏达州的玉米地里进行过一项有趣的研究。

香农·法雷尔（Shannon Farrell）研究了玉米螟蛾的求偶行为。[7] 因为她需要性初学者，所以采用了252只她在实验室培育的处女蛾来研究。这些蛾是按性别分开饲养的，由此保证它们缺乏性经验。法雷尔想看看它们在第一次交配时的表现。她尤其想观察它们的求爱模式究竟是相同的还是各具特色的。与许多其他种类的蛾子和蝴蝶一样，玉米螟蛾评估和回应性欲的方式也十分复杂，昆虫学家相当抒情地将这一套行为描述为"扇动、盘旋、鞠躬、下跪，甚至拥抱"。

法雷尔的研究是由美国农业部资助的，该部门对飞蛾求爱舞蹈的奇想不太感兴趣，而更多地致力于研究如何阻止飞蛾繁殖。玉米螟蛾有个别号叫作"可怕的欧洲玉米螟"，每年会造成价值数百万美元的农作物的损失。美国农业部正在致力于用行为方法替代化学方法对害虫进行控制。他们想让法雷尔了解求爱行为是否可以中断，通过限制飞蛾繁殖来阻止飞蛾的扩散。

　　法雷尔发现，有繁殖经验的成虫在表达性欲和性接受方面非常有规律，它们确实是在遵循某种特定的模式。[8] 但与此同时，飞蛾初学者的求爱行为则千差万别。随着时间和经验的积累，它们的动作变得更加流畅。我们不知道这些初学的飞蛾是否经历过微妙状态①，但在法雷尔的实验中，飞蛾的第一次尝试充满了摸索和失误，性信号常被雌雄双方误解或忽视。对性经验不足的蛾子来说掌握复杂的求爱方法是一个挑战，对人类性初学者来说也是如此。

　　无论是虹鳟、蜥蜴、秃鹰还是人类，交配基本都有固定的行为模式可以遵循。因此，使得物种与物种、个体与个体之间区分开来的，并赋予文化和个体独特性与美感的不是性行为，而是两个个体如何表达欲望和建立关系。

　　对于地球上的每一个物种来说，第一次交配都可能是浮躁或甜蜜的，令人兴奋或尴尬的，亲密或令人胆怯的。当然，仅仅因为性行为是一种模式化的行为，并不会在一开始让它变得更可怕或是更刺激、更愉悦。对一些个体来说，第一次性行为所产生的情绪或许会成为童年和成年生活的分界线，是一个意义深远的时刻。获得性经验可能会使孩子和父母之间产生隔阂，即使亲子间什么事情都没有发生，但感觉也不一样了。[9]

　　我们很难说清绍特的第一次或最后一次水下交配是什么样子的。它的第一次吵闹集群是长还是短，是有很多雄性参与，还是只有一两头，它选择了哪一头雄性都还是未解的谜团。

性是复杂的

　　一旦青少年动物踏上了旅程，前方的风景对每个个体来说都是独一无二的。它们独特的体验创造了个性化的性特征，就像恐惧体验创造了特制

---

① 微妙状态，mamihlapinatapai，即前文提到的双方想要结合却不知如何开始的状态。

的内在盔甲一样。有些动物在交配之后会在一起待一段时间，一边休息一边彼此蹭鼻子、相互抚摸。[10] 遍布于南美各地的绒猴，交配后通过缠绕尾巴而联结。[11] 这种行为被称为"配对联结"。有的联结会持续一阵，但有的也会持续一个季节甚至一生。

配偶联结维系
maintenance of pair
bonds

作为长期关系投入的一部分，是指在交配前、交配中以及交配后双方所付出的活动与时间。

当同一对动物重复以上行为时，科学家将其称为"一夫一妻制的**配偶联结维系**"。在长期关系中，夫妻双方为了保持彼此的联系而进行的情感劳动，有时令人兴奋，有时又很乏味。但这一临床用语让我们觉得有趣，因为它回应了关于动物爱情最常见的一个问题：除了人类之外，还有其他动物会终生相伴吗？

但在动物世界中，真正忠诚、长达数十年的婚姻关系实属罕见，能够庆祝金婚纪念日的物种就更少了。一些鸟类，如天鹅和老鹰，似乎能够维持一夫一妻制的终身伴侣关系。[12] 有些动物只在一个繁殖季节里选择一个伴侣，然后明年又找到一个新伴侣，自然界中大多数动物都不是一夫一妻制。

有一种动物是海马的近亲，被称为尖嘴鱼，它以终生保持配偶联结而闻名。[13] 尖嘴鱼夫妇有一个不同寻常的日常仪式，叫作问候。每天早上，这两条鱼在同一个地方相遇，进行一系列简短的游泳动作，包括背对背拱起、水平平行游泳和垂直上下摆动。几分钟后，这对夫妇会分开，在第二天早上的问候之前都不会再见。这种仪式是专一的，并且即使不是在繁殖期，也不需要哺育的时候，它们也会这样做。动物行为学家朱迪思·古迪纳夫写道："人们认为，问候仪式的功能只是维持与伴侣的关系，为繁殖季做准备。"

DNA 亲子鉴定显示，与一夫一妻制的尖嘴鱼不同，雌性座头鲸一生中有许多不同的性伴侣。在 1979 年的繁殖季季末，绍特和它的伴侣很可能分道扬镳。绍特和亲戚去了斯泰尔瓦根海岸。它的伴侣可能和同伴一起游走了，回到挪威、加拿大或格陵兰岛，或者夏天的觅食地。

如果它们在未来的某个季节重新相遇，可能会再次交配，也可能爱情的火花会消失。但是，第一次交配时彼此间的化学反应和求爱经验，会影响它们对未来伴侣的选择。求偶，这一由欲望和犹疑指引的古老又普遍的行为，让两个个体跨越数千公里的海洋，联结在了一起。

许多物种都有这种奇妙的行为。掌握求偶行为需要个体了解自己的性兴趣并学会表达，同时准确评估对方的性兴趣。最关键的是，二者要共同学习、协调并同步行动。年轻动物要在生活中反复练习这些步骤，从而与伴侣在本质上达成协调一致的性行为。动物的这种协议与我们人类的性同意行为密切相关。

第 **14** 章

解读求偶信号

在波士顿的一所神经生物学实验室里，一群穿着卫衣和运动鞋的研究生正坐在电脑前打字和观察显微镜。在他们的工位上方悬挂着视频监控器，通过监控器我们可以看到黑色屏幕上的一排白色的圆圈。这些圆圈上有一些微小的运动，仔细观察就会发现，圆圈上爬满了苍蝇。我们拜访的是迈克尔·克里克莫尔（Michael Crickmore）和他的同事（也是妻子）德拉加娜·罗古里亚（Dragana Rogulja），他们正在研究大脑中的古老动力系统。[1] 在他们的介绍下，我们很快发现这些果蝇在互相追逐、翻滚、打转和梳理毛发。

果蝇只有 10 多万个神经元，与人类大约 1000 亿个神经元相比，它们的大脑更小、更简单，但它们驱动冲动的神经系统与人类和其他哺乳动物是相同的，因此更容易研究。在大脑的众多回路中，罗古里亚和克里克莫尔研究的是调节睡眠、进食和攻击的系统。

在他们的研究中有一项重要发现，为理解雌雄之间如何进行性对话提供了可能。他们发现了雄性果蝇的求偶控制中心。这是一个由大约 20 个神经元组成的特殊群簇，专门用来调节交配行为。有趣的是，这 20 个脑细胞不仅可以激发果蝇交配的欲望，还可以接收和调节停止或前进的信号。在这个大脑区域内兴奋和抑制之间的波动可以控制雄性的性行为。

假设一只雄性果蝇有交配的欲望,但它不确定某只特定的雌性果蝇是否会对它感兴趣,那么它要如何平衡欲望与不确定性?这一需求决定了它的下一步动作。雄性果蝇通过用腿轻拍雌性果蝇来求偶。同种果蝇之间可以通过化学方式如传播信息素分子来传递信息,而果蝇腿上覆盖着的微小感受器就可以用来接收空气中的这些信息素分子。通过这种方式,雄性果蝇就能够从信息素分子传递的信息中辨别出对方是否对自己感兴趣。对雌性果蝇大脑的研究没有对雄性果蝇的研究那么广泛,但凯斯西储大学的研究人员发现,雌性果蝇有关性兴趣的决定是由其大脑 3 个区域内的 19 个神经元做出的,数量同样也很少。

当雌性果蝇接收到雄性果蝇感兴趣的信号时,雌性果蝇的求偶控制中心会权衡和评估其自身兴奋和抗拒的程度。这种求偶交流是双向的,有时二者可以发展到交配这一步,但也不一定全是这样。如果一只果蝇感知到潜在伴侣还未发育成熟,没有性欲,太年幼或太老,它就会发出强烈的拒绝信号。事实上,罗古里亚和克里克莫尔发现,会有超过一半(56%)的果蝇求偶行为停在拍腿的阶段。它们会轻轻拍一拍对方的腿部,再相互说一句:"谢谢你,下一个。"而有 44% 的个体在轻拍腿部之后正式进入求偶阶段,开始表演特有的追逐、鸣叫和振翅舞蹈。

这一系列复杂过程是由大脑中的多巴胺调节的,多巴胺是一种与寻求奖励密切相关的化学物质。从果蝇到座头鲸再到人类,这些动物体内都可以发现多巴胺的痕迹。多巴胺能够激发欲望,引导欲望。如果潜在的伴侣也有类似的欲望,那么多巴胺所引导的兴奋就会占据主导地位。可以说,多巴胺越多,果蝇对被拒绝的敏感程度就越低。

罗古里亚和克里克莫尔还发现,多巴胺是推动求偶行为发展为实际交配行为的关键神经递质。那些在中途放弃求偶的果蝇体内的多巴胺含量较低，而那些多巴胺含量较高的果蝇更可能继续求偶过程。

为了解释多巴胺的效果以及它是如何起作用的，克里克莫尔讲述了神经生物学家奥利弗·萨克斯（Oliver Sacks）在《睡人》（*Awakenings*）中提到的一个故事。[2] "B 太太"是作者的外祖母，她一直处于紧张性精神症（catatonic）的意识状态中。但在几十年患病的过程中，她变得越来越冷漠，以至于全然麻木了。萨克斯认为这可能与多巴胺有关，B 太太可能已经无法产生和传递这类神经化学物质了。萨克斯给她注射了 L- 多巴（L-DOPA），一种构成多巴胺的氨基酸。在开始治疗后的一周，B 太太开始逐渐恢复反应，她变得健谈了。萨克斯描述说："她那几乎完全被疾病所掩盖的智慧、魅力和幽默也展现出来了。"B 太太告诉萨克斯，在接受注射 L- 多巴之前，她感觉自己"毫无人性"。萨克斯也回忆道，B 太太曾说过："我已经不再关心任何事情，就连父母的去世也不能打动我。我也不知道什么是快乐或不快乐。这是好事还是坏事呢？它都不是，它什么都不是。"

克里克莫尔向我们解释说，多巴胺可以激发动机。[3] 它虽然不会直接触发行为，但它决定了外界刺激是否有效。更重要的是，多巴胺可以保证行为的持续性。克里克莫尔把多巴胺比作割草机里的燃料，如果油箱里没有很多汽油，你就需要很大的拉力来启动引擎，但机器运转不了多长时间就会慢慢停止工作。但是如果油箱里充满汽油，它就可以立刻启动，并可以持续转动。多巴胺跟这种情况差不多，它可以激发一种行为并能够为行为的持续进行提供能量。

但是多巴胺在动机触发中的作用，以及接下来动机在求偶过程中起的作用并不是决定性的。它也不会自动就起作用。在多巴胺的推动下，行为可以被调节，但它不是一个自动化系统。克里克莫尔表示，果蝇绝对不是"小机器人"。

相对于求偶和性同意，罗古里亚和克里克莫尔对动机错位更感兴趣。

例如，欲望是如何发展成成瘾的，或者抑制是如何变成抑郁的。但在他们的结论中，仍有两个发现与理解求偶和性同意相关。首先，果蝇在决定求偶时既考虑了自己的性欲，也考虑了潜在伴侣的性欲。这是果蝇关于性的双向对话。

这一点非常重要，我们可以换一种说法来解释。关于性的双向对话是人类**自愿性行为**的基础。但就像果蝇的行为所揭示的那样，精密的大脑机制并不是产生"是"或"否"的性对话的必要条件。

自愿性行为
sexual consent

人类个体之间肯定的、有意识的且自愿的同意协商，双方自愿发生任何性接触。

其次，正如克里克莫尔所说，果蝇不是"反射机器"，它们行为中的灵活性令人印象深刻。求偶行为一旦开始，可以被任意一方停止或调整。

显然，果蝇之间的化学反应与人类之间的化学反应有很大的不同，人类的化学反应独特、复杂、微妙，需要特别的注意、关心和尊重。

但是我们和其他动物一样，都有以大脑区域为中心、被文化塑造过的古老的求偶传统。这意味着我们在性接触的每时每刻都会被伴侣的反应所引导。这种反复的性交流开始于野蛮成长期的早期阶段。

野生动物中的性强迫

几乎所有两性繁殖的动物都拥有发出性兴趣信号和接收反应的生物交流系统，这就要求我们反思自己是否曾经忽略过某些信息。会有动物完全跳过求偶阶段吗？说白了，它们是否强迫过不情愿的伴侣进行性行为呢？简单地说，答案是肯定的。

乔治·默里·利维克（George Murray Levick）是已知的最早记录到动物性强迫行为的科学家之一，他在1910—1913年曾是斯科特南极探险队（Scott Antarctic Expedition）中的一员。[4] 他曾记录下"流氓"雄企鹅强行与雌企鹅甚至幼年企鹅进行交配，这种可怕的描述在当时被认为争议太大，并不适合刊登在英国的科学出版物上。

从那时起，各种动物的性强迫例子都被逐渐记录下来，包括昆虫类、鱼类、爬行动物、鸟类、海洋哺乳动物和灵长动物。在研究伊始，我们对文献进行了系统性回顾，并整理了一份存在性强迫行为的物种清单。公羊、火鸡、海狗、食蚊鱼、虹鳟（孔雀鱼）、海獭，以及其他更多种类的动物有时都会强迫对方发生性关系。[5] 当我们把这 43 类物种放在系统发育树中，我们发现了一个重要但令人不适的事实：无论是雄性强迫雌性，还是雌性强迫雄性，强迫交配在动物界里普遍存在。

一些生物学家不愿意从动物身上去了解人类的性行为。从进化和物种比较的角度来理解人类性行为，有时会存在科学性上的缺陷，并有被性别歧视者误用的风险。一些人认为关于如何认定野外性行为是强迫性的存在争议，并且正是因为这种行为在自然界普遍存在，或许也可以被认为是"自然"发生的，从而使它们可能成为人类为性侵犯行为开脱的理由。但实际上，即使自然界中存在性强迫行为，这也不能成为人类性强迫的正当借口。并且，我们的研究也同样揭示了一个事实，即动物界中常见的两性关系是建立在沟通上的，是求偶的双向交流。

关于动物性行为的研究表明，强迫性质的性行为并不常见。关于"是""否"和"不确定"的信号不仅能被动物识别，通常情况下也能被理解。而且基于对动物行为的观察，这些信号也能被"尊重"。当一匹公马接近一匹对它不感兴趣的母马时，母马的耳朵会倒下来，它可能会不安地来回走动，攻击、撕咬并踢打正在靠近的公马。大多数情况下，接收到这些明显不感兴趣的信号时，雄性动物会退缩。猫、狗以及其他哺乳动物中的雄性也能对雌性所发出的不感兴趣的信号做出反应。即使是雄性爬行动物也能够从雌性的**接受性**反应中得到暗示。雄性亚马孙红颈龟有表达自己的欲望的一套仪式，包括把鼻孔放在潜在伴侣身上并轻咬它们。如果雌性对它不感兴趣，它们就游走了。相反，如果雌性感兴趣，它们就会允许雄性在它们的背上休息。[6] 一项研究表明，雌性会拒绝86%想要与它们进行交配的雄性。而在被拒绝后，只有4%的雄性会继续尝试进行性行为。研究者们得出结论，在大多数情况下，雌性发出的"否"的信号是会被尊重的。

跟其他动物相比，有些动物似乎有较多的性强迫行为。人们在对印度－太平洋地区的股窗蟹的观察中发现，它们好像没有求偶过程，而且雌性股窗蟹似乎对所有的交配行为都很抗拒。[7] 雌性红点蝾螈可以通过用鼻子轻推靠过来的雄性来表达它们的交配意愿，但它们好像没有表达"否"的有效途径。如果雌性只是在雄性靠近时躲开，不管怎么样，雄性都会把它控制住并进行交配。股窗蟹和蝾螈可能拥有某种性交流的方式，只是人类观察员并没有捕捉到。

强迫行为是如何发生的

我们在很长一段时间内都认为，在人类中，只有在使用身体约束或暴力的情况下，性行为才被认定是具有强迫性的。直到最近，情况才有所好转。然而，就像我们人类越来越能够识别无身体暴力的性强迫行为一样，动物学家也在试图划定大自然中对性强迫行为的界定范围。剑桥大学教授蒂姆·克拉顿－布罗克在1995年的一篇文献中描述了动物中3种不同类型的性强迫行为。[8] 第一类为**暴力性性强迫**，是指身体暴力性的强迫行为；第二类为**骚扰性性强迫**，是进行持续性、破坏性

接受性
receptivity

雌性动物表现出的身体和行为特征，表明它们有生育能力。这个术语只表示雌性拥有生育能力，不一定是指性接触的欲望。许多例子表明，有生育能力的雌性动物会在特定时间内拒绝某些雄性的性要求。

暴力性性强迫
sexual coercion by force

利用身体力量压迫或限制的方式去和一个不易接近的人发生性行为或其他性接触。

骚扰性性强迫
sexual coercion by harassment

通过骚扰的方式去和一个不易接近的人发生性行为或其他性接触。

恐吓性性强迫
sexual coercion by intimidation and fear

利用恐惧、伤害、威胁、恐吓去和一个不易接近的人发生性行为或其他性接触。

骚扰的性行为；第三类为**恐吓性性强迫**，是通过暴力性威胁，而不是暴力本身来使对方性屈服（sexual submission）。

虽然动物并不能直接告诉我们它们在性遭遇上的感受，但当身体暴力存在的情况下，性强迫似乎是显而易见的。例如，雄性南极海狗会坐在一只被压制住的王企鹅身上并与它进行交配，[9] 雄性海獭也会攻击年幼的斑海豹，甚至通常海獭的性器官会刺穿海豹内脏，并导致其死亡。这些行为毫无疑问就是性强迫。由于这类遭遇发生在不同的物种之间，其霸凌的本质已经昭然若揭。但即使是在同一物种当中，专家也能够分辨出强迫性行为和非强迫性行为。南半球一种叫白脸针尾鸭的雌性鸭子有时候会接受性行为，有时候不接受。[10] 当它们愿意交配时，会蹲伏下来并将身体前倾推向地面。但有时雄性鸭子会藏在植被丛里，抓捕或飞扑向那些不情愿的雌性，强迫它们进行交配。2005 年加拿大的一项研究发现："白脸针尾鸭的强迫性行为和非强迫性行为很好区分，因为在强迫性行为中，雌性没有求偶姿态，并且还不断地抓爬、挣扎。"[11] 人们震惊于通过身体暴力来进行性强迫的行为在各种物种中都存在，但不是所有的性强迫行为都这么明目张胆。

如果没有观察到身体暴力，两只动物之间似乎不存在性强迫。但如果雌性因为不堪骚扰而屈服，一种不太明显的性强迫可能就发生了。一些雄性动物可能会不断地骚扰不肯接受交配的雌性，阻止它们的觅食行为。[12] 海豚、绵羊、鹌鹑和银鲑鱼中都存在这种现象。受到性骚扰的象海豹、雄鹿和雌性玳瑁凤蝶最终都会妥协，接受性行为，这样它们就可以继续自己的生活。[13] 观察者如果缺乏这方面的认知，当他没有看到任何抵抗或者身体暴力时，可能就不会把这些遭遇看作性强迫。但这些情况是真实存在的，因为暴力恐吓和威胁可能就发生在性行为的几小时甚至几天之前。

灵长动物学家理查德·兰哈姆和人类学家马丁·穆勒（Martin Muller）在乌干达的吉贝利国家公园（Kibale National Park）对雄性黑猩猩的性强迫行为进行了研究。[14] 他们发现，具有生育能力的雌性黑猩猩有时会主动接近一些雄性并和它们交配，然而它们并不会接近所有雄性。它们只接近那些曾经攻击过它们的雄性。

当时的传统观点认为，有生育能力的黑猩猩会选择它们自己喜欢的配偶。但是兰哈姆和穆勒意识到这些雌性并不是基于喜好，而是选择了顺从。它们接近这些雄性是因为它们害怕不这么做的后果。这些雄性在几天前甚至几周前就曾经以攻击和暴力行为的方式威胁过它们，这样一来，这些雌性就不会抗拒，甚至可能会在生育期一到就与它们交配。这是一个无身体暴力的性强迫的典型例子。

科学家们在圈养的雌性大猩猩身上已经证实了使用恐吓手段来确保交配成功的做法。[15] 这些雌性大猩猩会选择与群体中更具攻击性的雄性交配，从而减少自己被其他雄性攻击的可能性。发现非人类动物中无身体暴力的性强迫为我们理解人类中性强迫和性同意开辟了一个强有力且曾被忽视的维度。

在人类中，看起来两相情愿的性关系实际上也不完全是两相情愿的。2017 年的美国反性骚扰运动（MeToo）揭露了众多行业中普遍存在的男性性恐吓和权力的滥用。[16] 与雄性黑猩猩和大猩猩类似，这些老板通常会利用自己的权力来威胁和侵犯那些不敢拒绝的女性。在人类社会中，利用身体力量、金钱、声誉和其他形式的恐吓来获得安全性行为的现象十分普遍，比如家庭暴力或为了发泄养家糊口的压力，权力滥用和对权力的恐惧助长了人类的性强迫行为。

恐吓和恐惧能够成为胁迫的武器，是因为受害者别无选择，他们被困住了。值得我们警惕的是针对青少年的性强迫罪犯也常采取相似的策略，他们往往会选择那些不能逃跑或无处躲藏的受害者。例如，喝醉酒会使人丧失行动能力，因此包括强奸犯在内的各种罪犯都会寻找这种身体受限的目标。再比如约会时给对方下药后再实施强奸，也是基于这一原理。喝醉或吸毒的青少年很容易成为受害者，因此，在针对"对捕食者无知"的青少年进行的安全性教育中，酒精和药物教育是至关重要的。

同伴的帮助

当个别动物被单独饲养时，青少年时期缺乏求偶训练会导致它们对如何建立性关系一无所知。例如，相较于那些接受过早期社会练习的豚鼠，单独饲养的年幼豚鼠和青少年时期的豚鼠在性上更暴力，成功率更低。[17] 而对于老鼠来说，青少年时期没有玩伴的个体通常无法发育成具有性能力的成年鼠。[18] 研究表明，年幼的雄性和雌性美国水貂都需要进行打闹游戏来为它们成年后的性行为做准备。[19] 杰米·阿洛伊·达拉雷（Jamie Ahloy Dallaire）是一位专门从事水貂行为研究的科学家，她说："这种打闹玩耍通常被称为'打斗游戏'，但至少对于某些物种而言，把这类行为叫作'交配游戏'可能更加合适。"

在成长过程中没有榜样和玩伴也会降低个体的性欲。康奈尔大学的行为学家凯瑟琳·豪普特（Katherine Houpt）在她的动物行为教科书中写道："如果个体从断奶到成年都是在孤独的环境中成长的，也就是说它完全没有社会交流，这将压抑它的性行为。"[20] 例如，孤独饲养的野猪通常会性欲低下。同样，狗在成长过程中如果没有与其他同类接触过，它可能有正常的性欲，但错过了幼犬期的爬背玩耍，它们会缺乏基本的性能力。

豪普特指出，在人类医学领域，相比于针对男性的研究，对女性健康，包括女性性行为的研究都比较落后。与此情况相一致的是，社会化对女性的影响"还没有得到充分的研究"。但她也指出，没有充分社会化的母猫可能会拒绝公猫。

一系列的社会经验是必要的，能够帮助青少年学习如何发出"是"和

"否"的信号。虽然他们有时候在求偶行为上带有明确目的，会简单而大胆地直接表达，但真正的求偶行为也有可能是微妙的。因此不加入社群当中是不可能完全理解求偶行为的。

观察动物的性交流有助于我们了解人类的性。表达、评估和反复回应是求偶的核心。并且，在野蛮成长期，针对求偶行为的学习能力也会增强。无论是人类还是非人类，除了这段时间，再也没有这种可塑性更强、思想更开放，而且有机会学习欲望交流的阶段了。不管是人还是其他动物，求偶行为本质上是关于性的对话，尤其关乎性是否会发生。然而，与性有关的对话常常不会以双方欲望都得到了满足而结束。但是如果在求偶行为中没有对话，就意味着其中一个参与者并不情愿。换句话说，没有求偶双向对话的性行为属于性强迫行为。

动物中3类性强迫行为，即身体暴力、骚扰、恐吓的方式，也存在于人类两性之中。有关动物性行为和求偶行为的研究可能没有办法立即解决人类性强迫这一灾难性问题，但它也揭示了年幼动物在野蛮成长期学习性交流的特殊重要性。

野外的短暂性交往

青少年在野蛮成长期可能会自认为对性十分了解，他认为这是人人都知道的事情。与此同时，他可能得到这样的信息：性是本能的，是先天的，是"动物化的"，不知怎么就会发生。但事实上，就像我们可以从观察飞蛾中所了解的那样，地球上的性初学者并不知道第一步要做什么。对人类来说，如果再加上酒精、不成熟、对表现良好的压力和对同意微妙而不同的理解，性很快就会变得复杂起来。

短暂性交往文化是21世纪的一个复杂问题，它被美国心理学会（American Psychological Association）定

短暂性交往文化
hookup culture

一种21世纪早期的性交往方式，其特征是暂时的或无情感承诺的随意性关系。

义为"两个既不是恋人，也不是约会对象的个体之间短暂的、不确定的性接触"。[21] 2013 年，金赛研究所和纽约州立大学宾汉姆顿分校的研究人员在研究美国短暂性交往文化时发现，美国年轻人中的约会文化已经开始向更开放和接受无承诺的性行为的方向转变。

研究者们接受采访时说："我们面对的是一种新兴的成年人文化，他们对于性的态度不明朗，更强调经验而不是确定关系。"[22] 研究者承认在美国，文化已经发生了改变，他们建议潜在伴侣在彼此之间继续讨论这个话题。考虑到这种转变可能会对青少年和年轻人的心理和情感健康产生的影响，他们发出了警告："短暂性交往行为虽然逐渐被社会所接受，但其可能存在比遭受非议更多的'附加条件'。"[23]

尽管短暂性交往文化确实存在，但社会学家丽莎·韦德（Lisa Wade）指出，短暂性交往本身其实并没有看上去那样频繁。她认为"大学生有很多性行为这件事是被虚构的。学生们猜测他们的同伴一年有 50 次性行为，其实这是实际数字的 25 倍。"

心理学家理查德·韦斯布尔德对此表示赞同。他认为这种行为并不常见。[24] 美国心理学会的研究和在校大学生的报告也反映了这一矛盾的现状。韦斯布尔德认为，青少年渴望的是浪漫，他们想要并且需要和他人建立联结。

对人类来说，短暂性交往接触过程中的交流可能不像座头鲸求偶的群体竞争或是果蝇的舞蹈那样复杂。但是这种关系的关键在于双方都同意，也必须要发出信号，解读并接受性意愿。如果不是这样，那么这个行为就不属于短暂性交往行为，而更可能是性强迫行为。

人们困惑于如何察觉到潜在伴侣的需求，对这个问题的广泛讨论显示，这种困惑来源于不成熟、对表现良好的压力以及缺乏上一代的引导。但显而易见的是，还有一件事使得知情同意的交流变得模糊：醉酒。研究者认为，醉酒会带来更大的健康和情感风险。[25]

对短暂性交往行为的虚构，也许有些耸人听闻，但如果不是错误的，那么其实这种揣测完全忽略了人类和其他动物在性生活中产生的化学反应、浪漫情怀和求偶表演的巨大力量。

爱情的永恒主题：沟通

直到 2018 年，在过去的 35 年里，绍特在至少 14 个繁殖季中，一直是雄性座头鲸追求的目标。我们有理由认为，它所有的求偶过程都遵循了同一个基本模式：在加勒比海的某个地方，进入一个求偶的竞争群体，寻找到一个理想性伴侣，在远离人类视线的地方完善关系。

绍特现在已经 50 岁了，当它浮出水面呼吸时，我们很容易就能辨别出它独特的白色斑纹。当座头鲸的合唱传到它附近时，它能够辨认出自己听到的内容。它懂得在面对雄性时如何表达和回应欲望。我们永远也无法得知，绍特完全成年后的性生活与它在 20 世纪 70 年代刚刚成年时的性生活有何不同之处。我们也永远无法得知，它在第一次性经历中的摸索和失败、它选择那些雄性的原因、它是否有一个最中意的对象，以及即使所有研究结果都指出座头鲸的繁殖是一个需要双方都接受的过程，但是否它每一次交配都是自愿的。

正如我们所见，动物界中的求偶是一种交流形式。它是一种不拘泥于文字的语言。它与理解和经验有关。当进行有效的交谈时，每个个体都可以从对方那里获得信息，而不是在进行两个相对独立的独白。

伟大的爱情故事通常与性无关，甚至许多故事连提都没提过。爱情故事通常是关于兴奋、情动、被错过的情意，以及在真正结合之前的试探，这些故事所表达的主题其实是沟通。

从绍特在大西洋中的浪漫冒险，到地球上其他的浪漫生物，从飞蛾、果蝇到水貂、马岛獴，从它们的经历中我们可以得出以下结论：

- 有时候，发生性行为之前多等等是很有意义的，世界上许多动物在生理准备和社会准备之间都有一个时间差。
- 在求偶上的等待、学习和练习，其实是在学习如何发出和接收欲望的信号，并共同决定下一步做什么。化学反应是建立在自愿、诚实和互惠的交流之上的。
- 即使是动物，伴侣的偏好也有不同，性和性欲都是有弹性的，就连果蝇都不是小机器人。
- 要知道，在任何时刻，在地球上的任何地方，哪怕是遥远的冰冻海滩上的古人类，都有成对的青少年和年轻个体凝视着彼此，带着相同的想要接触的欲望，以及思考如何开始的忐忑。

WILDHOOD

第四部分

谋生能力

对于野蛮成长期的动物而言，离开家乡标志着成年生活的开始。其他留在出生地的个体则承担起了新的角色和责任。无论哪种方式，青少年和年轻的成年个体通过为自己和他人提供生活保障来建立信心。

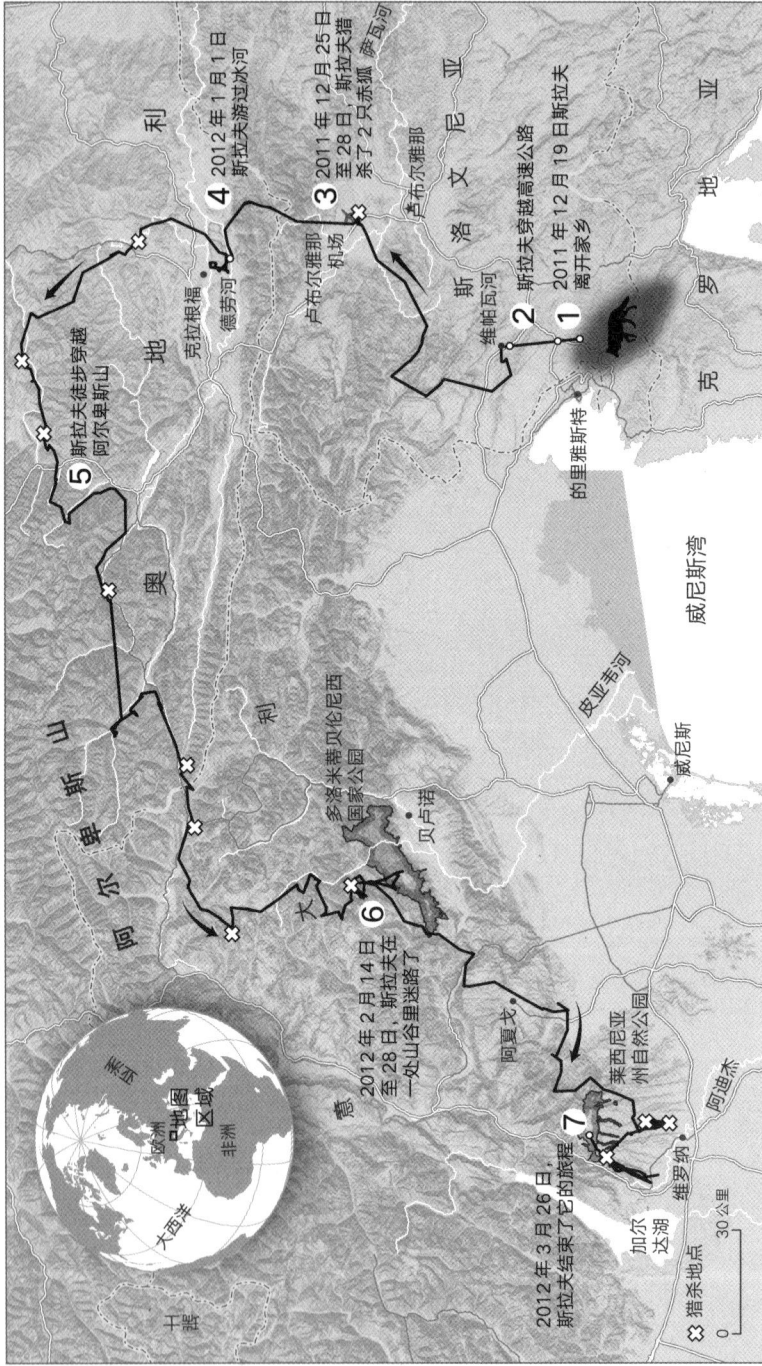

斯拉夫独自出发

猎杀地点

0   30公里

第 15 章

练习离家

2011 年 12 月 19 日，在靠近意大利的里雅斯特（Trieste）的斯洛文尼亚森林，一只名叫斯拉夫的年轻野狼在一片漆黑中醒来。此时距太阳升起还有几个小时，而这年冬天的夜晚比起往年格外寒冷。这天清晨，斯拉夫决定离开这里，它面向北方，朝着意大利阿尔卑斯山的方向，离开了自小熟悉的家。

几个月后，在 9600 公里之外的洛杉矶峡谷中，一只美洲狮也在破晓前醒来。它沿着一条干涸的河床悄悄地向前行进，河谷旁的别墅里熟睡的人们丝毫没有感受到它的动静。

野狼和美洲狮都还是青少年，过去一直和家人生活在一起。它们都很年轻，但已不再是幼崽，于是开始逐渐远离那个从小长大的地方。它们的身体已经完全发育成熟，可是论经历，它们还嫩得很，即便如此它们也要开始独自面对外面的世界了。

它们后来截然不同的命运为我们说明了生命中这一特殊时刻到底有着怎样决定性的力量。离家的那天，它们谁都没意识到，在背后隐隐推动它们向前的，是祖先们亿万年来流传下来的原始动力。这是一个普遍存在于全球所有即将成年个体身上的无比危险又古老的现象。它既是一个时刻，也是一种行为。它叫作"离巢"。[1]

一部野生动物版的成长小说

如果你想写一个关于青少年动物成长的故事，离巢一定会成为重要的故事情节。它就是编剧所说的能够触发行动的"诱因事件"，塑造了主角的追寻之路。**离巢**，通常指离开巢穴，它迫使个体直面内心恐惧、缔结友谊、寻找爱情。离开家的青少年们开始追逐自己的梦想，找寻际遇，并且探索自己。离巢可以推动故事情节是因为这是一场难打的仗。它让青少年和年轻个体直面孤立和冲突的考验，并最终进入下一个阶段：成年期。

离巢 dispersal

为了繁殖或其他生命活动，青少年时期或成年初期的动物离开出生领地去往新地区的现象。

离巢行为是极其复杂的，但简单来讲就是分离的过程，即青少年开始独立生活的那一刻。如果你是一个正在离巢的青少年，你就要开始学会保护自己、进行社交、寻觅食物。你可能会渐渐远离自己的家，离家时间也会越来越久，直至最终永远离开。但并不是所有的离巢都是永久性的，甚至有些动物永远都不离开。

如今，世界各地的青少年和年轻人第一次离巢的方式多种多样，可能是工作、当学徒、求学，也可能是参军。[2]对于一些人来说，结婚也是一次离巢。对大多数人来说，经济独立或稳定有助于他们成为"真正的"成年人。而对另外一些人来说，离巢则意味着露宿街头。

人类青少年各种不同的离巢方式也映射了野生动物初次离巢的情景。澳大利亚负鼠是个极端的例子，它们会在某个夜晚突然起身，径直离开它们出生的巢穴，走向远方。[3]杂色山雀则是另一个极端，它们会一直待在巢里，夸张地乞食，直到父母终于不得不切断它们的食物供给，它们才会搬出去。[4]

全世界的文学都有一个传统，英雄远征通常是由雄性开启的。[5] 然而，大自然中的许多例子表明，这一行为其实是雌雄对等的。在野马和斑马中，通常是雌性个体会离开自己的家加入新的宗族。我们的灵长类近亲倭黑猩猩、狒狒以及热带蝙蝠也是如此，雌性会离开出生地去寻找新的机遇。[6] 对于其他动物，比如企鹅、鲸鱼、狐蒙、鲨鱼，雌性和雄性青少年都会踏上英雄征程，其中有些是独自行动，还有些是组团遨游、飞翔、驰骋、蹦跳着一起去探索世界，有时要花上几年时间，才会在某个地方安顿下来开始成年生活。

生物学家认为，离巢有很多好处，比如避免近亲交配。[7] 但是，另起支脉带来好处的同时也有坏处。动物的首次离巢往往是它一生中最危险的时刻。让我们回想一下那只首次离开南乔治亚岛的年轻企鹅厄休拉。它和同伴们在生理上已经完全达到可以离巢的水平了，可是要想成功地离开，首先必须躲过豹形海豹致命的拦截。年轻的离巢者会频繁遭遇危险，许多个体都没能幸存下来。

野狼斯拉夫突然离开了家。[8] 这无疑是一场离巢，一场属于它的离巢。休伯特·波托尼克（Hubert Potočnik）是斯洛文尼亚的一位科学家，是他将无线电项圈套在了这只16个月大的野狼身上，并给它取名为斯拉夫的。波托尼克告诉我们，从这只年轻的野狼突然离家开始，他追踪斯拉夫已经一年之久了。同样的内驱力也将那只美洲狮推向了流浪之旅，科学家们没给它取名，但我们管它叫"PJ"。为了寻找自己的新领地，离巢的年轻美洲狮一天内能走过数十公里。

无论是独自上路还是成群离开，离巢的年轻动物必须学会躲避可能威胁到它们安全的东西，包括我们现代世界中的机动车。但是，即使他们能够远离外界的危险，所有动物仍然会面临一个伴随其一生且无情的致命威胁——饥饿。动物在饥饿的时候就会冒险，而吃饱了则不会。在野蛮成长期，动物们一些看似鲁莽的行为很可能实际上只是在努力挣扎以免饿死。重要的是，无论是在野外还是在现代城市拥挤的街道上，一个不知道如何养活自己的青少年或年轻人，都会面临极大的危险。学会如何规律进食，也就是我们常说的谋生，是年轻动物最复杂的任务之一。

练习离巢

在跳进大西洋之前，王企鹅厄休拉没接受过海洋生存训练。它对潜伏在岸边的豹形海豹一无所知，它父母没有教过它如何捕鱼，它甚至不会游泳，它经历的是生物学家所说的"无知离巢"。

野狼斯拉夫和美洲狮 PJ 则相反。它们走向世界的时候并非毫无经验，而是经过了生活技能的锻炼之后才离巢的。从小，它们的父母和其他成年动物就在教它们如何离巢。

有准备的离巢
informed dispersal

青少年动物由于得益于对最佳领地、群体和配偶的事先了解而离开其出生领地。

许多哺乳动物、鸟类、鱼类都很幸运，它们可以进行**有准备的离巢**。[9] 负鼠就是一个很好的例子，它们要经过多次阶段式的离巢训练。[10] 第一阶段，当它们还是幼崽的时候，兄弟姐妹们会轮流骑在妈妈背上。这是一个安全的高处，可以了解捕食者的样子和气味，学会如何保护自己，如何找到食物并安全地进食。等它们长大一些后，就没法骑在妈妈背上了，需要靠脚行走。这是个探索阶段，它们会围绕着妈妈跑来跑去，一天跑得比一天远，但总是绕回来寻求父母的保护和照顾。再下一个阶段是露宿训练，每个青少年负鼠都会选择在家附近的树上独自过夜。虽然离巢训练几乎都是只靠负鼠自己，但为了以防万一，负鼠妈妈通常都会在附近跟着。

澳大利亚自然保护生物学家汉娜·班尼斯特（Hannah Bannister）告诉我们："负鼠妈妈真的是好妈妈，它们在为孩子安排最好的生活。"她回想起一位负鼠妈妈，它的大儿子比弟弟妹妹们花了更长时间才进入探索阶段。于是这位负鼠妈妈让儿子在身边多待了一段时间，直到它准备好独自生活。和负鼠一样，人类在野蛮成长期也会进行**离巢练习**，比如露宿，参加学校旅行或夏令营，在亲戚家过夜等。

狼有着极其复杂的社会结构，它们对雄性和雌性青少年的离巢训练也更久、更复杂。[11] 幼崽期间，斯拉夫的父母会拿骨头、羽毛、皮毛等玩具让小斯拉夫练习。在学会捕捉猎物之前，斯拉夫和兄弟姐妹们会扑向这些玩具，把它们当作战利品带在身边。青春期前后，斯拉夫开始变声了。它的叫声从高声尖叫变成低吼和嚎叫，还会和狼群中的其他个体一起调整声调，这对有效的群体狩猎来说是至关重要的沟通技巧。波托尼克告诉我们，接下来斯拉夫会经历的事情，在狼一生的成长过程中是相当重大的。虽然斯拉夫还不是一个称职的"猎人"，但它受邀加入了家庭狩猎之旅。这个"狩猎学校"对于年轻的狼来说是试错和学习的好机会，狼专家戴维·梅奇（David Mech）称之为**完成学习**。[12] 在此期间，如果它们在狩猎时失误，还会因为拥有幼崽特权而受到保护免受惩罚。

在狩猎学校，斯拉夫不仅磨炼了宝贵的身体技能，还在社会群体中学会了生活所需的妥协互让。在提升自己捕猎本领的同时依然可以和家人住在一起，这让斯拉夫不会饿肚子。有准备的离巢可以保证它们不被饥饿所困。

狼一般以家族为单位生活和狩猎，但美洲狮不一样，它们成年后是独居的。[13] 不过在离巢前，它们已经和母亲一起生活了一两年。PJ 的青少年时期十分顺利就度过了，它甚至能够攻击并杀死一只 100 多公斤的黑尾鹿。在那之前，母亲会和它分享食物，同时教它狩猎。像家猫会把受伤的老鼠或蟋蟀带给小猫一样，PJ 的妈妈也会用受伤的猎物来磨炼和强化它与

离巢练习
practice dispersal

在真正的离巢到来之前，短暂而频繁地离开和返回出生地以及亲代身边。

完成学习
finishing school

未完全成年的狼夹杂在成年狼群中参与捕猎，以帮助自己发展捕猎技能。

生俱来的追踪和突袭能力。在 PJ 独自离巢之前,它可能已经在小鹿、小鼠和其他小动物身上完成了捕食训练。

很明显,离巢都会为青少年带来身体和社交方面的压力,因此没有足够训练和准备就离巢是很危险的。比如,当非洲象因父母被非法偷猎者杀死而沦为孤儿时,它们只能被迫在没有足够经验或知识的情况下离巢。[14] 因为它们只能依靠自己捕食,所以经常挨饿。而没有成年大象的引导,它们也缺乏社交技能,继而容易与其他大象发生冲突,偶尔还会对人类和其他动物施暴。这些情况都可能导致它们死亡。

延迟离巢

延迟离巢
delayed dispersal

延长的亲子关系的一种形式。在这种形式中,青少年动物在长到应该离开出生领地的年龄后仍不离开,通常至少比同龄同伴多待一个季节。

青少年动物离巢的年龄在不同物种中也是各不相同的。就像人类,有些人离开前可能会拖拖拉拉,动物也可能会因为一些不可避免的事情**延迟离巢**。王企鹅厄休拉只有褪去儿时的绒毛才可以离开家,在这之前,它基本不会游泳。但是,一旦长出成熟且防水的黑白羽毛,它离准备就绪就又近了一步。

谷仓猫头鹰雏鸟有着独特又柔软的羽毛,随着年龄的增长,白色的羽毛会渐渐变成棕色。[15] 然而,在成年猫头鹰身上偶尔也会看到白色羽毛。保留青少年时期的羽毛可以让年长一些的青少年受到保护,获得一些成年之后享受不到的机会。

在自然界中,迟迟未能成熟的个体也有很多,这给它们留足了时间去面对独立生存的危险和挑战,如寻找足够的食物、躲避捕食者、融入新领地、结识新群体、探索性行为等,直到这些年轻个体做好了这些方面的准备。

在人类成长中有一种叫"退行"的防御机制，主要指个体穿上比自己年纪更显年轻的衣服或使用儿语等回到早期发育阶段的现象。[16]究竟什么原因会触发一个年轻人出现退行还不是很清楚。但是，动物**延迟鸟羽成熟**的生理特征和行为表现给了我们启示，说明某些因素可能在暗示这个年轻人现在长大还不安全。

延迟鸟羽成熟 delayed plumage maturation

幼鸟在从亚成年长到成年过程中羽毛暂停成熟的典型发育过程。这个过程会维持至少一个繁殖季节。

延迟离巢还可能推迟动物们的繁殖。在许多鸟类当中，当一对父母孵出一窝新生小鸟时，稍大一些的孩子们就会成为筑巢帮手。[17]帮手们照看并保护新出生的兄弟姐妹，给它们投食。于是这些稍长的鸟类在自己的繁殖过程中踩下了刹车，当它们在下一季繁殖时，通常会因为体型更大、经验更丰富、地位更高而更容易成功。照看小鸟的经历也为它们成为更好的父母打下了基础。作为回报，只要待在家里，它们就极有可能继承父母的领地。

无论是为了学习重要技能而延迟离巢，还是因为没做好准备，一些青少年总是需要父母的督促才能离巢。生物学家在解释离巢前的督促时，提到了一种支配性行为，例如狼有时会在和成年雄性打斗中一把抱住它们。[18]但青少年时期的动物并不总是感恩催促它们离巢的个体。年轻的成年啮齿动物有时会因为妈妈鼓励它们离家而和妈妈打架。它们用爪子打妈妈，不愿被妈妈提起来。[19]

美洲狮妈妈们有自己的办法来驱使成熟子女们离巢。[20]它们有时候会把孩子们带到出生领地的边界，然后转身离开。如果孩子想跟着，妈妈们就会对它们咆哮，可能还会用爪子拍打它们。和孩子走散时，美洲狮妈妈也可能不会出现在预定的会合点。青少年时期的美洲狮会一直等待妈妈出现，直到等不到为止。当被这种方式抛弃时，它们通常会和兄弟姐妹在一起生活几个月，一起打猎、睡觉、流浪，直到它们个头都够大了，生活技能足够熟练时才会分开，而独生狮子就只能靠自己了。

亲代决绝与亲子冲突

亲子冲突
parental-offspring
conflict

当幼崽要求从亲代那里获得的资源比亲代预先准备的更多时，冲突就发生了，因为亲代必须考虑当前和将来其他子代的需求。可以引申为人类父母和子女在对最佳行为的意见不一致时发生的冲突。

自 20 世纪 70 年代以来，生物学家们在研究动物如何以及何时离巢时，重点关注了一个核心概念，即动物父母和后代的利益并非完全相同。[21] 动物父母想要最大限度地繁衍健康的后代，而子女则试图独占父母的资源。随之而来的就是**亲子冲突**，这是一场争夺关注度、保护和照顾的大战。后代想要尽可能多的东西，父母则需要谨慎投资，把有限的资源分配给它们已出生的子女和未来可能出生的子女。这种情况下，父母愿意给予的照顾和子女的需求之间是不平衡的，这种不平衡会迫使子女离巢。

亲子冲突在很大程度上影响了动物离巢的时间和方式。[22] 例如西伯利亚松鸦父母用食物引诱已经长大的雏鸟延迟离巢，而美洲狮妈妈会因为快成年的儿子离自己的猎物太近而对它咆哮。在这一敏感时期，青少年的行为会发生变化，父母的行为也随之变化。无论这种冲突是否构成不同物种的亲子关系的基础，可以肯定的是冲突在离巢时期达到了顶峰。

当父母从鼓励和支持孩子转变为漠不关心或直截了当地进行攻击时，可能会对子女造成打击，它们可能还没做好独自生活的准备。许多动物在此阶段甚至都不知道如何捕猎。就算它们可能已经掌握了一些重要技能，如飞翔、跑步、自卫、与成年个体交流、交朋友等，但仍然处于发展阶段。要想登上现实世界的竞技场，它们还需经过更多磨炼。

许多人类父母都能够看出孩子是否做好了离开家的准备，但也有些人担心他们没有做好准备，一直到孩子离家那天甚至之后才肯放手。这时候往往冲突会最为激烈。人们可能会觉得亲子冲突的爆发恰恰说明了年轻人还没做好万全的准备，还不够精明，但其实这也可能是他们准备就绪的信号。

西班牙多纳纳国家公园（Doñana National Park）的西班牙白肩雕是一个最佳例子，可以用来说明这一关键的、有时会产生爆发行为的时刻。[23] 鸟类研究人员对这件事情有个专门术语，叫作**亲代决绝**。

残酷现实

我们可以想象一下这样的画面：一只棕色大雕在西班牙海岸的橡树上空翱翔，金色的眼睛轻轻眨着，扫视着下面的地形。突然，它发现了目标，将翅膀折起，然后垂直下落，像跳伞员自由落体一样。它越坠越快，直到距离粉身碎骨只差几尺时突然向后仰起身体，展开翅膀，伸出爪子。这种张开翅膀、脚先着地的攻击方式叫作**俯冲掠食**。它们俯冲时动作极其迅速，几乎无声无息，出击时致命而准确，如此俯冲掠食的能力让大雕成为优秀而可怕的猎手。

但这只母雕并不是在捕猎。它的目标不是兔子或鼹鼠，而是自己的儿子。它的儿子已经完全长大但还没离开家，仍然依靠母亲过活。这只母雕冲向儿子的样子，就像冲向猎物一样。唯一不同的是，它的爪子并不致命。它们交错在一起，形成一个梅花的形状。它用爪子拍打它的儿子，让它失去平衡。当儿子飞落喘口气的时候，母雕又会突然冲向它；当儿子飞翔的时候，母雕也会在半空中撞向儿子，让儿子在空中旋转一阵，直到恢复平衡。

由此你可以理解为什么研究人员称这种行为为"亲代决绝"。但他们发现，这种行为并不会伴随一生。雕父母在此前通常不会对后代表现出攻击性。反而，它们是鸟类父母的典范，会尽自己所能来养育和指导雏雕，让它的生活有所保障。亲代决绝只发生在它们生命中非常特定的时刻——离巢前。

亲代决绝
parental meanness

亲代为了鼓励或者促使那些不想分开的子代离巢所做的行为，比如忽视子代越发强烈的乞求并且做出攻击性行为好让其屈服。

俯冲掠食
stooping

掠食性鸟类的狩猎行为，包括张开翅膀、伸展爪子并迅速扑向猎物，可以被鸟类亲代用来驱赶不情愿离巢的子代。

对西班牙白肩雕来说，长大的子女在巢中逗留的时间越长，亲代决绝出现得也就越多。但父母也尽力了。刚开始的时候，它们会表现出一些微小的不友善，如逐渐开始对孩子的需求漠不关心，减少投食，不理会孩子的乞讨。当这些提示不起作用时，父母的怒气会逐渐加剧，变成攻击。这种敌意一开始是近距离的飞行骚扰，父母加速向子女靠近，并在最后一刻飞走。但随后，它们会完全张开翅膀，完成俯冲掠食。

几天后，子女终于明白了暗示，开始离巢。研究人员对这一现象解释道："这是成年西班牙白肩雕通过削减口粮并攻击子女的方式让子女学会独立。"尽管它们是为了给新一代雏雕腾出空间才把子女驱赶出家，但对子女来说这何尝不是一件好事呢？

科学家们注意到，虽然父母会在飞行中骚扰离巢青少年，但雏雕的飞行能力也因此提高了。看似咄咄逼人的行为也可能是鸟类离家前的最后一课。虽然鸟类不会这样计划或思考，但在父母施加的压力下离巢的孩子可能会飞得越来越好，这正是它们成年后最重要的身体技能。

人类父母没有这种攻击性，他们有时会让孩子顺其自然，不对事情进展过多干预，在确保孩子安全的前提下传授一些生活技能。还有一种"严厉的爱"，孩子以为父母对自己漠不关心，从而学习了艰难但重要的一课，但之后才意识到父母一直把自己的利益放在心上。正如喜剧演员特雷弗·诺亚（Trevor Noah）在回忆录《天生有罪》（*Born a Crime*）中分享的那样，他回忆自己作为混血儿在 20 世纪 90 年代南非种族隔离废除期成长的故事。诺亚十几岁的时候，有一天，他未经允许就开走了继父的车。他因为偷车行为被警察拦下并被捕。在监狱里他度过了痛苦的一周，试图独自摸索法律体系，同时还要对母亲隐瞒自己的困境。最终，一名神秘律师出现，接手了他的案子，他才得以保释出狱。原来是诺亚的母亲通过亲朋好友得知事情经过后，聘请了律师并拿出保释金。诺亚写道："我在监狱里待了整整一周，还以为是自己够聪明才能出狱，原来她一直都知道。"他回忆母亲后来对他说的话："我所做的一切都是出于爱。如果我不惩罚你，世界会以更严厉的方式惩罚你，因为世界不爱你。"[24]

尚未准备好

我们已经了解了青少年在向成熟过渡的过程中所经历的许多生理和情感变化，这些变化都可能引发与父母之间的冲突，而离巢会加剧这种亲子冲突。

当孩子即将离开时，父母通常会估量孩子的准备情况。一想到孩子即将独自面对一切，父母便会感到焦虑，特别是在他们本该早就教给孩子某些技能但却一直没有教的情况下。

父母在孩子即将离巢时会发现，他们可能会担心自己的孩子是否能够完成一系列看似简单的生活任务，如按时起床、打扫卫生、理财等。随着离巢时刻临近，父母甚至会挑起一些争执，如唠叨女儿把湿毛巾从沙发上拿下来，让孩子检查油箱或打流感疫苗之类的。但父母并不是真想把他们赶走，只是想教他们怎么做，所以这样的唠叨还是有用的。

印度孟加拉邦对自由放养的狗进行过一项研究，追踪了一群母犬和它们的幼崽从出生到离巢的整个过程，揭示了父母策略在这个过程中的转变。[25] 科学家们发现，当幼犬还小的时候，母犬会帮它们打扫巢穴。一旦幼犬到了应该离开家的年龄，母犬就不再这样做了。在幼犬离开前几周，母犬逐渐减少打扫的次数，开始让这些平时叽叽喳喳的幼犬们自己去搞明白如何清理自己的巢穴。

这些母犬还会训练幼犬如何在孟加拉邦的街道上觅食，因为它们很快就要独自在那里生活。在断奶前不久，母犬把残羹剩饭带回家，放进幼犬的饮食中。这帮助幼犬调整自己的味觉和嗅觉来适应各种食物来源。正如我们所知，离巢的青少年经常挨饿，当父母不在身边没法为它们提供食物时，父母的这种做法可以帮助它们快速嗅出自己迫切需要的食物。

离别的那一刻

不管你是否做好了准备，离家时的情绪对人类来说或强烈或微妙。虽然我们人类具备独特的表达能力来描述成年生活中的疑虑、兴奋、恐惧和激动等情绪，但并不意味着其他动物在离巢那一刻什么体验都没有。剑桥大学行为学家蒂姆·克拉顿-布罗克在他的动物社会教科书中，生动地描述了一匹母马离开自己的母群，加入一个新家庭的故事：

> 在内华达花岗岩山脉的干燥山区，两群野马在干燥的灌木丛中吃草。其中一群里，有一匹年轻的母马焦躁不安，不断被种马赶回队伍。当队伍沿着蜿蜒小路前进时，它掉队了。当种马的注意力被暂时分散时，来自邻近队伍的种马飞奔而出，插到这匹母马和它的队伍之间，转身把母马拦进自己的队伍。第一匹种马注意到了，要发动攻击，但为时已晚，于是这匹种马很快回到自己队伍的其他母马身边。在这几分钟里，这匹年轻的母马做出了一个将影响其一生的决定，即离开父母的保护，去到与它毫无关系的陌生马群里，这些陌生的马甚至可能是它之前遇到过的与它争夺好牧场的对手。当这匹母马小心翼翼地走近新马群里的其他母马时，公马紧紧地保护着它，防止它回到不远处的原生马群。[26]

在马文化中，雌性会离开家到其他宗族，而在长尾猴的社会中，雌性会和原生家族待在一起，而雄性会离开家。[27] 雄性长尾猴在 5 岁左右达到性成熟，那时它们通常会与兄弟、同伴或其他伙伴一同离巢。在离开前的几个月，这些年轻的长尾猴会变得焦躁不安、性格孤僻、喜怒无常，用一位长尾猴专家的话来说甚至是"抑郁"。[28] 虽然它们可能不知道接下来会发生什么，但有一项艰巨的任务摆在这些心事重重的雄性长尾猴面前。当他们发现一个新的群落，必须做的第一件事就是向成熟的雄性领袖发起挑战并与其搏斗。有时它们离开家几周甚至几天之后就会发现新的群落。这些年轻的成年猴子不仅要鼓起勇气挑战成熟雄性，还必须表现出非常老练的攻击力。而他们是否能加入这个群体的最终决定权在雌性长尾猴手中，雌性通常绝不容忍未经训练的野蛮雄性加入自己的群体中。雄性长尾猴必须经过很多社会实践才能完成这项任务，社会训练甚至能让它们无须挑战，直接进入。换句话说，即使是猴子，野蛮成长期的社会实践也是成功走向独立的关键。

路毙动物

我们无从得知野狼斯拉夫和美洲狮 PJ 黎明前出发去野外探险时的感受。从生物化学的角度来看，早晨哺乳动物的皮质醇会自然激增，这是一种应激激素，它会使血压升高，心跳加速。[29] 因此，PJ 和斯拉夫可能感到了一种人类称为兴奋的感觉，是一种类似在黎明时分出发开始公路旅行的兴奋感，这可比午饭后开车离开让人兴奋得多。

然而，斯拉夫刚出发，就被车流拦住了前进的道路。在的里雅斯特和卢布尔雅那（Ljubljana）之间的 A-1 高速公路上，满载着超速行驶的汽车和卡车。

机动车死亡是世界各地青少年和青年人死亡的主要原因。[30] 对我们人类来说，基本不受自然捕食者干扰，无论是在汽车前面还是坐在方向盘后面，这些机器对我们的年轻人都构成了最大的致命危险。10 岁到 20 岁出头的青少年因交通事故受伤的比例高于其他年龄段。65 岁以上的老年行人的死亡率最高，如果被撞，他们死亡的可能性更大，而青少年和年轻人碰撞和受伤的次数更多。

机动车也会破坏动物种群。[31] 美国的高速公路上，每天都有上百万头动物被撞死。[32] 我们简单地称它们为"路毙动物"。随着城市扩张对野外空间的侵占，越来越多的动物发现自己面临能否成功穿过马路的挑战。事实证明，大多数出现在车头灯前的鹿都是正在离巢的青少年。它们第一次离开父母的保护去探索新环境。

缺乏经验的青少年动物遇上汽车是非常危险的。许多青少年动物都死于车祸，我们目前已知的就有新西兰紫水鸡[33]、澳大利亚负鼠[34]、加州赫斯特城堡（Hearst Castle）附近1号高速公路上的海狗[35]和被长辈强迫第一个穿过卡拉哈里沙漠（Kalahari Desert）公路的猫鼬[36]。在海洋中，成长于北美航线附近的青少年鲸鱼也比经验丰富的长辈更容易被油轮和驳船撞击。[37]

野生生物学家观察到，随着经验的积累，动物如鹿和松鼠可以慢慢学到一些公路智慧，以保证自己安全。一些城市的土狼甚至还能学会过红绿灯。[38]现代人类也一样，大部分人的人生第一堂安全课就是学习如何在不被车撞的情况下安全过马路。研究显示，由于有成年个体的引导，9岁以下儿童过马路的风险最低。一些公共卫生倡导者建议，14岁之前，儿童和青少年都应该在成人引导下安全地过马路。

驾驶经验不足也很危险。驾驶机动车是现代青少年生活中最致命的一项活动。[39]新手司机死亡的可能性是其他人的4倍，受伤的可能性是其他人的3倍。由于缺乏对风险的充分认识，新手司机酒驾和不系安全带的比例也最高。开车发短信是很危险的行为，会让所有司机分心，当然包括青少年。[40]据美国国家公路交通安全管理局（NHTSA）称，开车发短信会使事故发生的概率增加4倍。2012年的一份报告显示，接受调查的青少年司机中，近50%的人在过去一个月开车时发过短信。而在所有死于车祸的案例中，15～19岁的青少年最有可能因为分心而出事故。[41]

当然，青少年总是因为喜欢寻求刺激、误判距离、容易被同龄人和电子设备分散注意力和冲动行事而被诟病。这些行为导致了令人担忧的交通安全数据。如果一个年仅16岁的司机通过了驾驶考试，随着时间的推移，会逐渐积累驾驶经验，从而慢慢获得更多的特权，那么他的安全记录也会得到改善。

波托尼克讲述了野狼斯拉夫在高速公路上的一些有趣经历。在对斯拉夫的多年研究中，波托尼克得知狼经常在繁忙的道路上游荡。斯拉夫从学会走路起就一直可以安全地过马路，它甚至能从狼群中其他成员那里学习到一些社会技能。欧洲有许多国家会为野生动物建造安全设施，这提高了斯拉夫的生存机会。例如，大型高速公路上通常有地下通道或立交桥，以便动物过马路。在旅程中遇到机动车时，斯拉夫完全知道该怎么做。它找到一座天桥，小跑着过了马路。当天晚些时候，在斯拉夫踏上另一条繁忙的高速公路时，它找到了高架桥下的道路，从桥下的路面溜了过去，继续前行。

误入歧途的美洲狮

广阔的洛杉矶遍布着密集的高速公路，但能供野生动物穿行的通道却不多，经常有美洲狮在试图穿越马路时被撞倒。但 PJ 是幸运的，那天早上它沿着河床走的那条路并没有把它带到喧闹的 405 号或 101 号公路附近。但它必须穿过日落大道，这是一条蜿蜒长达 35 公里的四车道公路，沿着洛杉矶盆地的北边，从市中心一直延伸到太平洋。黎明前的日落大道比较安静，PJ 很容易就能安全地穿过。随着太阳升起，早高峰很快就到了，车流中不时传出刺耳的鸣笛声，预示着人类的一天即将开始。

穿过日落大道后不久，PJ 发现自己来到了一个陌生的新环境，周围不再有丛林和树木，脚下的岩石变成了混凝土和沥青，提供藏身之处和休憩之地的浓密植被变成了修剪整齐的草坪和平整的景观墙。迷失方向的 PJ 继续前进。它开始奔跑，来到了一条荫凉街道，这条街与亚利桑那大道的宽阔道路交叉。也许是一辆播放着响亮音乐的汽车飞驰而过，或是一辆卡车按响了喇叭，PJ 突然发现自己来到了一个远离家乡的城市中心。它吓坏了，朝着亚利桑那大道的方向逃离，想要找到一个藏身之处。

后来，新闻报道和目击者描述了接下来发生的事情。[42] PJ 发现了一个拱门并穿了过去，但它不知道自己选的路并不是一条逃跑的路线。那是一个 U 形庭院，是一个死胡同，PJ 被困住了。它朝墙上的一个裂缝跑去，却并不知道那是一道从一扇玻璃门上反射出的光线。它拼命用爪子抓着玻璃，这时它听到身后有声音。PJ 转过身来看见一个人，它朝这个人走去，对方却转身就跑。PJ 不可能知道这个人是跑去叫警察了。

PJ 在院子里转来转去，抓着玻璃。这时突然出现了一群人，他们拿着棍子，慢慢逼近它。PJ 惊恐万分，时而畏缩，时而猛冲，试图逃跑，但一边是建筑物，另一边是这些来自"鱼类和野生动物管理局"的人。突然一声巨响，PJ 不知道这是一种镇静飞镖，于是再次试图逃跑，就在它几乎要冲过人群时，它被一种从未感受过也不可能理解的力量推倒。这股力量来自一堵由消防软管喷出的水墙，是圣塔莫尼卡的消防队员在等待药物生效期间用来控制 PJ 的。PJ 挣扎着重新站了起来，这时，更多子弹击中了它的身体。这些子弹并不致命，开枪的警察并不想杀死它，只是想让 PJ 在镇静剂起作用前的至少 10 分钟内保持不动。PJ 的眼睛开始发热，因为这些非致命的子弹中有些是胡椒喷丸。

PJ 惊恐万分，最后一次试图逃跑。它不知道这个院子的旁边就是一所幼儿园和第三街长廊，正位于圣塔莫尼卡市中心一个繁忙的购物区。警察、消防队员和野生动物保护人员无法向这头激动的狮子解释这些，他们只是想让它冷静下来，这样就可以把它带回山上，放回大自然。但是镇静剂的作用太慢了，迷失又狂乱的 PJ 最后一次奋力向前，试图逃跑。在最后冲刺时，PJ 就要越过人群回到街上，然而警察们为了公共安全把枪口对准了它。

当你听到一则关于野生动物闯入商场、公寓大厅或游乐场的新闻报道时，极有可能会在报道中听到这是一头"青少年雄性"或"离巢青少年"又或者"青少年动物"之类的字眼。通常，误入歧途并遇到人类的野生动物尚处在它们的野蛮成长期，这意味着它们通常会因绝望、地位低下、饥饿、领土少而被迫四处游荡。当缺乏经验的青少年面对现实世界时，它们会发现自己陷入了困境。

尽管 PJ 可能几个月来一直在自保、觅食，但它的技能无法在错误的环境中施展。在圣塔莫尼卡的院子里，一声枪响，这回是真的子弹，PJ 向后倒去，死了。

斯拉夫的惊险之旅

斯洛文尼亚南部宁静的维帕瓦（Vipava）小镇是葡萄酒和火腿爱好者的天堂。夏天，白色建筑物的陶瓦屋顶上盖满了大树叶子。游客和居民喜欢在路边的咖啡馆喝咖啡、啤酒，吃冰激凌。

2011 年 12 月一个寒冷的夜晚，维帕瓦迎来了一位不同寻常的访客——野狼斯拉夫。斯拉夫的无线电项圈每 3 个小时会发送一次定位数据，于是波托尼克知道它此刻在维帕瓦一户农舍的后花园里。但当他进入 GPS 定位系统时，这位科学家绝望了。因为维帕瓦离斯拉夫的出生地太远了，它不可能一天之内独自到那儿，但记录却显示斯拉夫走过了很长一段距离。波托尼克以为这只从年幼时自己就认识的小狼是被猎人射杀之后，被汽车带到这个花园的。

但事实上，斯拉夫还活着，它整天都在逃命：穿过高速公路，避开汽车，躲避人群。它溜进了一户农舍的后花园，没被屋里的人发现，独自度过了第一晚。它从未离家这么远过，也没有父母和兄弟姐妹们熟悉的温暖和陪伴，它就这样蜷缩着身子睡着了。

波托尼克整夜都在担心斯拉夫。[43] 直到第二天早上，GPS 显示这只野狼又开始向北移动，波托尼克才松了一口气。但他知道在此时说斯拉夫躲过了子弹只是一种比喻，而真正的子弹很容易就能结束斯拉夫的离巢之旅。当地牧场主为了保护他的牲畜或警察为了保护公民是真的会开枪射杀野生动物的。所以波托尼克开始召集更多人关注那匹青少年野狼。他组建了一个更大的团体，密切关注着斯拉夫生命中这段最危险的旅程。

波托尼克召集了所有他认识的生物学家和科学家，他们走了很多斯拉夫可能会走的路线。他联系了当地野生动物管理局和执法人员，以及徒步旅行者、牧场主和任何可能接触到野生狼的人。他还通知了媒体。很快，越来越多的人开始关注斯拉夫，新闻报道和网站几乎每天都会更新斯拉夫的行踪。

**放生后监测
post-release moni-
toring**

野外生物学家运用包括微型电子芯片、卫星标记和无线电传输在内的技术跟踪监测放生野外的动物独立生存的情况。

监控野生动物的动物保护科学家可以利用位置信息来保障动物的健康和安全，并在必要时进行干预。[44] 科学家们可以留下额外的食物，为它们治疗感染和寄生虫，修复断腿或翅膀，如果它们迷路了，还可以重新引导它们。类似地，人类父母也会给刚离家的19岁孩子打电话、发短信或亲自前往孩子的住所来查看孩子的状况，这些行为可以统称为**放生后监测**，可以让科学家跟踪他们关心的年轻动物的情况，并为它们提供食物或保护。

即使如此，波托尼克还是会担心。斯拉夫仍然有可能死于猎人的枪口、飞驰的卡车、其他狼的攻击或疾病。除此之外，斯拉夫奔向阿尔卑斯山时正值寒冷的12月，气温骤降。波托尼克知道这只孤独的青少年狼将很快面临一个更大的挑战，那就是自己觅食。

第 16 章

学会谋生

回想一下你最近的一餐，有多少是你自己准备的？你是否挑选、品尝、寻找、购买、猎捕、杀死、捡拾或采摘了食材？你进行了多少加工？你是否进行了切块、擦丝、剥壳、剁碎、去皮或咀嚼？这份食物能令你吃饱吗？它为你提供了所需的营养吗？

觅食对于地球上许多动物来说有着出乎意料的困难，但却是一项必须持续进行，一旦中断就有生命危险的事。捕猎需要熟练应用很多技能，即使是像吃草或采集植物这样非食肉形式的食物采集方式也是如此。觅食的另一项挑战是耗费巨大。它耗费能量和时间。如果你是野生动物，你必须思考捕食者是否会在你自己觅食的时候攻击你。如果你是捕食者，则必须了解捕食顺序，并期望每次狩猎都能顺利进行。

能获取自己的食物是动物成年的最重要标志之一，甚至是比离家远行、繁衍后代或显露出如角、鬃毛、低沉的声音之类的成年身体特征更加强有力的成熟标志。正如动物需要学习如何躲避捕食者、交朋友、传达求偶欲望和许可，它们并不是生来就知道如何在野外完美地寻找食物。饥饿是成年动物要面临的主要风险，通常比被捕食的风险还大。

离巢的动物经常要饿肚子，因为学会养活自己可不是件容易的事。而且并不是所有动物都会自愿去做，或者能做好这件事情。总会有刚刚独立的青少年或年轻个体还没有学会独自寻找食物所必需的技能。因此饥饿和对饥饿的恐惧深深地根植在我们心中，甚至困扰着成长文学中的主人公。

在苏珊·柯林斯（Suzanne Collins）所著的《饥饿游戏》（*Hunger Games*）系列小说中，18 岁的主人公凯特尼斯·伊夫狄恩（Katniss Everdeen）存活下来的主要原因是她有独立猎取食物的能力。故事开始时，她从父亲那里学到的射箭和觅食技能使她和她饥饿的家人得以生存。后来，这些技能是她在竞技场上生存的关键。有一次，当凯特尼斯找不到食物的时候，她只得在垃圾桶里翻找，并为是否要偷一片面包而苦恼。

凯特尼斯当时的绝望让人想起了同样 18 岁的简·爱，她像"一条迷路而饥饿的狗"，在面包店乞求食物，羞愧地请求用她的皮手套换来一小点，最后还吃了猪食槽里的粥。饥饿的简是幸运的，最后一个农夫给了她一片面包。靠着这一点食物，简在到达失散多年的亲戚家之前支撑了下去。

《弗兰肯斯坦》（*Frankenstein*）中 ① 的怪物像文学作品中任何成长中的离巢者一样悲惨。在他尝试吸引小屋中的老人和向阿尔卑斯山村民乞求施舍他一口吃的时不太走运，他被驱逐，并被武器威胁，最终不得不在森林中吃浆果，藏在小屋里，从农舍偷窃食物以维持生存。

对于踏足现实生活的现代富裕年轻人来说，饿死不再是一个核心问题。但绝非所有人都这么幸运。根据一个位于华盛顿哥伦比亚特区的非营利机构城市研究所（Urban Institute）的数据，在美国，每天有将近 700 万 10 ～ 17 岁的年轻人面临着食物短缺问题。[1]

---

①《弗兰肯斯坦》是玛丽·雪莱在 1818 年创作的小说，被认为是世界第一部真正意义上的科幻小说。——译者注

缺乏资源的个体在吃什么和获取食物的方式上选择也更少。在理解青少年行为时，这是一个严重被忽视的事实。在整个人类社会乃至所有物种中，饥饿的个体都被迫承担更大的风险，因为饿死不是饥饿致命的唯一方式。[2]

饥饿的青少年动物会跑到裸露的开阔草地上，或在满月之下狩猎，尽管这会使它们更容易暴露。它们会爬上细树枝、进入湍急的水流，被迫选择最危险、最贫瘠的路线，因为它们地位低下又经验不足。它们还被迫吃营养又少又难吃的劣质食物。相比之下，处于支配地位的年长动物则可以等在更安全的位置，吃更好、更多的食物。由于不至于挨饿，也不受对饥饿的潜在恐惧驱使，饱足的动物通常会更加安全。

饥饿会促使本就脆弱的人类青少年冒险。城市研究所的报告称，在美国，吃不饱饭的青少年会去偷窃、贩毒，甚至可能仅仅为了吃上饭而参与性交易。除了一时的人身安全风险，为了填饱肚子而采取的种种行为还可能会直接将他们送进监狱，令其未来变得更加无望。

对于野狼斯拉夫来说，尽管它曾在父母的陪伴下在斯洛文尼亚森林里练习过狩猎，但寻找食物仍然是一个挑战。饥饿感随着时间的流逝变得越来越强烈，斯拉夫会变得越来越绝望。饥饿可能会迫使它去冒险，做一些平时根本不会做的事。

整装待发

人类会为离巢以及离巢带来的包括饿死在内的诸多风险做准备。我们会攒钱、打包食物、收集信息、储备所需的物资。尽管年轻的野生动物不会做如此复杂的安排，但它们可能会从自己的身体深处获得生物性辅助，这种生物性辅助人类青少年也会有。

当孩子从家里搬出去的时候，许多父母首先注意到的事情就是食品开销减少了。这是因为屋子里少了一个因为身体成长不断消耗热量所以总是饥饿的人。但是青少年传说般的无法满足的食欲可能另有原因，这个原因根植于古代的预离巢生物机制（pre-dispersal biology）。

研究表明，就在一些年轻动物准备好离巢之前，它们的一些基因会被"激活"或"上调"，从而导致它们的身体发生变化，为它们前往未知并可能存在危险的世界做好准备。[3]外界环境激活基因，基因反过来指导身体生长，这是一种双向关系，被称为基因-环境的交互作用。

在迁徙之前，许多哺乳动物开始在不知不觉中储存脂肪，这有助于应对未来的食物短缺。[4]一只土拨鼠在成年初期，离开父母进入危险的世界之后，将得益于囤积脂肪的代谢系统。这种代谢功能为它的身体增加了额外的能量。有了这种基因辅助，它死于饥饿的可能性会降低一些。而另一个在青少年时期加速发展的身体系统——免疫系统，可能会进一步保护土拨鼠和其他离巢的动物。被激活的免疫力将帮助它们抵御在离家远行的路途中遇到的新病原体和感染。

食欲和抵抗力的变化，悄无声息地发生在即将离家的动物的身体深处，这与人类有相似之处。研究者最近才刚刚提出关于这些发现如何适用于人类的假设，他们认为也许是古老的离巢生理机制促使身体储存能量来抵御饥饿，从而导致了青少年和年轻人较高的肥胖率。也许这种机制还解释了为什么狼疮、多发性硬化症和溃疡性结肠炎与自身免疫病总是在青少年时期和成年初期发病。也许这些疾病的出现是身体对青少年在离巢前的一次彻底的免疫系统检查。

随着基因的变化，年轻动物的身体已经为未来不确定的旅途做好了准备，极度的饥饿成了离巢动物重点关注的问题。有明智父母的动物很幸运，父母可以教它们独立生活的技巧，即使在它们掌握本领离家之后，也可以持续提供支持。但没有父母支持的动物就只能靠自己解决问题了。

青少年的口味

一个星期后，斯拉夫终于在卢布尔雅那机场附近找到了一顿饭。[5]它捕食了两只赤狐，而选择吃赤狐的决定透露了斯拉夫的绝望。狼通常更喜欢吃鹿，但是捕食一头鹿是一项艰巨的任务。因此，在独立早期阶段，年轻的成年狼通常会吃更容易抓到的猎物。

根据狼研究专家戴维·梅奇的说法，北卡罗来纳州的红狼会吃各种猎物，白尾鹿、浣熊、沼泽兔，甚至啮齿动物都是它的食物。[6]但是有趣的是，不同的狼选择的食物是不同的。在一项研究中，青少年时期的狼主要吃大鼠和小鼠，而成年的狼以鹿为食。刚成年的狼更喜欢捕食浣熊和兔子，它们通过这种练习来发展捕获鹿的耐力和敏捷度。成年之后，狼几乎再也不用吃啮齿动物了。就像低薪的新手员工朝着更高的薪资而努力，年轻的狼在经验积累的同时，食物品质也有所提高。

我们在圣路易斯城外拜访了一个野生动物保护所——濒危狼中心（Endangered Wolf Center）。这里是美国最古老的狼保护所，它收养孤狼幼崽，训练它们的生活技能，然后把它们放回野外。而这个研究中心也将能否猎取鹿作为评判狼生存能力的标准。[7]在狼受训过程中，年纪小一点的狼大多追捕被放入它们围栏中的浣熊、负鼠和啮齿动物。训练师会细心观察这些狼的捕猎技能，直到它们练习得足够好，可以击倒像黑尾鹿这样的大型猎物。之后他们将会给狼补充新的食物，持续补充到它能捕杀一只鹿为止。理想状况下，训练师要亲眼看到一头以上的鹿被捕杀之后才会决定将一匹狼放归野外。

本·基勒姆（Ben Kilham）是新罕布什尔州的一名黑熊保护主义者和野生动物顾问，他曾救助过孤熊幼崽，并在放归野外后，也对它们采用相似的训练方式。他说："我并不教它们如何自己觅食，但是我会在它们自己学会之前提供保护。"[8]

227

如我们所见，在自然界中寻找食物并不容易。没有经验的猫鼬常常笨手笨脚，甚至在进食之前失去好不容易到手的蝎子。[9] 即使是地球上最传奇的猎人，在完成一次成功的猎杀之前，也要做很多尝试。平均来说，塞伦盖蒂的狮子和北美的狼在狩猎时会有 80% 的失败率，这意味着它们平均要追捕并攻击 5 个不同的动物才能成功击倒一个。[10] 对于印度虎和北极熊来说，90% 的失败率是很常见的。[11] 虽然陆地上猎物的可获得性是狩猎成功中的主要因素，但是捕猎者的经验同样重要。

王企鹅厄休拉要花好几个月的时间来学习如何捕鱼，学会在水下长时间憋气是很重要的一步。同样地，刚离家还不太会做饭的人类青少年会用便宜、容易获取、低品质的垃圾食品来填饱肚子，直到他们有能力和资源去餐厅吃饭或自己烹饪一顿饭。

青少年和年轻动物之所以可能会被长辈嗤之以鼻的食物吸引，还有另一个有意思的原因。在野蛮成长期，动物的感官知觉变化会改变它们对食物的看法。例如，卷尾猴在青少年时期忽然能够看到比婴儿期和成年期更丰富的颜色。[12] 这种能力随着年龄的增长而消退。生物学家认为，这也许能使它们更清晰地看到特定的果实，让它们在被迫开始与成年猴子竞争觅食时能抢先一步。

红鲑鱼在少年期和成年期能在紫外线范围内看见东西。但是在青少年时期的一小段时间里，它们忽然失去了这种能力。[13] 这也许与避免误食某种特定的猎物有关，因为许多红鲑鱼吃的东西都带有紫外线图案。生物学家推测这种对"食物包装"的暂时性失明也许给了这些鱼在野蛮成长期所需的生存优势。

青少年动物也许的确在视觉、嗅觉和味觉上有所变化，这种变化可以使它们在这个时期避免可能有害的食物，并引导它们吃有益的食物，就像人类妊娠期对食物的渴望和反感也许有助于成长中的胎儿一样。青少年动物吃得通常都不太好，因为它们地位最低、排在最后，并且不得不在最危险的区域觅食，可选择的范围有限，营养也少。如我们所见，青少年动物的怪异食欲有助于离巢后适应新事物，因为它们能够知道在新的食物环境中吃什么、怎么吃。

逆境带来优势

用专业知识来训练或激励动物的应用动物行为学家们都知道一个常识：不是所有的食物都具有同等价值。他们知道与一块普遍的粗磨狗粮相比，一块奶酪、一块肝脏或一点点花生酱更能令狗兴奋。应用动物行为学家将这些特殊的食物称为**高值食物**，并策略性地用它们来激励那些容易在努力学习新技能时分心或有学习困难的动物。高值食物有着非同一般的吸引力，它们可以激发和奖励动机。自然界中也有野生的高值食物。对于生存在不列颠哥伦比亚省沿海的西北鸦来说，日本短颈蛤就是这种食物。

> **高值食物**
> high-value treat
>
> 可以激发和奖励动机而被动物偏爱的食物。

就乌鸦耗费的时间和精力来看，享用蛤蜊是十分奢侈的。这种软体动物很难收集，在吃之前要花费大量的准备时间。首先乌鸦需要对可能有蛤蜊的泥滩进行定位。然后它们必须用喙把蛤蜊从黏糊糊的软泥中挖出来，再拖着沉重的壳飞向高空。最后将蛤蜊扔在附近的岩石上，把它们砸开。如果壳没有破，乌鸦必须将其取回，重新带着飞向高空，再扔一次。有时候乌鸦需要飞四五次才能打开一些壳。吃每个蛤蜊都会耗费大量的时间和精力。

两名西蒙弗雷泽大学的科学家决定仔细研究一下乌鸦这种看似低效的行为，他们注意到了一件奇怪的事：在上述过程中有一个额外的步骤，即挑选另一个带上高空的蛤蜊。[14] 乌鸦会花大量的时间寻找蛤蜊，将其从泥里挖出来，然后将其提离地面。但是有时候，乌鸦会把蛤蜊扔在一旁，不管不顾。为什么乌鸦费这么大的劲从泥里把完好的蛤蜊挖出来却在中途放弃它们？原来是因为那些被放弃的蛤蜊太小了。通过将蛤蜊从泥中拖出来试重，有经验的乌鸦能够计算出蛤蜊肉中潜在蕴含的能量与它们在飞-扔循环中需要耗费的能量比值，以此来对蛤蜊进行挑选。

但是谁更擅长这种计算呢？当然是更年长、更有经验的乌鸦。没有经验的乌鸦在定位、挖掘、试重、计算、飞行、扔和吃上会投入更多时间。并且即使它们做完了一系列工作，它们还需要战胜那些想要不劳而获的乌鸦。有些吃白食的乌鸦，不愿费心费力地劳作，只是潜伏在附近，然后乘虚而入，偷走其他乌鸦来之不易的收获。不过，同样面对不劳而获者，更年轻、经验更少的乌鸦就会处于劣势。它们的食物比那些年长的乌鸦的食物更容易被偷。但随着时间越久，年轻乌鸦能够做得越来越好。

有些鸟可能具备一些成功的特质：迎难而上、坚持不懈、不屈不挠。这种激情和坚韧兼具的特质被心理学家安杰拉·达克沃思（Angela Duckworth）称为坚毅。[15] 坚毅包含很多内容，一部分是气质，一部分是生物机制，一部分是训练，一部分是满载机遇的环境。达克沃思认为，对于人类来说，达成目标同样需要不懈努力、刻苦练习和强烈动机。

鬣狗史林克可能会在坚毅这一项上有很高的得分。从鬣狗到热带黑鸟再到猫鼬，对动物中坚毅水平的个体差异已有很多研究。[16] 科学家利用食物来测量坚毅水平，他们通常将食物藏在一个迷宫中，动物需要付出努力来获取。面对相同的障碍，有些动物会更容易放弃。

有一些鬣狗会坚持不懈地从迷宫盒里获取生肉，而其他一些鬣狗尝试几次就会放弃。[17] 与此相似，在同伴放弃很久之后，一些猫鼬仍在尝试从罐子里抓取酥脆的蝎子。

就像对于人类一样，坚毅也可以改变动物的命运。越坚毅的动物，通过不懈努力、重复尝试和很强的动机，越有可能解决问题并进行创新。花在解决问题上的时间与成功息息相关。无论是最后成功将蝎子从罐子里抓出来的猫鼬，还是终于想出如何从迷宫盒里把肉取出来的鬣狗，都说明了不懈的努力能提高青少年动物面对野蛮成长期挑战的能力。在这一时期的不断尝试有助于青少年动物维持自身安全，培养社交技能、求偶技能，并最终改善生存状况。

动物的坚毅蕴含着对我们人类的教诲，即需求带来坚持。事实证明，最坚持不懈的并不是那些处于支配地位、成熟的成年动物，而是那些更年轻、等级更低的动物。如我们所知，等级更低的动物具有一样额外激发它们高度坚毅的东西：饥饿。因为它们的资源更少，为了获取生存所需的东西，青少年动物必须更加顽强，在更年长的、处于支配地位的动物（吃得更好，因此也许动力更弱）放弃之后坚持更长的时间才能达到目的。

动物研究还补充了另一个值得注意的发现，达克沃思认为这同样适用于人类：坚毅不是一种固有特质，它是可以发展的。那些挑战从特制容器中获取食物的松鼠尝试得越多，就会变得越有毅力，成功的可能性越大。[18] 受到榛子的激励，松鼠一直坚持着。在不放弃的过程中，它们的毅力增强了。换句话说，坚毅能催生更多坚毅。

明智母亲

当白尾松鸡母亲希望它们的幼崽吃一顿健康餐时，它们会使用特殊的叫声来提示哪些是蛋白质含量更高的植物。[19] 拥有营养"向导"母亲的小鸡更有可能找到更多营养丰富的植物，即使在它们长大后母亲不再在身边提醒时也是如此。当小羊或小牛和母亲一起吃草时，年轻动物可能吃到很多更有营养的食物。[20]

父母拥有丰富的营养知识对年轻人来说也很幸运。有关父母对饮食行为影响的研究表明，父母在很大程度上影响了孩子的营养偏好，在孩子的幼童期这一敏感窗口期内，父母可以塑造孩子持久的食物偏好和习惯。[21]

人类父母有很多方式可以将食物的信息传递给青少年时期的孩子，比如和他们一起做饭，教他们去市场买菜或阅读食品标签，以及教给他们制作、储存或准备食物的技能。

但学会吃什么和知道如何去狩猎、觅食、寻找有很大不同。对于动物来说，野蛮成长期正是父母和更大的社群传授它们食物处理技能的时候。一旦年轻动物的力量和专注力足够强，这一过程就开始了。

虎鲸会使用一种"搁浅"的技术冲上海滩，捕捉海豹或企鹅，然后滑回水中。[22] 成年虎鲸借助波浪把孩子推上岸，引导它们去猎物身边，如果它们在随海浪滑回水中时遇到困难，就对它们进行干预，以此将这种技术传授给孩子。这其实是一种非常危险的捕食行为。如果它们没有学会如何正确地去做这件事，搁浅就会真的发生。在从父母身上学会这项技能之后，青少年虎鲸有时会在没有父母陪伴的情况下和同伴一起练习，冒险和朋友玩搁浅的游戏。

和鲸鱼相比，人类父母给他们的孩子传授食品安全知识就远没有那么惊心动魄了。如今，在人类社会中，食品安全知识通常以食物信息的形式呈现，例如有些食物可能会导致短期疾病（中毒、过敏、过敏反应）或长期疾病（糖尿病、心脏病、癌症）甚至死亡。尽管物种之间差别很大，但父母的意向是相同的，即帮助后代吃好并保持健康。

年轻动物生活在合作性群体中，它们在狩猎和觅食时必须学会参与并为集体做出贡献。在其中，母亲似乎再一次起了重要作用。像绍特那样的座头鲸会用一种被称为"气泡网捕食法"的巧妙方法来捕鱼。[23] 四五头鲸鱼组成一个团体，它们围绕着一群鱼游动，形成一种水状龙卷风，将鱼群困在旋涡中。鲸鱼把气泡吐入旋涡来迷惑鱼并遮蔽它们的视线，从而防止它们逃跑。一旦将鱼群全部包围，鲸鱼就可以从下方乘虚而入，张开大嘴，然后轻松吞下这份"海鲜卷"。这种行为一定是后天习得并经过反复练习的。有证据表明，这种行为是由母亲传给幼崽并在群体内传播的。

20 世纪 80 年代，在缅因湾，大约在绍特怀上第一只幼崽的那段时间里，座头鲸发明了一种新的气泡网技术，并逐渐流行起来。这种方法被称为"甩尾拍水捕食法"，在吹泡泡之前额外加入了尾巴拍打水面的动作。[24] 这种新技术产生于鲸鱼捕食一种新的鱼时，因为这种鱼总会在受惊时跃出水面。尾巴的撞击可能是要在气泡网的顶端创造一个声波"盖"，让鱼待在座头鲸想要它们待的地方。或许绍特在其 14 个孩子的青少年时期教授给它们的众多技能之一就是如何旋转出一个气泡网以及如何施展甩尾的方法。我们不知道绍特是否真的教了，但是它在缅因湾的座头鲸同伴确实教了，并且其他**明智母亲**很可能也会把这个行为传授给它们的幼崽和同伴。

明智母亲
informed mothers

鲸类生物学家所用的术语，用于描述具备很好的关键生存技能的知识或能力的母亲。这会让年轻的鲸类获益，无论是自己的亲生后代还是其他后代，只要是从中学习的后代个体都能受益。

饥饿游戏

猎捕其他动物是很难的，仅仅熟悉捕食顺序就可能需要青少年动物多年的努力。一些动物捕食者父母只有在为它们的孩子创造足够的演练机会后，才会放手让它们独自谋生。这种行为通常包括把活着的猎物带给孩子。

例如，海豹母亲会为小海豹送来受伤的企鹅，鼓励它们练习捕杀。[25] 猎豹母亲会给小猎豹带来受伤的瞪羚。同样，美洲狮母亲也会提供小鹿、海狸幼崽、臭鼬和豪猪来让子女进行"娱乐性捕食学习"。[26]

肉食性的猫鼬会把它们的子女送去"蝎子学校"。[27] 在那里，小猫鼬将学习如何安全地杀死和食用有毒的粗尾蝎。在这个"蝎子学校"，有经验的成年猫鼬先去掉毒蝎子的刺，再把还活着的蝎子送给小猫鼬。当逐渐成熟的小猫鼬变得更有经验后，成年猫鼬就会带来一只完整的活蝎，然后监督它们制服蝎子、去除蝎子的武器、杀死并吃掉它。

捕食者训练也是西班牙白肩雕离巢过程的一部分。[28] 事实上，分离过程以捕食者训练开始，以俯冲掠食和亲代决绝结束。与其他猛禽类似，这些西班牙白肩雕在如何减少对刚刚成年的子女的喂养上也遵循着一套固定的模式。

起初，父母会在幼鸟恰好栖息的地方找到它们，带给它们食物。父母落在幼鸟身旁，撕下一块肉，然后就像喂刚孵出的雏鸟那样喙对喙地喂给它们。过些日子后，这种婴儿式喂养开始减少。成年雕还是会把兔子或啮齿动物带给它们的子女，但是不再把肉撕开并喂给它们，而是在较远的地方着陆，如果幼鸟想吃东西，就必须飞过去吃。一旦幼鸟来了，父母还是会待在那里，但不会喂它。幼鸟不得不在父母的监督下弄清楚如何撕下食物的肉。

等到幼鸟再大些的时候，就必须自己飞向带来食物的父母，但父母会立即飞走，让幼鸟全程独自进食。随着父母喂养的食物越来越少，幼鸟开始越来越有压力。它们不再默默忍受父母在食物供应和安排上的变化。它们会开始乞求，但是父母会忽视它们的鸣叫，这也是亲代决绝的开始。父母坚定不移地减少食物供应，直到它们的孩子永远离开家。

相比其他动物，白肩雕的捕食训练更加有趣也更加危险，这项训练甚至是在子女学会捕猎之前就开始了。年轻雕刚开始不能胜任这件事，因为它们之前从来没有捕食过。这似乎是不合逻辑的。它们怎么知道如何察觉老鼠出现或捕捉一只兔子？怎么知道如何俯冲掠食、抓捕或撕裂猎物？换句话说，它们要如何侦察、评估、攻击和猎杀？

西班牙的研究者推测，亲代决绝和父母对孩子乞求的"冷漠"相结合，迫使雕的后代去练习飞翔技能。这种技能对成为一只成功的猎雕来说至关重要。父母似乎是在利用后代的饥饿感来激励它们去学习成年必需的生活技能。

无论是气泡网捕食、蝎子学校还是沙滩搁浅课程，青少年动物都要依赖它们的长辈获得吃什么和如何去吃的知识，进而把养活自己的能力转化为更好的生存能力。这种自力更生以及随之而来的自信也使人类和其他动物为照顾其他个体做好了准备，无论是照顾后代、亲戚还是群体成员。

自私性牺牲

动物父母会倾注时间和精力来确保后代学会在世界上存活所需的技能。有时候，这种投入会在后代快成年时变得更多。一项关于豹子的研究表明，随着后代长大，即将独立，母豹确实会花更多时间为青少年时期的孩子寻找用来练习的猎物。甚至，这些母亲在这上面花的时间比为自己获取食物花的时间还要多。[29] 从人类视角看，这就像父母额外打一两份工来资助有前途的儿女上学一样。

但动物既当父母又当老师的行为不全是在无私奉献。对孩子来说，从父母那里学习有局限性，而对于父母来说，把孩子当作学生来教也是负担。因为一匹年轻的狼或一只年轻的虎鲸很可能会扰乱团队狩猎的节奏，无知和青少年时期的笨拙行为可能会让家族付出丢失一顿美餐的代价。动物父母可能会厌倦教幼稚的子女捕猎和觅食，特别是随着子女逐渐长大，它们的幼崽特权快要到期了的时候。

但某些物种绕过了这些亲子教学时的冲突，在这些物种中，对于年轻动物的教导是由群落中非父母的其他成年动物来完成的。例如，当乌干达的带状猫鼬一个月大时，它们会离开巢穴，选择一名觅食顾问来指导它们如何收集喜欢的食物。[30] 这些并无亲缘关系的成年动物为它们的学生展示如何窃取爬行动物的卵，猎捕蛇和鸟，以及寻找掉落的果实。青少年时期的猫鼬会霸占它们的导师，不让其他同伴靠近。而当几个月后，猫鼬学会了它们必备技能时，这段护航关系就结束了。但成年初期的猫鼬还是更喜欢导师指引给它们的觅食区域和传授的捕食技术，而不是父母的捕食习惯。

我要吃它正吃的东西

青少年时期的动物狩猎和觅食能力不佳，饮食也不理想，而且它们在处理食物上也很脆弱，因此它们经常效仿朋友的食物选择。

例如，如果让年轻的挪威鼠有机会在它们偏好的美味食物和它们不喜欢的食物间做选择的话，它们肯定每次都会选择美味的那一个。[31] 但是在一项研究中，当挪威鼠进入青春期并和同伴在一起时，它们的食物选择转变了。[32] 它们否定自己的食物偏好并效仿同伴选择的可能性变为了原来的两倍。为了测试同辈压力是否胜过了口味偏好，研究者给缺乏钠的挪威鼠提供了含盐的食物，但青少年挪威鼠仍然拒绝了这种营养更高的健康食物，更喜欢同伴吃的食物。值得注意的是，采用同伴的食物偏好这一行为甚至延伸到了有害的食物：尽管过去曾因吃被污染的食物而生病，当挪威鼠看见同伴在吃的时候，它还是会选择吃下。[33]

进食后的挪威鼠的皮毛和胡须上会带有气味，可以向朋友透露它们吃了什么。[34] 但更大的影响因素是同伴呼吸中的食物气味。只要它们闻到了，即便是它们不喜欢的苦味，青少年挪威鼠也会想吃。同样地，它们也会跟随同伴的脚步，对同伴拒绝的食物产生厌恶情绪。

对人类父母来说，同辈压力在青少年食物选择上的影响也许是令人沮丧的，特别是当其发生在将近 15 年的谨慎饮食教育之后。食物问题或许可以看作青少年叛逆的一个警告信号。丢掉健康的午餐，拒绝参加家庭聚餐，这些常见的青少年行为令父母沮丧且受伤。但是，一个可以解释啮齿动物行为的生态学原因也许同样会影响人类，即同伴关于本地环境的信息往往比父母的更新。受到资源、地位或传统的影响，年长的动物父母可能会与营养生态系统的变化脱节，而更年轻的动物则紧跟这些变化，也更容易受其影响。

对于动物来说，同伴不仅提供最新的信息，在离巢期间，它们还能成为有价值甚至有时可以救命的支持系统。当雄性马岛獴（一种原产于马达加斯加的吃狐猴的肉食性动物）步入成年期时，它们经常和另一只要么是兄弟，要么是同伴的雄性合作。[35]

德国进化生物学家以及马岛獴专家米娅－拉娜·吕尔斯解释道："通过配对，雄性马岛獴可以合作捕猎，这会让它们比单打独斗时吃得更多，长得更好。"[36] 找一个能共处的伙伴也许对于两兄弟来说更容易，并且配对的好处远超过狩猎时的帮助。寻找另一只它能容忍的马岛獴成为捕猎伙伴会使马岛獴的未来更轻松。吕尔斯说，如果它不这样做，那只马岛獴将"发现它正站在通往孤家寡人的道路上"。

人类也是如此。与朋友一起在汉堡店或咖啡厅聚餐、吃华夫饼和喝加糖的奶茶也许不是最健康的饮食。但是关心青少年饮食的父母也许可以换个角度看：自己的孩子正在与朋友分享享受食物的快乐，这是野蛮成长期的一种本能。

最后值得一提的是，只要饮食没有完全失控，那么最重要的部分并不是食物，而是一起分享食物的朋友。所有的社会性动物个体都必须找到自己在群体内部的位置。因为独立来源于自立，而不是孤立。

第 **17** 章

应对孤独

虽然从进食的角度来说，赤狐并不像獐鹿那样令野狼斯拉夫满意，但是在路上奔波了一周多以后，它终于饱餐了一顿。在斯拉夫的旅程中，波托尼克及其团队研究了斯拉夫每次猎杀的地点，并且记录了它正在吃的食物。他们观察到斯拉夫的猎食技能在提高，并推测大约再过一周，它就会吃上一顿安稳的"鹿餐"。但是现在，斯拉夫可能正感到饥饿带来的压力推着它往前走。

斯拉夫继续向北，进入了奥地利。2012 年元旦，它突然发现自己脚下的路被一条大河挡住了。德拉瓦河（the Drava Springs）的源头位于意大利阿尔卑斯山高处，向东流经奥地利，最后在克罗地亚奥西耶克（Osijek）附近汇入多瑙河。冬天，深流之上满是浮冰。如果斯拉夫坚持这条路线，它只能渡过德拉瓦河。由于不了解地形，也找不到桥，斯拉夫恰巧从河最宽的地方跳下了水。它在冰冷的水流中奋力前行了 280 米，有 3 个足球场那么长。

斯拉夫终于从河对岸浮出冰冷的水面，湿淋淋地发抖。但是现在并没有可以停靠的地方，所以斯拉夫继续前进。从 1 月到 2 月的整整两个月，这匹年轻的狼向西穿过了意大利阿尔卑斯山，在零度以下的天气、6 米深的雪中艰难跋涉,爬到了海拔 2600 米的地方。

情人节那天,斯拉夫从一个山口进入了白云石山脉(the Dolomites),这是位于意大利东北部的山脉,旅程似乎在这里结束了。这片山脉仍然是一派冬季的景色,斯拉夫第一次失去了前进的动力。几天来,它绕着一个叫永恒平原(the Eternal Plains)的地方转圈,想寻找一条出路。接下来,波托尼克看到了一件更加不寻常的事情。在 5 天的时间里,斯拉夫的 GPS 标志几乎没有移动。它不再猎食,似乎也不再试图寻找前进的路。斯拉夫一反常态,在迷路、无依无靠、寒冷又饥饿不堪的情况下,开始了长时间的休息。

对大多数人来说,在生命中的某些时候处在独处状态是十分普遍的,学会应对这种情况是长大成熟的一部分。自力更生在全世界都是成年的传统特征之一。对因纽特男孩来说,传统上的成年包括一边学习打猎和建造冰屋一边离开群体。[1]在皮博迪博物馆一楼,你可以看到一个用鹿角和鹿筋做的雪铲。在 19 世纪,这个工具的主人可能先是从父亲及社群中其他人那里学会了如何使用它,之后才花时间证明了自己的打猎技术,进而培养起自己成年后的独立能力。

澳大利亚土著有一项传统,就是进行一项短期的丛林流浪,要求年轻人独自生活几个月,自己照顾自己;[2]美洲土著拉科塔人的灵境追寻(vision quest)的其中一个阶段是独自在山丘上生活 4 天。[3]在现代军队中,青少年和年轻成年人也要接受生存训练,强调在孤独中生存的能力。[4]在美国,像全国户外领导力学校(National Outdoor Leadership School)和拓展训练(Outward Bound)这样的项目会教授青少年野外生存的必备技能。这类训练中对人影响最大的经历之一是"独处"(Solo),即独自在野外生存几小时到几天。参与者会得到食物和住所方面的帮助,而如何应对孤独是核心挑战和锻炼重点。因为独自在野外生存不仅意味着要找东西吃、找地方睡觉,更需要应对孤独带来的心理甚至身体上的痛苦。

我们无从得知一匹独行的狼是否会经受孤独。但是人类被试的研究证实，离群索居具有负面的生理影响。从炎症到免疫抑制，再到心血管功能的变化，至少在我们人类眼中，与世隔绝会造成身体损伤。

有些青少年天生就比其他人更喜欢独处，专家指出一段时间的独处对青少年的发展确有好处。[5] 但是持续的隔离感、孤独感、分离感可能是抑郁或其他健康问题的危险预兆。[6] 社会隔离（social isolation）是青少年自杀的一个风险因素。[7] 在野蛮成长期，个体的孤独感会更强，而社会隔离有时可以是致命的。

延长的亲代照料

在过去 10 年中，美国和其他国家的父母不仅因为直升机式教养（过分关注孩子的每个行动和每种情绪）而遭受批评，也因为抚养出归巢族（刚开始在工作中或大学里独立一段时间就又回到家中）而受到指责。

事实上，这在美国已经成为常态。调查显示，在 2016 年，18～34 岁的美国年轻人更可能和父母而不是和爱人住在一起。[8] 在波兰、斯洛文尼亚、克罗地亚、匈牙利和意大利，18～34 岁的人中超过 60% 和父母住在一起。[9] 在中国、印度、日本和澳大利亚，三分之二的 22～29 岁年轻人也是如此。[10] 而在中东的大多数国家，年轻人结婚前住在家里更是习俗。

和其他一些物种相比，人类需要依赖父母的儿童期和青少年时期明显更长。但是，这毕竟不足以让我们显得与众不同。很多野生动物的父母并不会在子女离家那一刻就切断对它们的支持，反而会继续为子女提供帮助和训练。如果子女很难找到足够的东西吃，动物父母经常会给它们提供食物。如果子女没有同伴，父母有时还会帮它们"引见"。就像谨慎的人类父母会为子女投资一笔大学基金一样，动物父母最后会将自己的领地赠送给子女，并且把一直以来特意给子女贮存食物的地方一并告诉它们。对于这些离巢后提供的帮助，生态学称为**延长的亲代照料**。[11]① 而人类和动物父母为成年子女提供延长的亲代照料的原因是非常相似的：危险的环境、食物短缺、领地争夺和寻找配偶的压力让一些年轻的成年个体不得不住在家里。

延长的亲代照料
extended parental
care

在离巢后亲代仍为子代提供的资源与保护。

如果归巢族是被鸟类学家观察的鸟，而不是被社会学家批评的人，那么这种支持帮助性的亲子关系可能被称为鸟类更特有的"出飞后照料"（post-fledging care）。并且批评者可能会像生物学家一样认识到，这种行为可以提高子代未来的成功率和生存率，而不是对此感到哀叹。

从更大的历史文化背景来看，人类中延长的亲代照料是有益的，这也许能够令人感到一点宽慰。人类生命周期史学家史蒂文·明茨（Steven Mintz）写道："在美国'延长成年过渡期并不是一个新现象'，而且'十几岁到二十几岁一直以来都是一段充满不确定、犹豫和优柔寡断的时期'。"[12] 明茨讲述了一个年轻人的故事。这个年轻人 1837 年从哈佛大学毕业，当时 19 岁，被一所学校聘为老师，结果却在两周后辞职了。之后他断断续续地先后在父母的铅笔厂工作，当家教、铲粪工，还做了一段时间的编辑助理。尽管他还是要接受来自家庭铅笔生意的资助，但他最终以作家和土地测量师的身份立足社会。这个年轻人就是梭罗。

"和许多人想的相反，"明茨写道，"在早期的美国，绝大多数年轻人并没有在很早的时候就迈入独立的成年生活……在 19 世纪早期，十几岁甚至二十几岁的年轻人常常在相对独立和依赖父母之间摇摆不定。"[13]

在美国的大多数历史时期，情况都是这样，只有第二次世界大战结束

---

① 延长的亲代照料指对离巢年轻后代提供喂养、住所、保护和引导。在很多物种中都可以看到这种现象，但其不同程度取决于子代的需求和父母的资源。一般来说，当环境因捕食者或缺乏资源而变得危险时，就会有更多的延长照料。

后的一段短暂时间是个例外。我们经常认为结婚在传统上是"离巢"的分界线，但大多数年轻人直到二十五六岁甚至到快三十岁或三十出头才结婚。甚至在更早的时候，"年轻人一般不得不推迟结婚，直到他们继承一笔遗产，而这通常发生在父亲去世时。"[14] 明茨把这种向成人世界过渡的过程描述为贯穿美国历史的创伤。父母的早亡，使得他们无法接受连贯的教育，生活也不稳定。这些年轻的移民，通常是女性，只得独自远行去寻找工作。

而在许多鸟类和哺乳动物家庭中，当年轻个体已经长到准备好可以搬出去时，偶尔还会被允许甚至鼓励留在父母的领地帮忙。[15] 偶尔会有没有配偶的姑姑或姨母，更多的是叔叔或舅舅，在它们出生的地方住一辈子。这种安排对父母、子女和新生的弟弟妹妹是多赢的。年轻成年个体可以照料弟弟妹妹，给它们提供食物，还能充当临时保姆和导师。它们帮群体提高警惕性和安全性，在集群防御时充当战斗力。它们可不是在家中白吃白喝的。

离开家前在巢穴中多待一段时间也并不是失败的征兆。对这些迟迟不肯离开的年轻个体来说，好处有很多。如果所处的环境中捕食者太多，年轻个体延长和父母在一起的时间可能会更安全。如果这一年的同辈竞争太强，年轻个体多待一季可以增加找到食物、领地和配偶的机会。还有一个好处是，如果父亲或母亲去世，它们可以就地获得继承权，进而继承领地。例如，对于地位低下的雌性猫鼬来说，获得自己领地的最佳策略就是待在家附近，直到母亲去世。黑猩猩也发现了这种策略，不过继承领地的雄性往往是死去的黑猩猩的兄弟。

对于西蓝鸲来说，如果幼鸟冬天至少和父母中的一方待在家里的话，它们不仅更有可能在这个季节存活下来，而且可能在来年春天继承父母的一部分领地。[16] 这样的领地通常自带来自康奈尔大学的科学家们所说的"槲寄生财富"（mistletoe wealth），也就是说具备可以为这些鸟提供住处和食物的植物储备。

因此，人类并不是唯一将"身外之物"留给孩子的物种。任何一块指定的土地都可能已经有过很多个"主人"。北美红松鼠的母亲们会将领地留给子女，通常是青少年子女，并且会尽自己所能将附近未被占领的地方最大限度地纳入领地。[17] 这些母亲不仅仅送给孩子"不动产"，而且会将此前在各处藏好的食物打包好，一并交给自己的孩子。这些松鼠母亲并不是在死后移交财产，而是在中年的时候就把礼物送给孩子。当成年的孩子准备好接管财产后，它们会收拾离开，踏上自己的新旅程。

动物父母帮助离巢子女的最有力方法之一，就是在它们真正离开前给它们指出正确的方向。**亲代探路**是发生在一些哺乳动物和许多鸟类中的行为，指的是父母会带着青少年子代到外面的世界旅行，侦察食物来源，获得领地，带子代融入社会。[18] 就像简·奥斯汀小说中攀龙附凤的母亲一样，一种名叫大山雀的鸣禽会带着符合条件的子代去拜访其他鸟群，把子代介绍给最好、地位最高的潜在配偶，以便将来能繁衍出它的孙代和曾孙代。[19]

亲代探路
parental excursions

青少年动物在离巢之前和父母进行的指导性侦察出行，目的是对潜在领域、群体和配偶进行调查，并且确定离巢的最佳时机。

一系列跨物种的研究都清楚地表明，延长的亲代照料能够挽救生命，防止缺乏生活技能、刚独立的年轻动物在离巢后的最初几天或几个星期的危险日子里死亡。但是，在享受延长的亲代照料的好处时，也要付出代价，这推迟了子代学会养活自己的时间。一项针对澳大利亚白翅澳鸦的研究发现，和成年澳鸦一起住在家里的年轻澳鸦会获得更多食物，并且在冬天过后有更好的身体状态。但是一旦它们开始自力更生，代价就会显现出来，由于缺乏经验，它们的觅食能力会比未获得帮助的同伴更差。[20]

获得延长的亲代照料的鸟类也会推迟反捕食行为出现的时间。延长和成年个体居住时间的年轻墨西哥丛鸦错失了学到至关重要的集群防御技能的时机。[21]

年轻动物最终必须在这二者之间维持平衡：得到亲代照料，保护自身安全和在危险的环境中觅食，磨炼真正独立时所需的生活技能。在了解到动物进行延长的亲代照料的情况下，重新思考对当代（参与过多的）父母的批评是很有趣的，他们在孩子的青少年时期和成年早期始终参与孩子的生活，这并不值得人们大肆批判。

一份哈佛大学教育研究生院的报告指出："尤其是在富有社区，父母过多参与孩子的学业和社会生活，所以青少年很少在没有父母帮助的情况下安排学习、针对一次糟糕的成绩开家庭会议，甚至解决和朋友的冲突。"[22]

有些父母的过度行为很容易被嘲笑，说他们剥夺了年轻人练习自己解决矛盾的机会，这显然具有误导性。然而，在对千禧一代搬回家和父母同住的批评声中，父母持续参与孩子生活的重要性也变得模糊不清。明茨是这样说的："当孩子跌跌撞撞地迈向成年生活，但时代环境已经不再保障就业时，父母有充分的理由拿着救生绳在旁做好准备。二十几岁已经取代十几岁成为最具风险的 10 年。酗酒、非法使用药物、导致疾病或意外怀孕的无保护措施的性行为，以及暴力犯罪等行为在这个年龄段达到顶峰，这个阶段的失足行为可能会换来影响终生的处罚。"[23]

当人们都在批评父母过度参与的时候，一个更大的问题被忽视了：其实很多人缺乏足够的家庭教育。对于那些没有父母或者父母般的导师的年轻人来说，离开家进入成人世界可能极其危险。根据宾夕法尼亚大学社会科学家的一项分析，在美国，超过寄养年龄的年轻人，即没有家人提供经济或情感支持的 18 岁年轻人，表现出失业率的上升和对公共援助依赖性的增强。他们的身体和行为健康状况比同龄人更糟糕，通常只接受了较低水平的教育，并且游走在法律边缘。[24]

导师制是人类版的"出飞后照料"，它极大地改善了这些弱势群体的生活。报告发现，离家寄养的儿童如果和有能力、关心他人的成年导师建立关系，在青少年时期和成年过渡期的表现要好很多。如果能找到"自然导师"，结果是最好的。研究者将"自然导师"定义为"存在于年轻人社交网络中的一位非常重要并且不是父母的成年人，例如老师、亲戚、志愿者、社区成员或者教练"。这些熟悉的成年导师是由寄养儿童自己选择的，而不是由所在州或者非营利组织为他们选择的陌生人。他们成为寄养儿童在过渡期的"保护性因素"，能够"为培养年轻人能力和性格提供持续性引导、指导和鼓励"。

延长的亲代照料在人类社会的各个阶层中都有所体现。它可以表现为提供住所、食物和直接的经济支持，也可能表现为没有明码标价的东西，例如职业建议、教授技能、精神支持、社会引见和陪伴。

延长的亲代照料能带来多少好处取决于父母的资源以及子代的需要。但是在整个自然界中就算不普遍，也是广泛存在的。有一个很好的演化原因可以解释：父母的基因遗产不仅留存于子代中，而且在孙代中继续流传，那么父母为什么不竭尽所能去提供帮助呢？你可以认为那种行为是由自私或演化适应性（evolutionary fitness）驱动的，或者你也可以认为那是由爱驱动的。无论采取哪种理解方式，不可否认的是，地球上的所有父母都在为孩子的安全、健康还有幸福而投资。

认识到动物界中延长的亲代照料的利弊，可以帮助人类更现实也更富有同理心地理解如何以及何时继续支持大龄和成年孩子。和父母待在一起的白翅澳鸦和灌丛鸦可能确实没有像离开父母的同类那样，学会觅食或者赶走捕食者。但是，如果外面的世界很危险，而年轻的动物缺乏保护自己的技能，那么待在家里可能更安全。在年轻个体决定继续依赖父母时，生态学的作用可能至少和心理学一样大。明茨说得更加直白："在防止孩子误入歧途这件事上，父母的支持可以发挥关键作用。"[25]

动物界的例子显示，与其说延长的亲代照料是一种溺爱，不如说是一种演化策略。

放生后监测

　　保护生物学家追踪他们研究的动物时采用的方式可能会令大多数离家青少年的父母嫉妒。他们会用卫星遥测、远程摄像机、无人机和双筒望远镜密切关注脆弱的年轻个体，就像波托尼克通过无线电项圈以及由观察者和其他团队成员组成的网络来密切关注野狼斯拉夫一样。实际上，放生后监测使保护生物学家能借助高科技为遇到困难的年轻野生动物提供延长的亲代照料。[26] 通常是提供食物，并且这很容易解决。就像父母会把一些钱塞进年轻人的口袋一样，生物学家会把一些食物放在饿肚子的动物能够找到的地方。

　　加州大学戴维斯分校野生生物学家、非营利性野生猫科动物保护组织"豹属"（Panthera）的项目负责人马克·埃尔布罗克（Mark Elbroch）在博客中记录了他追踪的一对在怀俄明州大提顿山脉（the Grand Teton Mountains）失去父母的美洲狮。这两头狮子失去母亲的时候才 7 个月大，还没能从母亲那里学会如何捕猎。而这片区域的美洲狮一般会和母亲在一起待 2 年左右。[27]

　　埃尔布罗克写到，在它们的母亲去世几周后，这两头青少年美洲狮就开始挨饿。"白天，它们变成终日游荡、骨瘦如柴的'行尸走肉'，对周围的一切浑然不知。"其中一头年轻狮子的结局并不好。在一棵北美黄杉树底下，埃尔布罗克发现它的尸体蜷缩在一张废弃的"床"上，这是它几周前和母亲、姐妹一起睡过的地方。埃尔布罗克注意到它的成年犬齿在死后还在生长，这表明它死时还处在青春期的生理过渡阶段。

　　因此，埃尔布罗克征得了怀俄明州渔猎部（Wyoming Game and Fish Department）的同意，对它幸存的姐妹进行干预。埃尔布罗克写到，他和团队确定了它的位置，并且"将一只路毙驼鹿的后腿放在它经过的路上。15 分钟后，它发现了这份恩惠。它连续吃了 4 天，就这样，逐渐长成了一头与众不同的狮子……尽管它一直漫无目的地游荡着，似乎对周围的危险或任何东西都浑然不知，但是驼鹿餐为它提供了成为一头美洲狮所需的食物"。

埃尔布罗克的团队继续监测这头青少年狮子，又投喂了它两次，直到他们看到它具备了自己成功猎杀并吃掉小猎物的能力。

这样的支持可以避免孤独发展成危险的隔绝，由此得出的生态经验就像"冒险让你更安全"的想法一样矛盾却清晰：有时一点帮助实际上反而增强了个体的独立性。

甜蜜之家

野狼斯拉夫在白云石山脉迷路了 10 天。当它终于找到出路时，又恢复了往日的活力，朝着南方维罗纳（Verona）的方向径直而去。

3 月初，斯拉夫到达了这座美丽城市的郊区。斯拉夫像是被附近的狼保护区吸引来的，它在那里待了 12 天。

维罗纳郊区的葡萄种植园和农场没有阿尔卑斯高山上的那些危险，但是也没有山里那么多的野鹿。可想而知新环境充满风险。对于野生动物来说，有人类存在的新环境尤其难以预测。就像美洲狮 PJ 在圣莫尼卡发现自己被高速行驶的汽车和大喊大叫的人群包围一样，斯拉夫也不得不适应新环境，这迫使它做出了一些糟糕的决定。由于找不到足够的鹿，斯拉夫开始捕食家畜。几天以来，它袭击了一只绵羊和一只山羊，还吃了一匹马。波托尼克通过 GPS 数据点看到了这一切，他知道愤怒的农民会威胁斯拉夫的安全，所以尝试通过干预来帮斯拉夫脱离危险状态。

幸运的是，机智的斯拉夫自己找到了出路。它走出了维罗纳，向北前往莱西尼亚州自然公园（Lessinia Regional Nature Park），这是一片受保护的森林。根据波托尼克所说，在那里，"离巢的开关关掉了"，斯拉夫的旅程突然结束，因为它找到家了。

斯拉夫自从到了维罗纳地区就一直没有离开。但是很多动物，会像鬣狗史林克还有很多人类一样，为了寻找新的领地、机会和爱，或者为了逃避冲突或贫困，而在一生中持续离家。有些人仅仅因为对世界充满好奇而一次又一次地搬迁，这种简单的冒险精神似乎也会促使一些成年动物出去游荡。

每个再次"离巢"的成年个体都会重新进入野蛮成长期，它们也会再次感到自己经验不足。在新的领地上，它们很容易遭遇各种形式的捕食和剥削。在新的社会结构里，它们上上下下地浮沉，在群体中找到自己的位置，这既能带来焦虑也能带来兴奋。与新同伴的交流中，它们可能需要学习不同的语言来表达或者回应愿望。尽管大多数成年个体找到食物并不像青少年个体那么难，但是谋生将永远是它们最重要的事情之一。每一次重回野蛮成长期，都是在追溯最初在高度敏感的青少年时期所蚀刻的行为模式。

第 18 章

寻找自我

野狼斯拉夫是在何时真正成年的呢？是它第一次离开狼穴，独自睡在斯洛文尼亚那个农舍花园的时候吗？是它第一次捕食到赤狐或咬死一只鹿的时候吗？是它困于白云石山脉多日终于找到出口的时候吗？还是它学会如何追求另一匹狼并繁育自己后代的时候？动物和人一样，并不是一下子就成熟起来的。成熟是一个技能和经验的积累过程，这个过程需要个体认识和面对自身在野蛮成长期的 4 项基本挑战。

对于成年早期需要离开巢穴独自生活的动物来说，有一些重要的课程需要它们去学习，这是从以万亿计的离巢动物身上得出的经验。

第一，因为离巢通常是一个过程，学会如何离巢有利于动物之后的生存。对于人类来说，早一点进行离巢训练，如参加野外露营、学校旅行或探亲访友会让日后的成年生活更有可能成功。离开前与父母一起出游会帮助个体开始"有准备地离巢"。即使没有得到父母的帮助，导师也可以教授青少年搜集资源的技能，当然这些技能也可以从同龄人那里或每天的不断试错中学到。

第二，不管一个处于青少年时期的动物被训练得多好，也不管它与同龄个体相比有多聪明，决定动物成功离巢的一个关键因素就是它们将要进入一个怎样的新环境。影响动物在自然中生存的最重要因素还是环境，环境中资源的丰富性、竞争的激烈程度，以及捕食者的数量都会对离巢成功与否产生重大影响。虽然离巢者的个体能动性、能力和勇气有助于它们"成功"，但即使是最幸运的刚成年动物，它们最终的成败乃至命运仍取决于所享有的特权或注定要进入的环境。

第三，并非所有的动物或人类都会远离家园。但不管是去还是留，个体成年的一个标志就是能够自力更生。

第四，新环境往往是危险的，也时常是孤独的。与值得信任的同伴一起离巢，或在离家以外的地方建立关系，会给个体今后的生存状况带来很大不同。

对于我们人类来说，这同时也要求家长和社会做两件事：一是教导青少年和年轻人学会自立；二是给他们机会、时间和动机去实践他们所学到的东西。而今，虽然高中和大学提供许多种重要的教育，但是自力更生所需的实践技能往往不是学校课程的一部分。

说得直白一些，这意味着我们要帮助青少年和年轻人明白自力更生地养活自己究竟意味着什么，又需要什么具体的技能，帮助他们将工作和事业这两个抽象概念和维持生计这项至关重要、跨物种但又具有人类特殊性的事情联系起来，并且在未来为社会做出一些贡献。

野狼斯拉夫来到维罗纳北部的森林后不久，就遇到了一匹母狼，生物学家忍不住给它起名叫朱丽叶（Juliet）。斯拉夫和朱丽叶已经繁育了好几代子女了，它们一窝能有 7 只幼崽。这些后代也都顺利长大并独自生活了。尽管当地农民对这些新来的狼群保持警惕，但科学家们却对斯拉夫和朱丽叶的结合欣喜若狂，因为这些狼将来都会离巢并迁徙到其他地方生活。在过去的两个世纪，由于森林砍伐、人类入侵以及过度捕杀，欧洲地区的狼种群已经变得支离破碎。斯拉夫的迁徙重新联结了两个种群和两个基因库：它的第纳尔－巴尔干血统与朱丽叶的阿尔卑斯山血统。斯拉夫的离巢探索不仅促进了它所在地区的狼种群和家族的发展，也强化了整个物种。

　　对于所有生物来说，成长意味着离开过去，探索未知。离巢个体一旦经受住所有考验，技能得到实践，经验得以融合，那么一个特殊的时刻就可能到来，此时个体会感到足够安全，拥有足够广的社会关系，对性魅力很自信又足够独立，于是开始将注意力转向外界和其他个体。认识到自身以外的事物和责任，这也许就是野蛮成长期转变为真正成年的时刻了。

结　语

　　企鹅厄休拉、鬣狗史林克、座头鲸绍特和野狼斯
拉夫都不再是地球上野蛮成长期的一员。

　　如果厄休拉还活着，它早就过了青少年时期，进
入了企鹅中年。野生王企鹅的寿命可以长达 30 年[1]，
但由于厄休拉的跟踪信号变得安静，它能活多久仍是
个谜。我们永远也不会知道它在捕食顺序、群体规
则、求爱对话以及捕鱼挑战这些事上经历了多少。或
许它会为自己的雏鸟反刍进餐，或者在困难的季节提
供更长时间的亲代照料。又或许它能看到一个儿子
或女儿摇摇晃晃地走到海滩上，开始了自己的成年
之旅。

　　2014 年 2 月，人们在狮子经常出没的一条河流
附近发现了史林克的尸体，它的死亡方式很有可能与
许多鬣狗一样——死在这些顶级捕食者的獠牙下。[2]
在史林克的身边是另一只鬣狗的尸体。奥利弗·赫纳
不知道另一个是雄性还是雌性，但他知道史林克最近

迁移到了一个新家族，正在努力晋升。这名同伴可能是和史林克一起散步的另一名雄性，也可能是它正在追求的某个雌性。不管怎样，直到最后史林克看起来都很有社交能力。

绍特已经成为世界上最受欢迎、被研究得最充分的座头鲸之一。[3] 50 岁左右的它仍然每年要去一趟加勒比海的温暖水域，那里回响着雄性座头鲸的合唱。算上她的孙辈和曾孙辈，绍特至少有 31 个直系后代。最近一头是在 2016 年被发现并命名的斯里拉查（Sriracha），它在绍特的家谱上被加入到了萨尔萨（Salsa）、塔巴斯克（Tabasco）和山葵（Wasabi）的兄弟姐妹行列。

在 2012 年斯拉夫抵达维罗纳后不久，它的无线电项圈就被设定为休眠，休伯特·波托尼克不再知道它的确切位置。但这匹狼还是被发现了好几次，与朱丽叶一起抚养幼崽。[4] 据信，斯拉夫仍生活在意大利的莱西尼亚。

生物学家衡量企鹅、鬣狗、鲸鱼和狼成功与否的方式是能否生出能够存活并具有繁殖能力的后代。但对人类来说，繁殖并不是成功和成熟的衡量标准。保障自身安全、自如地应对等级社会、恭敬地交流性事、自力更生，这些才是成年的真正标志。获得野蛮成长期的 4 种生活技能为我们成年后的各种成功做好了准备，无论是在职业、公共领域还是私人领域。

并不是所有的野蛮成长期都有美满的结局，但往往在犯错时，我们学到的最多。并且，无数物种在数亿年的成长时间里面临着和我们同样的 4 项挑战，也出现了许多解决方案，从而增加了事情顺利解决的可能性。

向自然寻求人类生活挑战的解决方案是一个新兴领域，被称为"生物灵感"（bioinspiration）。生物灵感有时被称为"仿生、生物模拟"，是基于这样一种认识：在进化的过程中，地球上的物种基本上面临着同样的压力。在地球上无数代的生命中，生物已经进化出了适应或解决方案，来应对它们所面临的挑战。生物灵感利用这些源于自然界这个古老而巨大的研发实验室提供的解决方案，来帮助人类生活。

寻找造福人类和其他动物的生物灵感解决方案，这是与我们上一本书《共病时代》有关的一些学术会议的焦点，该书汇集了来自世界各地大学的医生和兽医的成果。正如我们在这本书中所展示的，自然界中也充满了有关成长和成年过程的洞察。了解其他动物的野蛮成长期可以激发生物灵感，让我们更有同理心并巧妙地引导人类青少年走向成年。

而实际上野蛮成长期的概念并不局限于个体的身心发展。当人们说某件事尚未成熟时，我们并不总是指人和其他生物。在人类的所有活动和事业中，在诞生和成熟之间都会有一个中间阶段。在这个阶段，新生的承诺必须让位于成长的现实和责任。商业、创意项目、人际关系、职业生涯、学术研究领域，甚至政治运动、政府和国家都是如此。

虽然开始的阶段可能是痛苦、困难和有风险的，但它们通常也是容易的。每一次诞生、一次出发或一个新的开始都充满了希望，充满了对更美好未来和成功的梦想。这好比是一场马拉松，一开始带着精力和热情感觉毫不费力，但是在接下来的几公里中，当你开始评估比赛、争夺位置，以至于比赛的结果已经确定时，你的身体才会告诉你它的真实感受。

正如我们已经看到的，动物的野蛮成长期可能是一个尴尬和不讨好的发展阶段，企业也是如此。我们可以想想过去几十年里所有著名的科技初创公司。例如，一款令人兴奋的新应用程序吸引了数百万美元的资金，并承诺解决我们从未意识到的问题。在没有过往记录的情况下，公众和风险资本家往往愿意向公司发放"幼崽特权"（对待首发小说的作家、首发专辑的歌手、新员工或承诺变革的第一任期政客也是如此）。但一旦这家公司走入市场，在应用商店中与其他程序争夺自己的地位，学习如何在成长过程中保护自己不受捕食者攻击，并努力达到可持续又有利可图的成熟阶段时，开始的承诺就会让位于成长中更棘手的现实。而现实是许多应用程序无法在过渡阶段幸存下来，它们干脆消失了。

人的事业也是在野蛮成长期中成熟起来的。当医学生从学校毕业时，严格意义上讲，他们只是在名字后面加了"博士"的医生。接下来的住院医师阶段是医生的野蛮成长期。这时，他们的"幼崽特权"到期，又缺乏充足经验，他们将经历有关生死存亡的几年。在此期间，他们必须学会保护患者的安全，适应医院等级制度，发展专业的合作伙伴关系，成长为真正经验丰富的医生。

在这些情况下，青少年时期似乎是一种隐喻。但它真的只是象征性的吗？在任何人类事业中，我们都会重复同样的步骤。某种东西诞生了，它承载着未知的希望，没有历史的重压。然后，它必须经历具有挑战性、尴尬甚至危险的成熟阶段。只有熬过这个阶段，才能真正成熟并取得成功。但并不是所有人和事都能通过这一阶段。这种模式适用于人们学习语言或开始一段婚姻，也适用于创办公司、行政管理甚至发起战争。任何开始时大张旗鼓的事业如果在早期面临挑战时缺乏正确的引导，都有可能迅速脱轨。

在我们凝视死亡三角近 10 年后，我们回到了加利福尼亚北部的莫斯码头。我们发现它变了。商业渔业经济已经让位于可持续发展的水产养殖和生态旅游，这些都是在蒙特利湾水族馆研究所（Monterey Bay Aquarium Research Insititute）的管理下发展起来的。新的公寓、几家酒店和餐馆正在建设中，用来接待来自世界各地的游客，他们可以来这里观鲸或者海滩漫步、一睹海鸟的风采。在附近的一座老发电厂里，特斯拉正在安装新的"Megapack"储能系统。[5] 这是一个由相连电池组成的巨大的 12 千兆瓦时的电网，每个电池都有一个集装箱那么大。

不过，尽管人类行为发生了变化，该地区仍然是加州海獭"木筏"①的家园。皮艇运动员观察到，这些海獭学会了撕裂海胆，与同辈摔跤，与长辈交往。10年过去了，我们最初观察到的那些嬉戏的年轻海獭，有些（但可能不是所有）已经变成了目光敏锐、头发花白的中年海獭，相对来说更不会受到鲨鱼的伤害。就像大自然中的自然规律一样亘古不变：老一辈长大了，新一代就进入了野蛮成长期。

---

① 海獭有一种习惯，作为一种社会性动物，海獭喜欢和它们的家人以及朋友待在一起。它们会"手拉手"浮在水面上，从远处看像是一排木筏。——译者注

考虑到环保的因素，也为了节省纸张、降低图书定价，本书编辑制作了电子版注释。

扫码查看本书全部注释内容。

致　谢

　　我们要感谢克莱门斯·皮茨、菲尔·特雷森（厄休拉的故事），奥利弗·赫纳（史林克的故事），乔克·罗宾斯（Jooke Robbins）和海岸研究中心（Center for Coastal Studies）（绍特的故事），以及休伯特·波托尼克（斯拉夫的故事）。感谢他们的科学贡献并愿意慷慨地与我们分享学术成果。

　　我们还要感谢在文献和学术上帮助过我们的科学家和专家：雅典娜·阿克蒂皮斯（Athena Aktipis）、安迪·奥尔登（Andy Alden）、汉娜·班尼斯特、蕾切尔·科恩（Rachel Cohen）、皮埃尔·科米佐利（Pierre Comizzoli）、迈克尔·克里克莫尔、卢克·多拉尔（Luke Dollar）、布里奇特·唐纳森（Bridget Donaldson）、佩妮·埃利森（Penny Ellison）、凯特·埃文斯（Kate Evans）、丹尼尔·费斯勒（Daniel Fessler）、威廉·弗雷泽、道格拉斯·弗里曼（Douglas Freeman）、克里斯·戈尔登（Chris Golden）、詹姆斯·哈、蕾妮·罗比内特·哈（Renee Robinette

Ha）、乔·汉密尔顿、凯·霍尔坎普（Kay Holekamp）、安德烈娅·卡茨（Andrea Katz）、本·基勒姆、安妮卡·林德（Annika Linde）、戴安娜·洛伦（Diana Loren）、米娅－拉娜·吕尔斯、托娜·梅尔加雷霍（Tona Melgarejo）、凯瑟琳·莫斯比（Katherine Moseby）、戴安娜·泽奇特尔·芒恩（Diana Xochitl Munn）、米格尔·奥德尼亚娜（Miguel Ordeñana）、贝妮森·庞（Benison Pang）、简·皮克林（Jane Pickering）、戴维·派诺茨（David Pyrooz）、尼娅姆·奎因（Niamh Quinn）、德拉加娜·罗古里亚、马特·罗斯（Matt Ross）、乔舒亚·希夫曼、弗雷泽·希林（Fraser Shilling）、托德·舒里（Todd Shury）、朱迪·斯坦普斯、斯蒂芬·斯蒂恩斯（Stephen Stearns）、蒂姆·廷克（Tim Tinker）、理查德·韦斯布尔德、查尔斯·韦尔奇（Charles Welch）、薇奥拉·威尔托（Viola Willeto）、凯茜·威廉姆斯（Cathy Williams）、芭芭拉·沃尔夫（Barbara Wolf）、安妮·约德（Anne Yoder）、萨拉·泽尔（Sarah Zehr）和乔·Q.周（Joe Q. Zhou）。

我们还要特别感谢我们在加州大学洛杉矶分校和哈佛大学的同事：我们的老师、向导、科学合作者和好朋友丹尼尔·布卢姆斯坦、帕蒂·高迪（Patty Gowaty）、卡利亚纳姆·希夫库马尔（Kalyanam Shivkumar）、丹尼尔·利伯曼（Daniel Lieberman）、雷切尔·卡莫迪（Rachel Carmody）、卡罗尔·霍芬（Carole Hooven）、彼得·埃利森（Peter Ellison）、理查德·兰哈姆。此外，我们还要感谢这两个学院的所有本科生，他们的想法帮助我们的思想成形。

感谢新美国（New America）公司，以及其他支持我们的同事、读者和朋友们，特别感谢安妮·墨菲·保罗（Annie Murphy Paul）、黛比·施蒂尔（Debbie Stier）、温迪·帕里斯（Wendy Paris）、兰迪·哈特·爱泼斯坦（Randi Hutter Epstein）、朱迪斯·马特洛夫（Judith Matloff）、阿比·埃琳（Abby Ellin）、赛德·布莱克（Cyd Black）、德博拉·兰道（Deborah Landau）、悉尼·卡拉汉（Sidney Callahan）、卡罗尔·沃森（Karol Watson）、塔玛拉·霍里奇（Tamara Horwich）、霍莉·米德尔考

夫（Holly Middlekauff）、格雷格·福纳罗（Gregg Fonarow）、科里·鲍威尔（Corey Powell）、威利·奥沙利文（Wiley O'Sullivan）、扎克·拉比罗夫（Zach Rabiroff）、索尼娅·博勒（Sonja Bolle）。

感谢杜克狐猴中心、The Wilds 野生动物园、濒危狼中心、哈佛皮博迪博物馆、托泽人类学图书馆以及比较动物学博物馆的工作人员：马克·奥姆拉（Mark Omura）（哺乳动物学）、杰里迈亚·特林布尔（Jeremiah Trimble）和凯特·埃尔德里奇（Kate Eldridge）（鸟类学）、乔斯·罗萨多（Jose Rosado）（爬行动物学）、杰茜卡·坎迪夫（Jessica Cundiff）（无脊椎动物古生物学）。

对奥利弗·乌伯蒂（Oliver Uberti）提供精美的照片深表感谢。

感谢苏珊·关（Susan Kwan），是她的宽容、洞察力和智慧促成了这本书。

感谢我们出色的编辑瓦莱丽·斯泰克（Valerie Steiker）和富有远见的出版商纳恩·格雷厄姆（Nan Graham），以及 Scribner 出版公司的整个优秀团队：科林·哈里森（Colin Harrison）、罗兹·利佩尔（Roz Lippel）、布赖恩·贝尔菲格里奥（Brian Belfiglio）、贾亚·米塞利（Jaya Miceli）、卡拉·沃森（Kara Watson）、阿什利·吉列姆（Ashley Gilliam）、萨莉·豪（Sally Howe）、凯瑟琳·里佐（Kathleen Rizzo）和凯尔·卡贝尔（Kyle Kabel）。

感谢我们格外出色的经纪人蒂娜·贝内特（Tina Bennett），是她的指导、幽默和灵感使这本书成为可能。

最后，感谢我们的家人：艾德尔（Idell）和约瑟夫·纳特森（Joseph Natterson）；扎克（Zach）、珍妮弗（Jennifer）和查尔斯·霍洛维茨（Charles Horowitz）；埃米·克罗尔（Amy Kroll）和保罗·纳特森（Paul

261

Natterson）；戴安娜（Diane）和亚瑟·西尔维斯特（Arthur Sylvester）；卡琳（Karin）、卡罗琳（Caroline）和康纳·麦卡蒂（Connor McCarty）；玛吉（Marge）和阿曼达·鲍尔斯（Amanda Bowers）；波特（Porter）、埃米特（Emmett）和欧文·里斯（Owen Rees）；安迪（Andy）和埃玛（Emma）。

成年中心主义（adultocentrism）：高估生命历程中成年阶段而低估未成年阶段（能力）的观点。

警报信号（alarm calling）：附近有捕食者时社会性动物个体对其他个体发出警告的防御行为。

双重警报信号（alarm duetting）：两个个体之间相互的警报信号，通常发生在配偶或同伴之间。

高层动物联结（association with high-status animals）：社会性动物对种群高等级个体同伴的偏好，有时这被作为一种使自己等级上升的策略。

观众效应（audience effect）：其他群体成员的关注影响动物个体的行为表现，特别是在支配性表现和支配性霸凌中。

最后一招（behavior of last resort）：在被捕食者发现或抓住时，猎物为求生采取的行为反应，如假死、断尾、断肢、断爪以及排便等。

霸凌（bullying）：对其他个体做出的重复且具有攻击性的行为。动物中存在三种霸凌行为，分别为支配性霸凌（dominance bullying）、从众性霸凌（conformer bullying）以及转移性霸凌（redirection bullying）。

　　支配性霸凌（dominance bullying）：为了彰显和强化自己的高地位以及权力，处于群体高等级的个体对处于群体低等级的个体做出的重复性的、攻击性的行为。

从众性霸凌（conformer bullying）：为了避免可能对群体造成的潜在危险，以及避免吸引外界对群体产生不必要且有危害的关注，群体内成员对外表或行为异于常态的同伴做出的重复性、攻击性的行为。

转移性霸凌（redirection bullying）：为了转移攻击性而产生的受霸凌者对其他同伴的攻击性行为。

一致性效应（conformity effect）：为减少个体和群体被猎食风险，被猎食物种向外表与行为相似个体进行聚集的行为倾向。（参见"混淆效应"和"奇异效应"）

混淆效应（confusion effect）：当外表与行为相似的被捕食者以大规模群体的方式共同行进时，因捕食者难以标定目标个体而猎食成功率降低的现象。

防御机制（defense mechanisms）：为应对压力而产生的防止个体感受到情绪疼痛的无意识的心理反应。

延迟离巢（delayed dispersal）：延长的亲子关系的一种形式。在这种形式中，青少年动物在长到应该离开出生领地的年龄后仍不离开，通常至少比同龄同伴多待一个季节。

延迟鸟羽成熟（delayed plumage maturation）：幼鸟在从亚成年长到成年过程中羽毛暂停成熟的典型发育过程。这个过程会维持至少一个繁殖季节。

离巢（dispersal）：为了繁殖或其他生命活动，青少年时期或成年初期的动物离开出生领地去往新地区的现象。

危险领域（domain of danger）：在各种动物群体中被捕食风险最高的位置。

支配性表现（dominance displays）：部分个体为了彰显或强化自己在群体中的高于其他个体的地位而做出的行为或发出的行为信号。

易捕获的猎物（easy prey）：猎物被捕食者感知为较为弱小的、更少受到保护的个体，因此不容易逃跑，是更好的攻击目标。

青少年恐惧（ephebiphobia）：对未成年个体的恐惧、敌意以及轻视。

延长的亲代照料（extended parental care）：在离巢后亲代仍为子代提供的资源与保护。

搏斗，逃跑，昏厥（fight，flight，faint）：脊椎动物捕食者自主神经系统激活的三种护幼生理反应。其中，交感神经系统激活搏斗或逃跑反应，副交感神经系统激活昏厥反应。

完成学习（finishing school）：未完全成年的狼夹杂在成年狼群中参与捕猎，以帮助自己发展捕猎技能。

高值食物（high-value treat）：可以激发和奖励动机而被动物偏爱的食物。

短暂性交往文化（hookup culture）：一种 21 世纪早期的性交往方式，其特征是暂时的或无情感承诺的随意性关系。

卫生假说（hygiene hypothesis）：生命早期接触病原体不足会导致以后过敏和自身免疫性疾病的风险上升的理论。

有准备的离巢（informed dispersal）：青少年动物由于得益于对最佳领地、群体和配偶的事先了解而离开其出生领地。

明智母亲（informed mothers）：鲸类生物学家所用的术语，用于描述具备很好的关键生存技能的知识或能力的母亲。这会让年轻的鲸类获益，无论是自己的亲生后代还是其他后代，只要是从中学习的后代个体都能受益。

岛屿驯服（island tameness）：由于长期缺少捕食者而丧失进化恐惧反应的能力。

失败者效应（loser effect）：在一场竞争中失败的动物更有可能在下一场竞争中也失败。与降低竞争力相关的特定大脑变化促进了这种倾向。

配偶联结维系（maintenance of pair bonds）：作为长期关系投入的一部分，是指在交配前、交配中以及交配后双方所付出的活动与时间。

母系干预（maternal intervention）：为了帮助子代在群体中获得更高的地位，母亲所做出的行为。

母系等级继承（maternal rank inheritance）：母亲等级地位的代际转移，常见于许多哺乳动物，间接表现在部分卵生动物中。

防卫机制（mechanisms of defense）：从行为、身体结构或生理角度保护动物免受捕食的机制（与防御机制相区别）。

错配障碍（mismatch disorder）：人类身体和思想进化过程中所处的过往环境与我们生活的现代世界之间的差异引起的疾病或异常现象。

集群防御（mobbing）：聚集的动物为了恐吓、赶走或者监视捕食者所做出的防御行为。

奇异效应（oddity effect）：动物表现出异于其他个体的外表或行为，因此更容易被捕食者当作目标，承受更高被猎食的概率。人们认为鱼类和鸟类就是以相似的外观和行为来划分群体的。

异类化（othering）：个体的差异被群体中其他个体强调而导致其被回避或排斥的过程。

亲代探路（parental excursions）：青少年动物在离巢之前和父母进行的指导性侦察出行，目的是对潜在领域、群体和配偶进行调查，并且确定离巢的最佳时机。

亲代决绝（parental meanness）：亲代为了鼓励或者促使那些不想分开的子代离巢所做的行为，比如忽视子代越发强烈的乞求并且做出攻击性行为好让其屈服。

亲子冲突（parental-offspring conflict）：当幼崽要求从亲代那里获得的资源比亲代预先准备的更多时，冲突就发生了，因为亲代必须考虑当前和将来其他子代的需求。可以引申为人类父母和子女在对最佳行为的意见不一致时发生的冲突。

啄食顺序（pecking order）：这个词是由托里弗·谢尔德鲁普-埃贝通过对鸡啄食行为的观察创造出来的，用来描述等级制度中个体的等级。

受欢迎程度（popularity）：是指个体被同伴喜欢的状态，表明了其社会支配地位、声誉和影响力，可与"感知到的受欢迎程度"交替使用。

放生后监测（post-release monitoring）：野外生物学家运用包括微型电子芯片、卫星标记和无线电传输在内的技术跟踪监测放生野外的动物独立生存的情况。

离巢练习（practice dispersal）：在真正的离巢到来之前，短暂而频繁地离开和返回出生地以及亲代身边。

捕食者欺骗（predator deception）：被捕食者采用的躲避侦察且不被捕食的防御策略，包括隐藏和伪装。

捕食者侦察（predator inspection）：被捕食者以个体或群体的形式接近并观察捕食者，从而获得捕食者相关信息的安全行为。它也用于向捕食者发出信号，告知它已经被发现，失去了出其不意的优势。

对捕食者无知（predator-naive）：动物由于缺乏对潜在危险的认识和经验而处于

高度易受伤害的状态。

捕食顺序（predator's sequence）：捕食者发现、选择、控制和消耗猎物的 4 个阶段：侦察、评估、攻击和猎杀。

声誉（prestige）：自由表达对群体中令人钦佩的成员的赞美和尊重，这可能会提高他们的地位。

特权（privilege）：某些个体或群体享有的或被给予的优势，这些优势既不是其挣得的，其他个体或群体也没有。

直腿跳高（pronking）：一种动物（通常是有蹄类动物）四肢僵硬、同时离地的反复上下跳跃的行为。

青春期（puberty）：导致生殖成熟的生理变化。

幼崽特权（puppy license）：一段时间内，年长动物对年幼动物不成熟行为的容忍，而成熟个体则并不享有这种容忍。

素质宣示（quality advertisement）：被捕食者通过发出代表力量和耐力的信号来阻止潜在捕食者的攻击。

接受性（receptivity）：雌性动物表现出的身体和行为特征，表明它们有生育能力。这个术语只表示雌性拥有生育能力，不一定是指性接触的欲望。许多例子表明，有生育能力的雌性动物会在特定时间内拒绝某些雄性的性要求。

红衫球员（redshirting）：年轻的运动员一年内不参加正式比赛，从而能够在重返赛场时具有发展优势。该策略也可以用在与幼儿园入学相关的决策中。

怀旧性记忆上涨（reminiscence bump）：对青少年时期和成年早期发生事件的记忆增强。

（鲸）吵闹集群（rowdy group）：高强度的座头鲸交配表演和比赛，一头成熟的雌鲸可以引起几头甚至二十几头雄鲸的相互追逐和竞争，以此向雌鲸表现自己的性魅力。

5- 羟色胺（serotonin）：一种与包含控制情绪状态在内的大脑机制相关的化学物质。

暴力性性强迫（sexual coercion by force）：利用身体力量压迫或限制的方式去

和一个不易接近的人发生性行为或其他性接触。

骚扰性性强迫（sexual coercion by harassment）：通过骚扰的方式去和一个不易接近的人发生性行为或其他性接触。

恐吓性性强迫（sexual coercion by intimidation and fear）：利用恐惧、伤害、威胁、恐吓去和一个不易接近的人发生性行为或其他性接触。

自愿性行为（sexual consent）：人类个体之间肯定的、有意识的且自愿的同意协商，双方自愿发生任何性接触。

无利可图信号（signal of unprofitability）：个体通过防御行为和展示富有力量和耐力的外表，从而避免成为捕食者的潜在目标，例如蜥蜴做俯卧撑、袋鼠大鼠用脚打节拍和云雀在飞行中歌唱。

社会脑网络（Social Brain Network，SBN）：涉及社会知觉、认知和决策的大脑区域网络。

社会地位下行（social descent）：群体成员等级和社会地位下降。

社会阶层（social hierarchy）：一种按照等级划分群体成员的社会结构。

社会学习（social learning）：从群体中其他成员（通常是同伴）中获得相关的信息。

社会性疼痛（social pain）：在被社会排斥或社会地位下行后产生的不愉快的感受。

社会等级（social rank）：是指个体在社会阶层制度中的地位。

社会地位（social status）：相对于其他成员而言，个体在等级制度中的地位。它受到群体对个体看法的影响。

惊跳反应（startle response）：无脊椎动物和脊椎动物在受到惊吓时突然产生的身体运动。

身份徽章（status badges）：动物在群体中相对等级的身体特征。一些动物会运用虚假的特征假装自己具有高等级，这是低等级个体为了提升身份等级的一种欺骗行为。

地位映射（status mapping）：个体和其他成员对群体内地位产生的心理表征。

地位庇护（status sanctuaries）：免受他者评价的一段时间或物理空间。

俯冲掠食（stooping）：掠食性鸟类的狩猎行为，包括张开翅膀、伸展爪子并迅速扑向猎物，可以被鸟类亲代用来驱赶不情愿离巢的子代。

警示信号（stotting）：动物向潜在捕食者传递的非利益导向的信号，表明它们不会那么容易被捕食，也可以用作社交信号。

暴风骤雨期（sturm und drang）：源于德文"狂飙期"，G. 斯坦利·霍尔在 1994 年创造了这个词来形容青春期。

目标动物（target animal）：被挑选出来受霸凌的动物个体，通常是低等级或不合群的个体。

领地继承（territory inheritance）：动物子代从亲代那里继承领地的过程，常见于多种脊椎动物。

传递性等级推理（transitive rank inference）：动物根据其与群体内某一成员的关系，来确定其相对于群体内其他个体地位的能力。

胜利者效应（winner effect）：在一场争斗中获胜的动物更有可能在下一场争斗中也获胜，与增加竞争力相关的特定大脑变化促进了这种倾向。

迁徙兴奋（zugunruhe）：源于德文"迁徙的不安"，指的是动物（通常是鸟类）迁徙之前的失眠和过度活跃。

关于 4 张地图的说明

　　奥利弗·乌伯蒂（Oliver Uberti）是《国家地理》
（*National Geographic*）杂志的前高级美术编辑，也
是《动物去哪儿》（*Where the Animals Go*）和《伦敦：
信息之都》（*London: the Information Capital*）这两
本广受好评的地图和图形类图书的合著者，这两本
书均荣获了英国制图学会（British Mapping Graphic
Society）颁发的最佳制图奖。

　　从卫星到无人机，在多种技术的帮助下，人类可
以目睹动物的日常生活，这种机会是前所未有的。对
于本书中所插入的地图，乌伯蒂编辑使用了追踪 4 个
主要动物主人公的科学家们所提供的地理位置。如果
没有南极研究基金会（antarctic-Research .de）、鬣
狗项目（Hyena Project.com）、海岸研究中心（coast
Studies.org）和 Slowolf 项目（volkovi.si）中的科学
家们的努力，企鹅厄休拉、鬣狗史林克、座头鲸绍特
和野狼斯拉夫的故事将不会为人所知。乌伯蒂编辑的
地图以我们对青少年时期行为系统发育的解释为基

础，说明了野蛮成长期的各个阶段。

因为乌伯蒂编辑提供的地图非常美观，并且更便于读者理解信息，因此此书很容易给读者留下数据显而易见或者容易获取的印象。事实上，每一个单独的数据点都是科学家和他们的团队勇敢地面对全球极端的温度、地形、距离和资源条件，经过几十年的努力研究所得的成果。尽管技术的进步给予了我们新的视角，但对动物进行田野观察的行为仍然取决于人类个体的热情和投入。

译后记

　　每次完成一本书稿或者译稿我都会如释重负，这次的感觉尤其如此。最初湛庐图书的编辑老师和我联系的时候，我想都没想就拒绝了。因为现在的教学和科研压力越来越大，我不希望再套上一个不必要的枷锁。但 2019 年年底在新东方家庭教育高峰论坛上再次遇到湛庐编辑的时候，我松口了。现在想来，最终的考量可能是因为这本书的主题与我当时在论坛上的报告密切相关。

　　发展心理学作为一门研究个体从生命孕育到结束的发展特点和规律的学科，与我们每个人的生活密切相关。然而，不是每个人都对这一学科有所了解或能将相关知识运用到生活中的。在和人们交流的时候我发现我们以为的学科常识往往并不为大家所了解，甚至有很多误解，需要我们不断地去普及、纠偏甚至正本清源。对个体而言，人生的每一个阶段都是非常重要和独特的，青少年发展阶段尤为关键，至少是发展的枢纽之一。

　　这本书就是关于青少年这个发展阶段的。与其他讲解这个发展阶段的教材和书籍不同的是，本书不只讲述我们人类这个物种，还讲了地球上的很多其他生命，在一个更加广阔的参考框架中讨论青少年及其成熟过程，这也是本书最吸引我的地方。我自己所受的训练是在广义发展框架下展开的，不仅包括从生到死的个体发生，还包括从动物到人的种系发生。这种比较坐标系将我们人类从自认为的中心地位上挪开，放在自然界众生之中。了解人类和其他动物相类似的心理能力和发展特点，有助于理解我们和动物之间的共通性以及从动物那里接续下来的生理和心理部分。而看到我们人类特有的心理能力，也有助于我们认识人类的独特性。这对全面而客观地理解我们人类自身是非常重要的。这本书的视角是我喜欢的，这一点有助于我完成这个工作。

　　回顾翻译的过程，这本书不同于我们以往翻译的教材和书籍，如前所述，这本书不是讲述青少年发展阶段的生理、大脑、运动、睡眠、认知和社会性发展这些经典和前沿的内容，而是从演化生存的视角，讨论青少年这样一个从孩子向成熟个体转换过程中最核心的 4 项任务，即安全自保、社会地位、性事交流以及自立更生。每一项任务的内容以一个动物个体作为主人翁，与我们人类进行平行阐述。虽然全书的叙述方式就像讲故事一样简明生动，但里面的内容都是非常严肃的，是建立在科学研究文献和观察访谈的基础之上的。当然，也正是由于这些特点，这本书的翻译对我和我们这个团队来说是非常具有挑战性的。

　　首先对关键概念"Wildhood"的翻译就让我们颇费周折。"Wildhood"是原书作者生造出来的词，"hood"是表明一个发展阶段和状态，而"wild"是想说明这个阶段不受约束、不成熟并常常表现出野性的特点。为了准确表达这个概念的原意，我甚至还发动学生们在微信群中进行了大讨论。尽管我一直强调青春期（puberty）和青少年时期（adolescence）是需要特别区分的概念，前者强调生理上的变化，后者是更广泛的心理发展阶段。但为了这个概念的鲜亮易解，最后综合大家的建议，我将其定为"野蛮成长期"。希望这个译法可以在准确传达原书作者本意的同时，有助于读者的理解。

　　我在前面说过，这本书的内容涉及很多生物学知识，特别是各种各样的动物名称。我的学生们基本上是心理学背景，对各种动物名称的翻译大多是现学现用。我自己对非人灵长类还比较熟悉，但其他类属动物的名称翻译得正确与否以及是否合适就很难保证了。不过，好在我有一个好朋友，是中科院动物所和国家动物博物馆的张劲硕博士，他简直就是动物百科全书。在我校对全书的过程中，动物名称的翻译我基本上都是采用经他确认或告诉我的译名。有时候不仅确认，他还会给我讲些定名的来龙去脉。比如我问："Hormiga veinticuatro 蚂蚁，这是啥蚂蚁？"他会回答："子弹蚁，拉丁学名是 Paraponera clavata，那个名字是当地土著的叫法，意思是咬人很疼。"每一次向他求教和讨论都让我受益匪浅。此外，我还知道了很多奇奇怪怪的动物名称，比如在求证股窗蟹（sand-bubbler crabs）这个翻译时，我说了一句这名字好怪，劲硕马上给了我一堆奇怪的名字，他说："万岁大眼蟹、正直爱洁蟹、红色相机蟹、货币美妙蟹、铜铸熟若蟹、遁行长臂蟹、精美五角蟹、疙瘩拳蟹、奇异雷百合蟹，这些都是正规的中文名。"我很享受这样的学习。

　　总的来说，本书的翻译沿用了我们团队的传统，一边学习一边完成。实验室的学生参与完成了翻译的初稿。刘思燚、王晓斐先是和我讨论确定了名词术语，我的学生和访问学者王启忱、丛孟晗、谢东杰、庄少君、洪烨、方憨、刘思燚、吴依泠、裴萌、张长英、杨心玥、竺翠、王静、王一伊、王晓斐、陶格同、陈彦蓉、王笑楠、王协顺、高世欢和刘赞对各部分进行了翻译，特别是杨心玥和王启忱帮我整理了索引和注释部分。我对初稿进行了全面校对和修改，经学生再次确认，最后拿出这个版本。在这半年工作中，我学到很多新的知识，也获得了很多启示，特别是获得了看待青少年发展特点的新视角。希望读者能和我们一样获得启迪，为更好地成长、发展和生活增添新力量。

未来，属于终身学习者

我这辈子遇到的聪明人（来自各行各业的聪明人）没有不每天阅读的——没有，一个都没有。巴菲特读书之多，我读书之多，可能会让你感到吃惊。孩子们都笑话我。他们觉得我是一本长了两条腿的书。

——查理·芒格

互联网改变了信息连接的方式；指数型技术在迅速颠覆着现有的商业世界；人工智能已经开始抢占人类的工作岗位……

未来，到底需要什么样的人才？

改变命运唯一的策略是你要变成终身学习者。未来世界将不再需要单一的技能型人才，而是需要具备完善的知识结构、极强逻辑思考力和高感知力的复合型人才。优秀的人往往通过阅读建立足够强大的抽象思维能力，获得异于众人的思考和整合能力。未来，将属于终身学习者！而阅读必定和终身学习形影不离。

很多人读书，追求的是干货，寻求的是立刻行之有效的解决方案。其实这是一种留在舒适区的阅读方法。在这个充满不确定性的年代，答案不会简单地出现在书里，因为生活根本就没有标准确切的答案，你也不能期望过去的经验能解决未来的问题。

而真正的阅读，应该在书中与智者同行思考，借他们的视角看到世界的多元性，提出比答案更重要的好问题，在不确定的时代中领先起跑。

湛庐阅读App：与最聪明的人共同进化

有人常常把成本支出的焦点放在书价上，把读完一本书当作阅读的终结。其实不然。

时间是读者付出的最大阅读成本
怎么读是读者面临的最大阅读障碍
"读书破万卷"不仅仅在"万"，更重要的是在"破"！

现在，我们构建了全新的"湛庐阅读"App。它将成为你"破万卷"的新居所。在这里：

● 不用考虑读什么，你可以便捷找到纸书、电子书、有声书和各种声音产品；

● 你可以学会怎么读，你将发现集泛读、通读、精读于一体的阅读解决方案；

● 你会与作者、译者、专家、推荐人和阅读教练相遇，他们是优质思想的发源地；

● 你会与优秀的读者和终身学习者为伍，他们对阅读和学习有着持久的热情和源源不绝的内驱力。

从单一到复合，从知道到精通，从理解到创造，湛庐希望建立一个"与最聪明的人共同进化"的社区，成为人类先进思想交汇的聚集地，与你共同迎接未来。

与此同时，我们希望能够重新定义你的学习场景，让你随时随地收获有内容、有价值的思想，通过阅读实现终身学习。这是我们的使命和价值。

CHEERS

本书阅读资料包

给你便捷、高效、全面的阅读体验

本书中文简体字版由 Dr. Barbara Natterson–Horowitz and Kathryn Bowers c/o William Morris Endeavor Entertainment LLC 授权在中华人民共和国境内独家出版发行。本书内容未经出版者书面许可，不得以任何方式抄袭、复制或节录本书中的任何部分。

著作权合同登记号：图字：01-2021-5506 号

版权所有，侵权必究

本书法律顾问　北京市盈科律师事务所　崔爽律师

图书在版编目（CIP）数据

比青春期更关键 ／（加）芭芭拉·纳特森-霍洛维茨 (Barbara Natterson-Horowitz)，（加）凯瑟琳·鲍尔斯 (Kathryn Bowers) 著；苏彦捷译. ――北京：中国纺织出版社有限公司，2021.12

书名原文：Wildhood

ISBN 978-7-5180-9026-6

Ⅰ.①比… Ⅱ.①芭… ②凯… ③苏… Ⅲ.①青少年心理学 Ⅳ.①B844.2

中国版本图书馆CIP数据核字（2021）第210548号

责任编辑：刘桐妍　　责任校对：高 涵　　责任印制：储志伟

中国纺织出版社有限公司出版发行

地址：北京市朝阳区百子湾东里 A407 号楼　邮政编码：100124

销售电话：010—67004422　传真：010—87155801

http://www.c-textilep.com

中国纺织出版社天猫旗舰店

官方微博 http://weibo.com/2119887771

石家庄继文印刷有限公司印刷　各地新华书店经销

2021年12月第1版第1次印刷

开本：710×965　1/16　印张：18

字数：261千字　定价：89.90元

凡购本书，如有缺页、倒页、脱页，由本社图书营销中心调换